U0143568

Dreamweaver CS5 中文版

实训教程

孙印杰　刘金广　夏跃伟　等编著

电子工业出版社

Publishing House of Electronics Industry

北京·BEIJING

内 容 简 介

Dreamweaver 是 Adobe 公司出品的一款专业网页设计软件，其功能强大，操作简单，是同类软件中的佼佼者，受到众多的网页设计者们的好评与青睐。本书从网页设计入门知识开始，全面介绍了该软件的最新版本 Dreamweaver CS5 中文版的功能、特性、基本组成及运用等基础知识，并穿插大量的典型实例，详尽说明使用 Dreamweaver CS5 中文版的方法和操作技巧。本书内容主要包括网页设计基础知识，Dreamweaver CS5 的功能、工作流程及界面组成，站点的设置与管理，文本、图像、多媒体组件、表格、框架、AP 元素、表单、超链接等网页元素的添加与设置，层叠样式表 CSS 的使用与编辑，HTML 代码的使用，动态特效的制作，库与模板的使用，Spry 构件和 Spry 效果的添加，以及站点的创建、发布与维护等。

全书以基本概念和入门知识为基础，以实际操作为主线，内容详略得当、结构清晰，具有较强的可读性和可操作性，是学习使用 Dreamweaver CS5 中文版制作网页及管理站点的入门级参考书。本书针对初、中级用户编写，可作为网页制作初学者的自学教程，也可用做各种电脑培训班、辅导班的教材。

图书在版编目(CIP)数据

Dreamweaver CS5 中文版实训教程 / 孙印杰等编著. —北京：电子工业出版社，2011.3
（新时代电脑教育丛书）
ISBN 978-7-121-13018-2

Ⅰ. ①D… Ⅱ. ①孙… Ⅲ. ①主页制作－图形软件，Dreamweaver CS5－教材 Ⅳ. ①TP393.092

中国版本图书馆 CIP 数据核字(2011)第 031173 号

策划编辑：祁玉芹
责任编辑：鄂卫华
印　　刷：三河市鑫金马印装有限公司
装　　订：三河市鑫金马印装有限公司
出版发行：电子工业出版社
　　　　　北京市海淀区万寿路 173 信箱　邮编　100036
开　　本：787×1092　1/16　印张：18.5　字数：450 千字
印　　次：2011 年 3 月第 1 次印刷
定　　价：29.80 元

凡所购买电子工业出版社图书有缺损问题，请向购买书店调换。若书店售缺，请与本社发行部联系，联系及邮购电话：（010）88254888。

质量投诉请发邮件至 zlts@phei.com.cn，盗版侵权举报请发邮件至 dbqq@phei.com.cn。

服务热线：（010）88258888。

出 版 说 明

计算机技术的飞速发展，把人类社会推进到了一个崭新的时代。计算机作为常用的现代化工具，正极大地改变着人们的经济活动、社会生活和工作方式，给人们的工作、学习和娱乐等带来了极大的方便和乐趣。新时代的每一个人都应当了解计算机，学会使用计算机，并能够用它来获得知识和处理所面临的事务。因此，掌握计算机的基础知识及操作技能，是每一个现代人所必须具有的基本素质。

学习计算机知识有两种不同的方法：一种是从原理和理论入手，注重理论和概念，侧重知识学习；另一种是从实际应用入手，注重计算机的应用方法和使用技能，把计算机看做一种工具，侧重于熟练地掌握和应用它。从教学实践中我们知道，第一种方法适用于计算机专业的学科式教学，而对于大多数人来讲，计算机只是一种需要熟练掌握的工具，学习计算机知识是为了应用它，应该以应用为出发点。特别是非计算机专业的职业院校的学生，更应该采用后一种学习方式。

为此，电子工业出版社组织了强大的编辑策划队伍和优秀的、富有丰富写作经验的作者队伍组成编委会，进行了系统的市场分析、技术分析和读者学习特点分析，并根据分析结果认真筛选出版题目，制定了严格的出版计划、写作结构和写作要求，开发出这套用于培养初学者计算机应用技能的《新时代电脑教育丛书》。

本丛书是为初学电脑或仅有少量电脑知识的电脑初学者编写的，目标是帮助读者增长知识、提高技能、增加就业机会，并提高业务技能。因此，本丛书在编写时基于这样一种理念，即检查计算机学习好坏的主要标准，不是"知道不知道"，而是"会用不会用"。为此，本丛书的核心内容主要不是向广大读者讲述"计算机有哪些功能，可以做些什么"，而是着重介绍"如何利用计算机来高效、高质量地完成特定的工作任务"。

为了帮助初学者快速掌握电脑的使用技能，掌握电脑系统及其软件的最常用、最关键的部分，本丛书在基础和理论知识的安排上以"必需、够用"为原则，每本书中的所有理论知识介绍均以实际应用中是否需要为取舍原则，以能够达到应用目标为技术深度控制的标准，尽量避免冗长乏味的电脑历史或深层原理的介绍；而真正的重心在于培养读者的实用技能——即采用"技能驱动"的写作方案，强调实际技能的培养和实用方法的学习，重点突出学习中的动手实践环节。鉴于此，本丛书在基础知识和理论讲述之后，安排了大量的动手实践任务和实训项目，这些任务和项目不是对基础知识的简单验证，而是针对实际应用安排的，具有总结性，是对知识运用的升华和扩展，是技能学习和掌握的完美体现。完成了这些实训项目，就能够熟练掌握一种技能，对知识有充分的理解。希望能够帮助初学者达到学有所得、学有所用、学有所获，从学习的过程中得到使用电脑的真才实学；并在重视实用和实例的前提下，注意方法和思路，帮助读者举一反三地解决同类问题，而不是简单地就事论事。

总的来说，本丛书既有明确的学习目标，又有完成具体任务所必需的基础理论知识，更有步骤具体的实践操作实例。读者应该边学边做，通过动手理解和掌握理论知识，并在实践操作的基础上进行归纳、总结、思考，上升到一般规律，从感性到理性，以真正融会贯通。本丛书中提供的一些特色段落，有助于读者快速掌握操作技巧，减少或避免错误，提升学习效率；并为读者提供了深入学习的资料和信息，使其知识和能力得到进一步的拓展和提高。

为了方便采用本丛书作为教材的各类学校开展教学活动，我们将为老师免费提供与教材配套的电子课件及相关素材。希望本丛书能够成为职业院校对学生进行综合应用技能培养的教与学两相宜的教材，也希望能够成为计算机爱好者的良师益友！

电子工业出版社

前　言

　　Dreamweaver 是 Macromedia 公司出品的专业网页制作软件，是同类软件中的佼佼者。Dreamweaver 具有可视化编辑界面和强大的所见即所得网页编辑功能，它不仅可以制作网页，而且为设计和开发站点提供了良好的操作平台，集网页制作与网站管理于一身。用户只需稍稍能看懂 HTML 语言，就能够应用 Dreamweaver 制作出跨平台、跨浏览器的精彩网页。

　　最近，Macromedia 公司又推出了 Dreamweaver 的最新版本——Dreamweaver CS5 版，新版本的 Dreamweaver 功能更加强大，操作更加简单，可以帮助用户在更短的时间内完成更多工作。Dreamweaver CS5 使用业界领先的 Web 创作工具构建基于标准的网站，以可视方式或直接在代码中工作，借助 CSS 检查工具实现高效设计，借助内容管理系统进行开发。Dreamweaver CS5 还集成了 CMS 支持以及全面的 CSS 支持，用户不但可以尽享对 WordPress、Joomla!和 Drupal 等内容管理系统框架的创作和测试支持，而且可以借助功能强大的 CSS 工具设计和开发网站，大大减少了手动编辑 CSS 代码的需求。此外，Dreamweaver CS5 还集成了 FLV 内容，可以很轻松地将 FLV 文件添加到任何网页中，并可以在设计视图中实时回放 FLV 文件。所有这些改进使 Dreamweaver 的功能更加强大，该程序的网页制作能力也得到更大的扩展。

　　本书全面介绍了 Dreamweaver CS5 的功能、基本组成及基本操作等基础知识，另外还介绍了创建网页、制作动态特效、制作交互式网页、建立和发布站点、管理与维护网站等的方法和技巧。

　　全书共分 16 章，各章的内容概括如下。

　　第 1 章介绍设计网页和开发网站的基本知识，内容包括网页设计构思和布局原则、网站策划与创建原则、网站的开发流程以及 Dreamweaver CS5 的大概介绍，如 Dreamweaver CS5 的主要功能及工作界面。

　　第 2 章介绍规划和设计站点的方法，内容包括网站设计中的常用术语介绍、站点和创建设置以及管理 Web 站点的方法。

　　第 3 章介绍层叠样式表(CSS 样式)的使用方法，内容包括样式表的创建和应用、样式表规则的编辑以及使用 CSS 布局网页的方法，此外还介绍了 div 标签的使用方法。

　　第 4 章介绍网页的基本制作方法，主要是文本内容的添加，内容包括在网页中添加文本对象及格式化文本的方法，此外还介绍了水平分隔线的使用和网页属性的基本设置。

　　第 5 章介绍 AP 元素的基本操作方法，内容包括创建和编辑 AP 元素、设置 AP 元素的相关属性及 AP 元素和表格间的转换方法等。

　　第 6 章介绍在网页中使用表格的方法和技巧，内容包括表格的创建与设置、表格结构的调整、表格的嵌套及扩展表格模式的使用等。

第 7 章介绍在网页中添加文本超链接的方法，内容包括超连接的概念和路径介绍、各种文本超链接的创建与使用，以及锚点和其他特殊超链接的创建和使用等。

第 8 章介绍在网页中使用图像的方法和技巧，包括常见网页图像格式的介绍、图像的插入与编辑、图像占位符和鼠标经过时变化的图像的使用以及图像超链接的创建等。

第 9 章介绍在网页中插入各种多媒体组件的方法，内容包括添加声音、SWF 文件、FLV 文件以及添加视频、Shockwave 电影、Applet 程序、ActiveX 控件等其他多媒体对象。

第 10 章介绍网页框架的使用方法，内容包括创建框架网页、设置框架属性、编辑框架网页及解决浏览器不能显示框架的问题等。

第 11 章介绍表单的基本操作方法，内容包括表单的创建与设置、表单元素的添加与设置以及验证表单等。

第 12 章介绍 HTML 的相关知识，内容包括 HTML 的基本语法、XHTML 的介绍、HTML/XHTML 代码的编辑、HTML 代码的设置以及多余 HTML 代码的清理等。

第 13 章介绍在 Dreamweaver 中使用行为来为网页设计动态特效的方法，内容包括行为的基本使用方法、为对象附加行为及获取更多的行为、应用 Dreamweaver 中内置的各种行为的方法等。

第 14 章介绍 Spry 构件和 Spry 效果的使用方法，内容包括 Spry 构件和 Spry 效果的基本概念以及添加 Spry 构件和 Spry 效果的方法。

第 15 章介绍库与模板的使用方法，内容包括创建和设置库项目、为网页添加库项目和编辑库项目、创建模板、设置模板的网页属性及导入导出 XML 内容的方法等。

第 16 章介绍共同开发网站、测试站点及上传网站的方法，内容包括使用存回与取出开发网站、检查浏览器的兼容性、检查页面或站点内的链接、修复断开的链接、设置下载时间和大小、使用报告测试站点、申请个人主页、将站点上传到服务器和推广网站等。

本书由孙印杰、刘金广和夏跃伟主持编写，参与编写的人员还有何立军、王珂、千丽霞、马云众、孙全庆、张国权、高翔、赵丽、靳瑞霞、李宝方、张聪品、刘云峰、孙兆宏和田继鹏等同志。其中黄淮学院的田继鹏老师编写本书的第 1 章至第 4 章。

为了使本书更好地服务于授课教师的教学，我们为本书配备了多媒体教学软件。使用本书作为教材授课的教师，如需要本书的教学软件，可到网址 www.tqxbook.com 下载。如有问题，可与电子工业出版社天启星文化信息公司联系。

通信地址：北京市海淀区翠微东里甲 2 号为华大厦 3 层　　祁玉芹（收）

邮编：100036

E-mail：qiyuqin@phei.com.cn

电话：（010）68253127（祁玉芹）

编　者

2011 年 1 月

目　　录

第1章 网页设计基础

本章要点

- 网页与网站的关系
- 网页的主要构成元素
- 网页的设计和布局原则
- 网站的规划
- 网站的开发流程
- Dreamweaver CS5 的功能与界面

本章导读

- 基础内容：网站设计中的一些常用术语，网页与网站的关系，网站的规划。
- 重点掌握：网站和网页的类型，组成网页的元素，网页的设计与布局原则，网站的开发流程。
- 一般了解：认识 Dreamweaver CS5 一节介绍的是网页制作工具 Dreamwever CS5 的简单介绍，主要目的是为了使用户能够了解该软件的功能和工作界面，以便能够在以后顺利使用该软件。因此，对于本节内容，读者只须简单了解即可。

课堂讲解

在使用 Dreamweaver CS5 进行网页设计之前，读者应该先了解一些与网页设计相关的基础知识，这样才能保证在工作中得心应手，从而顺利地完成网页的设计。

本章的课堂讲解部分介绍了网页设计的基础知识，内容包括网站与网站的一些基本概念、网页的主要构成元素、网页的设计和布局原则、网站的规划、网站的开发流程以及网页制作软件 Dreamweaver CS5 的特点及工作界面等。

1.1 网站与网页概述

现在，上网已经成了许多人娱乐休闲和工作生活的一部分，网上聊天、网上购物、网上游戏、网上教学等，甚至连午餐都可以在网上订购。越来越多的人因为种种原因已经拥有或者想要拥有自己的网站，或提供交流场所，或进行网上营销，或展示个人风采……可以说，网站制作的前景就目前来说相当看好。但是，网站究竟是个什么概念？它与网页又有什么关系？我们要制作网站，首先要搞清楚这些问题。

1.1.1 网页与网站的关系

网页的英文名称为 Web Page，是我们通过浏览器在 Internet 上看到的页面，其中可以包含文字、图片以及各种多媒体内容。而网站是由多个相关的网页组成的，也称为站点，英文名称为 Web Site。网站内的网页之间有一定的链接关系，可以通过点击被设置为超链接的文字或对象来跳转到相关的网页。

每一个网站都有一个特定的地址，简称网址，就相当于它在网络中的门牌号，在连网状态下，当访问者在浏览器的地址栏中输入一个网址后，浏览器就会自动连接到这个网址所指定的 Web 服务器，并打开一个默认的网页作为浏览这个网站的开始。这个总是被最先打开的默认页面被称为主页或者首页。主页或首页中包含被设为超链接的文字或图片，点击这些超链接即可跳转到其他网页。将鼠标指针指向主页中的文本或图片上，如果指针变为手形，即说明此对象为超链接。图 1-1 所示的即为一个新华网网站的主页，而其中的每一个大小标题和图片都是超链接对象，单击它们可以跳转到各自相关的网页。

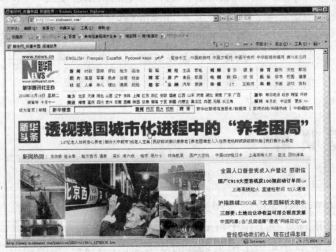

图 1-1　新华网主页

1.1.2 网站的类型

在设计网站时，设计者需要先确定网站的类型。按照网站的用途来进行分类，网站可分为门户网站、导航网站、搜索网站、电子商务网站、企业网站、政府部门网站和个人网站等几大类。

（1）门户网站：指一些大型的综合性商业网站，用于提供各种各样的服务，如搜索信息、博客、论坛、聊天室、电子邮箱、虚拟社区、短信等，以及发布新闻、娱乐、体育、音乐、影视、文学等页面的信息服务。国内比较著名的门户网站有新浪（http://www.sina.com.cn）、搜狐（http://www.sohu.com）、网易（http://www.163.com）、中国雅虎（http://cn.yahoo.com）等。

（2）导航网站：是一种特殊的网站，用于分门别类地提供各类网站链接，以便用户查找并选择所需的网站。通过点击导航网站中的超链接可快速跳转到相关的网站。

（3）搜索网站：也称为搜索引擎，用于让用户通过输入关键词来搜索相关的网站。搜索网站的用户十分广泛，大多数网民都是通过搜索网站来搜索自己所需的网站。目前在国内使用频率最高的搜索网站有百度（http://www.baidu.com）、谷歌（http://www.google.com.hk/）和有道（http://www.youdao.com/）。

（4）电子商务网站：网上交易平台，用于发布和搜索供求信息，进行线上或线下交易等。比较著名的国内电子商务网站有阿里巴巴（http://exporter.alibaba.com）、阿里巴巴旗下的淘宝网（http://www.taobao.com）、卓越网（http://www.amazon.cn）等。

（5）企业网站：指企业为了宣传自己的形象和产品，或提供一些客户服务等目的而建立的网站。

（6）政府部门网站：指政府部门为了发布政府信息和提供在线服务而建立的网站。

（7）个人网站：指一些由个人为了展示自己或出于兴趣而建立的网站，规模较小。

1.1.3　网页的类型

网页都有特定的后缀名称，我们在浏览网页的时候有时在地址栏中会看到网址后面会带有如 htm、html、asp、hph 等不同的后缀名称，这些不同的后缀名称代表着不同的网页类型。由于不同的网页类型有不同的用途，因此我们在制作网页之前首先要确定将要制作什么类型的网页。下面简单介绍一下各种常见的网页类型。

（1）HTML

带 htm 或 html 后缀的网页简称为 HTML 文件，是最常见到的网页类型。HTML 的中文名称为超文本标记语言，是 HyperText Markup Language 的缩写，该语言主要利用标记来描述网页字体、大小、颜色及页面布局。在 Dreamwerver 中，可以通过代码编辑视图来编辑 HTML 代码以生成对应的网页。

（2）ASP

ASP 是 Active Server Pages（动态服务器主页）的缩写，主要用于网络数据库的查询与管理，其编辑语言为 Java Script 等脚本语言。访问者在浏览该类网页时，发出浏览请求后，服务器会自动将 ASP 的程序代码解释为标准 HTML 格式的网页内容，再返回到浏览者浏览器中显示出来。应用 ASP 生成的网页比 HTML 网页更具有灵活性。只要结构合理，一个 ASP 页面可以取代成千上万个网页。ASP 是微软产物，微软的网站就使用了 ASP 技术。

（3）JSP

JSP 与 ASP 非常相似，不同之处在于 ASP 的编程语言是 VBScript 之类的脚本语言，而 JSP 使用的是 Java。此外，ASP 与 JSP 还有一个本质的区别，即两种语言引擎用完全不同的方式处理页面中嵌入的程序代码，在 ASP 下 VBScript 代码被 ASP 引擎解释执行；在 JSP 下代码被编译成 Servlet 并由 Java 虚拟机执行。

（4）CGI

CGI 是 Common Gateway Interface（公共网关接口 CGI）的缩写，是一种编程标准，规定了 Web 服务器调用其他可执行程序（CGI 程序）的接口协议标准。CGI 程式通过读取浏览者输入的请求产生 HTML 网页，通常用于查询、搜索、或其他的一些交互式的应用。

（5）PHP

PHP 是 Hypertext Preprocessor（超文本预处理器）的缩写，其优势在于运行效率比一般的 CGI 程序要高，而且是完全免费，可从 PHP 官方网站（http://www.php.net）自由下载。很多论坛都使用了 PHP 技术。

（6）VRML

VRML 是 Virtual Reality Modeling Language（虚拟实境描述模型语言）的缩写，是描述三维的物体及其链接的网页格式。用户可在三维虚拟现实场景中实时漫游，VRML2.0 在漫游过程中还可能受到重力和碰撞的影响，并可和物体产生交互动作，选择不同视点等（就像玩 Quake）。浏览 VRML 的网页需要安装相应的插件，利用经典的三维动画制作软件 3D max，可以简单而快速地制作出 VRML。

1.1.4 构成网页的元素

构成网页最基本的元素是文字和图片，此外网页中还可以包含颜色、影片、声音，以及其他多媒体内容。下面介绍一些网页中常见的组成元素。

1. 文本

网页中的信息以文本为主，因为文本可以准确地表达信息的内容和含义，一直以来就是人类最重要的信息载体与交流工具。在网页中使用文本时，可以设置文本的字体类型、大小、颜色和对齐等属性，以达到美化页面的需求。

2. 图像

使用图像不但可以提供信息和装饰网页，还可以直观地展示作品的外观。通常用于网页的图像有 3 种格式，即 GIF、JPEG 和 PNG。目前，GIF 和 JPEG 文件格式的图像支持情况最好，大多数浏览器都支持这两种图像格式。

3. 动画

在网页中使用动画元素可以使网页更生动。常见的网页动画包括两种：一种是 GIF 动画，另一种是 Flash 动画。GIF 动画在早期的网页中应用相当普遍，虽然它只能表现出 200 多种颜色，但制作动画却非常容易，常见的制作软件有 Fireworks。Flash 动画具有极好的显示连贯性，不但可以加入声音，而且体积较小，比较适合应用于网页，常见的制作软件有 Flash。

4. 视频和音频

网页中的视频和音频都是通过在网页中插入音、视频插件来实现的。最流行的音、视频格式有两种：一种是 AVI，另一种是 RM，两种格式都使用了压缩算法和流媒体进行传送。

5. 超链接

超链接是在一个网站中各网页之间进行跳转的媒介。可以将一个网页中的文本、图像或按钮等对象设置为超链接，并指向另一个网页或者某个文档、图像、多媒体文件、可下载软件以及文档内任意位置的任何对象（包括标题、列表、表、层或框架中的文本或图像）。当把鼠标指针放在超链接上时，指针形状会变成小手状，通过单击超链接即可跳转到目标对象。

6. 导航栏

导航栏的作用是引导访问者浏览站点。导航栏实际上就是一组超链接，其链接目标是本站点中的各个网页。导航栏既可以是文本链接，也可以是一些图形按钮。

7. 表单

表单是访问者与网站交互的桥梁。网页中的表单通常用来接收用户在浏览器端的输入，然后将这些信息发送到用户设置的目标端，以实现收集浏览者信息并与其进行交互的目的。Internet 上的许多功能都是通过表单来实现的。根据表单功能与处理方式的不同，通常可以将表单分为用户反馈表单、留言簿表单、搜索表单和用户注册表单等类型。

1.2　网页的设计和布局

一般来说，一个网页中除了要包含主要内容外，还会加入网站名称、广告条、主菜单、计数器和邮件列表等元素，同时，还要针对网页的主题、命名、标志、颜色搭配和字体等要素进行详细的构思和策划。总的来说，网页的版面与布局应遵循平衡和凝练的原则。

1.2.1　网页主题

一个网页的主题是指该网页所要表现的主要思想内涵，可以说是网页的灵魂。网络上的题材五花八门，几乎涉及了社会生活的方方面面。设计者在选择网页主题时，一定要遵循以下几项原则。

（1）选择自己擅长或喜爱的内容：这个道理很简单，只有选择自己擅长或喜爱的内容，在制作网页时才会做到得心应手。否则，如果自己对目标任务都没有兴趣或热情，怎么可能制作出杰出的作品来呢？

（2）主题小而精：即主题定位要明确，内容要精悍，不要什么都往网页里放。否则可能就会造成网页的主题不鲜明，没有特色，样样都有却样样不精。

（3）不要太滥或目标太高："太滥"是指到处可见，人人都有的题材。"目标太高"是指在这一题材上已经存在非常优秀、知名度很高的站点，如果想超过它是很困难的，除非有决心和实力与之竞争。

1.2.2　网页的命名与网站标志

网页的名称是网页主题最凝练的概括，一个好的网页名称会给浏览者留下深刻的印象。一般来说，命名网页应遵循以下的原则：

（1）体现网站的主题，凝练，概括性强。

（2）合法、合情并合理。

（3）字数不要太多，一般控制在 6 个字以内。

（4）有个性，体现一定的内涵，可给浏览者更多的视觉冲击力和空间想象力。

网站标志简称站标，也称 LOGO，是站点特色和内涵的集中体现。站标一般放在网站的首页上，和商标类似，站标可以是中文文字、英文字母、符号、图案等，其设计创意应立足于网页的主题和内容。图 1-2 所示的是三大门户网站网易、新浪和搜狐的站标。

图 1-2　网站 LOGO

1.2.3　网页的色彩

网页的色彩是树立网站形象的关键因素之一，它直观地冲击着访问者的视觉感观。不过用户在浏览网页时可以发现这样一个规律：大部分网页的主要内容都采用了黑色文字与彩色边框、背景和图像的搭配。这种搭配方式之所以得到众多网页设计者的青睐，是有它的一定道理的，这种效果可以使网页整体不单调，看主要内容时也不会感到眼花缭乱，符合大多数人的阅读习惯。

在搭配网页色彩时，要注意色彩的鲜明性、独特性、合适性和联想性。鲜明的色彩容易引人注目，独特的色彩能使人印象深刻；色彩的合适性是指色彩与表达的内容气氛相适合；色彩的联想性是指不同的色彩会使人产生不同的联想。在选择色彩时还要注意所选色彩与网页的内涵相关联。下面简单介绍一下搭配色彩时的基本常识。

1.　非彩色的搭配

黑白是最基本和最简单的搭配，白底黑字非常清晰明了。灰色是万能色，可以和任何彩色搭配，也可以帮助两种对立的色彩和谐过渡。

2.　色彩搭配

色彩千变万化，其搭配是颜色搭配的重点和难点。在搭配色彩时，要注意不同的色彩、不同的色彩饱和度和透明度都会给浏览者不同的感觉。例如绿色可以使人产生优雅、舒适的气氛，黄绿色有青春、旺盛的视觉意境，而蓝绿色则显得幽宁、阴森等。

1.2.4　网页中的文字

在浏览器中，默认的标准字体是中文宋体和英文 Times New Roman 字体。也就是说，如果没有设置任何字体，网页将以这两种标准字体显示。在设计网页时，还可以自由使用 Windows 操作系统自带的所有英文字体和中文字体。浏览该网页时，在 Windows 操作系统中都能正确显示。如果想用特殊的字体来体现某种风格，可以用图像来代替，即把特殊字体的文字做成图像格式，然后在需要这种字体的地方放置文字的图像，从而保证所有人看到的页面都是同一种效果。

在网页中设置字体时，要注意遵循以下几项基本原则：

（1）　不使用超过 3 种的字体类型，以免网页看起来将显得杂乱，没有主题。

（2）　不使用太大的字，因为版面空间非常宝贵和有限，大字体不能带给浏览者更多的信息。

（3）　最好不要使用不停闪烁的文字，以免分散浏览者的注意力。

（4）　标题的字体比正文要稍大一些，颜色也应有所区别。

1.2.5　网页中的表格

在网页中使用表格可以合理地布局网页的版面，但是如果表格的使用不合理，将会减慢网页的下载速度。因此在网页中使用表格时应遵循以下几项原则：

（1）　整个页面不要都放在一个表格中，应尽量拆分成多个表格。

（2）　单一表格的结构要尽量整齐。

（3）　表格嵌套层次要尽量少。

1.2.6　网页的版面和布局

版面是指浏览器显示的一个完整的页面（包括框架和层），根据浏览者的显示器分辨率的不同，同一大小的页面可能会出现不同的尺寸。布局是指以最适合浏览的方式将图像和文字排放在页面的不同位置。

1.　版面设计的主要步骤

在设计网页时，必须精心设计页面的版面和布局，使得浏览者在浏览网页时不觉得拥挤和凌乱。进行页面布局的前提条件是确定页面的功能模块，然后设置网页的版面。设计版面的最好方法是先用笔在白纸上将头脑中的草图勾勒下来，然后用 Dreamweaver 来实现。

版面设计可分为 3 个步骤：即画出页面的结构草图；布局细化和调整；确定最终版式。

（1）　画出页面的结构草图。

此步骤不需要很详细，不必考虑细节功能，只需画出页面的大体结构即可。为了追求更高的质量，可多画几张，然后选定一个最满意的方案作为继续创作的样本。

（2）　布局细化和调整。

这一步是要在结构草图的基础上，将需要放置的功能模块安排在页面中。在安排内容时必须要注意突出重点和平衡协调，安排完毕后应查看一下总体效果和感觉，将视觉不协调或不美观的地方进行相应的调整。此过程需反复进行，直到满意为止。

（3）　确定最终版式。

在布局反复细化和调整的基础上，找出一个比较完美的布局方案，确定为最后的版式。

2.　常见的网页布局

网页布局是指网页中内容的结构安排，常见的网页布局主要有 π 型、T 型和三型 3 种结构。

（1）　π 型结构。

顶部通常为网站标志、广告条和主菜单，顶部以下分为 3 个区域，左右两边通常为链接、广告或其他内容，中间部分是主题内容。这种布局的网页整体效果类似符号 π，优点是能够充分利用版面空间，信息量大，缺点是页面显得比较拥挤，不够灵活。图 1-3 所示

是采用 π 型布局的一个网页实例。

图 1-3　π 型结构

（2）　T 型结构。

顶部通常为网站标志和广告条，下半部分左面是主菜单，右面是主要内容。这种布局方式的优点是页面结构清晰，主次分明，初学网页设计者很容易上手，但显得有些呆板，如果细节色彩搭配不好，很容易给人杂乱的感觉。如图 1-4 所示是采用 T 型结构的一个网页实例。

图 1-4　T 型结构

（3）　三型结构。

多见于国外站点，特点是用两条横向的色块将整个页面分割为 3 部分，色块中大多放广告条与更新和版权提示，色块之间是主要内容。如图 1-5 所示是采用这种结构的一个网页实例。

图 1-5　三型结构

1.3　网站的规划

想要建立一个成功的网站，建站前的规划与设计工作是极为重要的。建立网站需要规划和设计的内容大体可分为两个方面：一是纯网站本身的设计，如文字排版、图像制作和平面设计等；二是网站的延伸设计，包括网站的主题和浏览群的定位，智能交互，制作策划等。

在网站开发之前，设计者必须决定站点的目标定位、风格、CI 形象、栏目、版块及最基本的目录结构，才能顺利地完成网站的开发与制作。

1.3.1　网站的开发规范

一个大型网站不可能只由一个人或特定的某个人来完成，往往都是通过多人的共同努力、互相协助才得以完成的。不同的设计者有不同的建站习惯，为了方便网站的开发，提高开发效率，主设计者在开发网站前一定要先制作网站开发的规范。

在网站开发规范中必须指定站点的目标定位、风格、CI 形象、栏目和版块，以及最基本的目录结构，当然有时还需要一个合理的脚本语言作为参考。网站开发规范并不是一成不变的，可以根据特殊情况灵活运用。但要注意的是在灵活运用时一定要和开发小组的其他成员进行沟通，以免出现这样或那样的问题。

1.3.2　网站的目标定位

一个网站要有明确的目标定位，这是在策划网站之前必须要考虑和解决的首要问题。只有定位准确，目标鲜明，才可能做出切实可行的计划，按部就班地进行设计。网站的目标定位可以从题材和内容、网站名称及域名几个方面进行考虑。

1.　题材和内容

作为一个初级的网站设计者来说，网站的主题定位一定要小而精，选择自己所擅长或者喜爱的内容，突出个性和特色。

2. 网站名称

网站名称也是网站设计的一部分，且至关重要。网站名称是否响亮、易记，对网站的形象和宣传推广也有着很大的影响。网站名称最好用中文，字数应该控制在 6 个字以内，且能代表本站特色，使人一看就知道本网站的主题是什么。

3. 网站域名

在申请域名时，一定要选择一个便于记忆的域名，最好是与网站名称相关的域名，如百度的域名为 http://www.baidu.com，搜狐的域名为 http://www.sohu.com 等。

1.3.3 网站的风格

网站的风格是指站点的整体形象给浏览者的综合感受，它包括许多方面，如版面布局、浏览方式、交互性和文字等。一个网站的风格要独树一帜，通过网站的某一点就能让浏览者明确分辨出此部分就是该网站所独有的。可以从以下几方面来树立网站的风格：

（1） 建立在有价值的内容之上。有价值的内容是支撑网站浏览量的支点，一个网站空有独特的装饰而无实质性的内容也难以留住浏览者，因此，网站首先必须保证内容的质量和价值性，这是最基本的。

（2） 明确希望站点留给浏览者的印象。在开始设计站点前，要彻底搞清楚自己的站点留给浏览者的印象。这一步骤可以通过自己所希望的印象及别人感受到的印象加以对比，最终来确定该网站的印象。

（3） 着手建立和加强站点印象。确定着眼点印象后，还需要进一步找出其中最有特色的内容，即最能体现网站风格的内容并以其作为网站的特色加以重点强化和宣传。

1.3.4 网站的 CI 形象

CI（Corporate Identity 的缩写）是借用的广告术语，意思是通过视觉来统一企业的形象。一个网站的 CI 形象包括标志、色彩、字体和标语等。准确地讲，有创意的 CI 设计对网站的宣传推广能够起到事半功倍的效果。当一个网站的主题和风格确定以后，就需要根据它们设计相应的网站 CI 形象。标志、色彩、字体与标语是一个网站树立 CI 形象的关键，确切地说是网站的表面文章。设计并完成这几步，可以提高网站整体形象。

1. 设计网站的标志

标志是一个网站的特色和内涵的集中体现，所以必须设计并制作网站的标志。标志的设计、创意来自该网站的名称和内容，能让浏览者一看到标志就联想到这个网站。例如，图 1-6 所示的这个网站标志就有机地将站名"网易"和它的标志图案、域名甚至宣传语都有机地结合在了一起，整体形象不但简单明了，而且有助于提升网站的品牌形象。

图 1-6　网站标志示例

2. 设计网站的标准色彩

网站给人的第一印象来自于视觉冲击，因此确定网站的标准色彩是相当重要的一步。

不同的色彩搭配产生不同的效果，并可能影响到访问者的情绪。标准色彩指能体现网站形象和延伸内涵的色彩，它要用于网站的标志、标题、主菜单和主色块，给人以整体统一的感觉。一般来说，适合于网页标准色的颜色有蓝色、黄/橙色和黑/灰/白色 3 大系列色。

3. 设计网站的标准字体

标准字体指用于标志、标题和主菜单的特有字体。为了体现站点的特有风格，可以根据需要选择一些特别字体。注意不同操作系统可能支持不同的字体。

4. 设计网站的宣传标语

网站的宣传标语也可以说是网站的精神，网站的目标，最好是用一句话，甚至是一个词来高度概括。

1.3.5　网站的栏目和版块

网站的栏目实质上是一个突出显示网站主体的大纲索引，在动手制作网页前，一定要先确定好合理的栏目和版块。在确定栏目和版块时，要遵循以下几个原则：

（1）紧扣网站的主题。一般做法是将网站的主题按一定的方法分类并将其作为网站的主栏目，且主题栏目个数在总数上要占绝对优势。这样的网站显得专业，主题突出，容易给人留下深刻的印象。

（2）设计一个最近更新或网站指南栏目。如果首页没有安排版面放置最近更新内容信息，就要设立一个"最近更新"的栏目，这样做可使主页更有人性化。如果主页层次较多，而又没有站内的搜索引擎，建议设置一个"本站指南"栏目，这样可以帮助初访者快速找到需要的内容。

（3）设计一个可以双向交流的栏目。设计一个可以双向交流的栏目，比如论坛、留言本或邮件列表等，可以让浏览者留下他们的信息，这远比只留一个 E-mail 地址更具有吸引力。

版块的概念要比栏目大一些，每一个版块都有自己的栏目。例如搜狐网站分为新闻、体育、道琼斯、汽车、房地产和健康等版块，而每一个版块下面都有自己的主栏目。在设置版块时，注意各版块要相对独立，相互关联，且版块的内容要围绕站点的主题。

1.3.6　网站的目录结构

网站的目录是指建立网站时创建的目录。网站目录结构的好坏对浏览者没有太大的影响，但对于站点本身的上传和维护、将来内容的扩充和移植有着重要的影响。下面是建立目录结构的一些建议：

（1）不要将所有的文件都存放在根目录下。在建立网站时，不要为了一时的方便，将所有文件都存放在根目录下，因为这样会造成文件管理上的混乱，以及上传速度慢等诸多不便。要尽可能减少根目录中的文件数，正确的方法应该是在网站根目录中开设 images、common 和 temp 三个子目录，根据需要再开设 media 子目录。images 目录中存放不同栏目的网页中都需用到的图像，例如站标、广告横幅、菜单、按钮等；common 子目录中存放 css、js、php 和 include 等公共文件；temp 子目录存放客户提供的各种文字图像等原始资料；media 子目录中存放 flash、avi 和 quick time 等多媒体文件。

（2）按栏目内容建立子目录。在根目录中原则上应该按照首页的栏目结构，给每一个栏目开设一个目录，根据需要在每一个栏目的目录中应开设一个 images 和 media 的子目录用以存放此栏目专用的图像和多媒体文件，如果这个栏目的内容特别多，分出很多下级栏目，可相应的开设其他子目录。对于一些需要经常更新的栏目可以建立独立的子目录，而一些相关性强，不需要经常更新的栏目，可以合并放在一个统一的子目录下。除此之外，所有的程序文件最好存放在特定目录下，例如一些需要下载的文件最好存放在一个目录下。

（3）在每个主目录下都建立独立的 Images 目录。每一个站点根目录下都默认有一个 Images（图像）目录，如果把站点的所有图像都放在这个目录下，以后将带来许多麻烦。最好的方法是为每个主栏目都建立一个独立的 Images 目录，用来存放该栏目下的所有图像，而根目录下的 Images 目录只用来存放首页的图像。

（4）目录的层次不要太深。为了维护方便，目录的层次最好不要超过 3 层。

（5）使用正确的目录名称。注意不要使用中文名称的目录和名称太长的目录。除非有特殊情况，目录、文件的名称应全部用小写英文字母、数字、下画线的组合，其中不能包含汉字、空格和特殊字符。对于一些正规的网站（个人站点除外）目录的命名方式最好尽量以英文为指导，不到万不得已不要以拼音作为目录名称。此外，为了方便分辨网页，还要尽量使用意义明确的目录。

1.3.7 网站信息的准备和收集

内容是网站的灵魂，因此，网站信息的准备和收集是一项非常重要的工作。要准备和收集网站信息，必须从网站的主题和构成网页的基本元素着手。

确定了网站的主题和内容之后，就应该着手进行资料的搜集工作了。设计者需要将网站中待用的文字、图片、动画、背景音乐等资料一一准备好，以备不时之需。搜集来的网页素材应该与网站中的元素相互对应，例如，可能需要将搜集来的文字资料转换成文本文件或其他网页能够识别的文件格式，或者将图片转换成适用于网页的格式等。

1.4 网站的开发流程

一个网站的开发过程，从某种意义上讲是集体智慧和团结的象征。因为一个公司组织开发一个网站时，不是某个人单打独斗就能完成的。除了全面负责网站开发的主管外，参与开发的通常还包括主导网站开发的单位和客户，还有美术设计人员、程序设计师和维护人员等。为了能让网站开发工作有效地进行，集体之间的合作不出现差错，开发人员都必须遵循网站的开发流程。

网站的开发流程是指在开发一个网站时规定每步应完成的工作。当设计者确定了网站的主题及整体风格、完成了版面设计、搜集并制作好各种所需素材后，就可以开始着手建立网站了。下面介绍网站的主要开发流程。

1.4.1 定义站点

开发网站的首要工作是要定义该站点，即明确建立网站的目的，确定网站提供的内容，以及网站资料的搜集。

建立网站的目的很多，例如个人求职、扩大公司知名度、介绍公司新产品、提供信息或游戏娱乐等。随着信息时代的发展，综合型的网站将日益减少。越来越多的网站将趋向于企业产品的宣传及信息咨询服务，一些娱乐休闲型的网站也会渐渐增多。创建网站的目的一定要明确，才不会影响到以后的设计工作。

在明确建立网站的目的之后，需要所有参与网站设计的各个单位与成员一起构思、讨论。最后取得共识，才能确保以后的开发过程不会发生争论，能够有效地进行网站建设。接下来设计者还需要确定网站提供的内容，这些内容必须按照网站的目的来选择，且不能有内容越多越好的思想。确定内容时，应该有所侧重，与网站主题有关的选择的内容相对来说多一些；与网站主题无关的，则应该少选择一些或者不选择。

当确定网站的内容以后，就应该进行资料的搜集工作，主要搜集文字、图像、动画，以及背景音乐等。在设计企业网站时，一般都是由企业提供大部分的文字和图像资料。然后对资料进行整理和筛选，选出网站所需要的资料。

网站制作完毕，还要把它上传到因特网供人浏览，因此还需要配制服务器。目前 Windows 中常用的服务主要是 Windows 2000/XP 下的 IIS 服务器。服务器的配置将在本书的后面章节中进行介绍。

1.4.2　建立网站结构

定义网站后，就应该根据网站结构开始搭建网站。一个网站中可以包括三类网页：首页、主页和内容页。

首页是指浏览者进入网站首先看到的网页，其中的内容通常都是很简单的，主要用于引导用户进入网站。

主页是网站的精华部分，绝大部分网站的内容都可在主页中找到缩影，是网站的精华。很多网页设计者在设计时往往会忽略首页，直接制作主页。

内容页是网站具体内容的承载页，是制作网站的重点，也是体现网站主题的主体。

1.4.3　首页的设计和制作

对于一个网站来说，首页至关重要，它一般代表着整个网站的制作水平与精华部分。首页的好坏可以直接影响浏览者的情绪。首页的制作也需要先绘制一张草图，草图应包括网站的标志、广告条、菜单栏和友情链接等一些基本的部件。而且需要合理地布置这些部件，根据部件的重要性来摆放。首页的内容一般都是比较概括性的文字，只是起一个引导性的作用，所以文字不应该太多。

首页的草图设计好后，即可使用 Dreamweaver 动手制作了。在首页中，注意不要使用太多的图像及音频和视频等，因为这些素材的数据量都比较大，是制约网页下载速度的重要因素之一。如果首页的下载速度比较慢，浏览者对这个网站也就不会有太大的兴趣。

1.4.4　制作其他页面

其他页面的设计和制作没有首页复杂，但设计与制作的方法和首页设计一样，需要注意以下几点：

（1）要和首页保持相同的风格。

（2） 要有返回首页的超链接。

（3） 目录结构最好不要超过 3 层。

1.4.5 网页的测试与调试

网页的测试与调试主要包括测试网页和验证与调试网站两方面的内容。

1. 测试网页

网页制作完成后，用户需要测试网页以确保网页的正常使用。测试网页主要包括以下几个方面。

（1） 兼容性测试。Dreamweaver 虽然考虑到网页在不同版本、不同类型的网页浏览器中的兼容性，但是也有一些元素必须是更新版本的浏览器才能得以支持。可以在 Dreamweaver 中选择"文件"|"检查页"|"浏览器兼容性"命令来测试所制作的页面，以检查网页在不同版本、不同类型的浏览器中的兼容性。

（2） 超链接测试。在 Dreamweaver 中可以选择"文件"|"检查页"|"链接"命令检查超链接的正确性，以保证没有孤立的链接。用户也可以单击每一个超链接，查看是否有效和正确。

（3） 实地测试。把网页上传到 Internet 服务器，测试超链接及下载速度等问题。

有可能在本地测试成功的网页上传后出现有问题，例如，如果 Internet 服务器的文件名区分大小写，而所做的链接忽略了这一点，则可能导致链接错误。

2. 网站的验证与调试

在网站的验证与调试阶段，要尽最大努力找出网站的所有错误。在验证与调试期间，要注意网站的可浏览性，因为在不同类型的浏览器中浏览的效果有所差异。最好是在几个不同的浏览器中浏览，为网站上传打好基础。

1.4.6 发布与维护

当一个网站制作完成，并且验证与调试正确后，即可将该网站发布到 Internet 服务器上，即人们通常所说的上传网站。在服务器上发布网站以后，还需要对网站做定期维护，以吸引更多的浏览者，例如网站内容的更新和版面的扩展等。

1.5 认识 Dreamweaver CS5

Macromedia 公司出品的 Dreamweaver、Flash 和 Fireworks 被合称网页制作三剑客，三个软件相辅相承，是制作网页的最佳选择。其中，Dreamweaver 是一款专业的网页制作工具，主要用于制作网页，制作出来的网页兼容性比较好。Flash 和 Fireworks 分别是动画制作和图形图像制作工具，可用于制作精美的网页动画及处理网页中的图形。在 Flash 中创建的动画和在 Fireworks 中编辑的图片可以直接导入到 Dreamweaver 中使用。

Dreamweaver 的字面意思为"梦幻编织"，该软件有着不断变化的丰富内涵和经久不衰的设计思维，能够充分展现设计者的创意，实现制作者的想法，锻炼用户的能力，让用户成为真正的网页设计大师。

1.5.1　Dreamweaver CS5 的主要功能

Dreamweaver 是目前流行的一款可视化网页制作工具，具有简洁高效的设计和开发界面，它的所见即所得特性使得用户无需编写代码即可完成网页的制作，简单易用，非常适合初学者使用。同时，Dreamweaver 也支持代码设计，为高级程序人员提供了代码编辑环境，方便程序人员应用 HTML 或其他代码进行网页开发。Dreamweaver 主要包括 HTML、CSS、JavaScript、CFML、ASP 和 JSP 等语言的代码编辑工具和参考资源。设计者可以使用 Macromedia 的 Roundtrip HTML 技术，无须重新格式化即可直接导入使用记事本等程序手写的 HTML 文档，然后在 Dreamweaver 中根据实际需要重新格式化代码。

自 Dreamweaver 问世以来已更换了多个版本，而每一次升级都会给用户带来更多的惊喜，当前最新版本 Dreamweaver CS5 的出现同样不负众望，又在原版本的基础上增加了一些新的功能，并对一些不足之处进行了调整，从而使 Dreamweaver 的功能更加强大，使用起来也更加得心应手。

Dreamweaver CS5 的新功能如下：

（1）集成 CMS 支持。即对 WordPress、Joomla!和 Drupal 等内容管理系统框架的创作和测试支持。

（2）CSS 检查。在 Dreamweaver CS5 中能以可视方式显示详细的 CSS 框模型，使用户可以轻松切换 CSS 属性，并且无需读取代码或使用其他实用程序。

（3）与 Adobe Browserlab 集成。可使用多个查看、诊断和比较工具预览动态网页和本地内容。

（4）PHP 自定义类代码提示。为自定义 PHP 函数显示适当的语法，可帮助用户更准确地编写代码。

（5）站点特定的代码提示。可从 Dreamweaver 中的非标准文件和目录代码提示中受益。

1.5.2　工作区布局

Dreamweaver CS5 提供了 3 种工作区布局：设计器、编码器和双重屏幕。在默认情况下，启动 Dreamweaver CS5 并创建或打开文档后显示的是设计器工作区布局。

1. 设计器

在设计器工作区布局中，所有文档窗口和工作面板都被集成在一个更大的应用程序窗口中，并将面板组停靠在窗口右侧。

在设计器工作区布局中可以用可视化网页编辑工具来设计和制作网页，用户所添加到文档中的所有内容就是以后访问者在网页中所实际看到的内容。在本书以后的章节中，如不特别说明，介绍的都是在设计器工作区布局中所进行的操作。

2．编码器

编码器工作区布局也是将所有文档窗口和工作面板都集成在应用程序窗口中，只不过它将面板组停靠在窗口左侧，而且在文档窗口中默认显示"代码"视图。

3．双重屏幕

如果用户有一个辅助显示器，可以利用 Dreamweaver CS5 工作区布局来编辑网页。在双重屏幕工作区布局中，所有面板都放置在辅助显示器上，只将文档窗口和属性检查器保留在主显示器上，这样可以使用户最大限度地利用屏幕面积。

1.5.3　Dreamweaver CS5 的工作界面

安装 Dreamweaver CS5 后，第一次启动该程序时会打开一个"默认编辑器"对话框，让用户选择要将 Dreamweaver CS5 设置为哪些文件类型的默认编辑器。按照自己的需要选择所需的选项后，单击"确定"按钮，即可正式启动 Dreamweaver CS5。

默认情况下，启动 Dreamweaver CS5 后不会一下子就进入工作状态，而是显示一个开始页，供用户选择从哪里开始工作，如图 1-7 所示。在开始页中单击"新建"组中的某个网页类型，即可建立一个新网页，并进入 Dreamweaver CS5 的工作界面。Dreamweaver 将所有的文档窗口和工具面板都集成到了应用程序窗口中，用户可以在这个集成的工作区中查看文档和对象属性，并利用工具栏中的工具执行许多常用操作，从而快速更改文档。

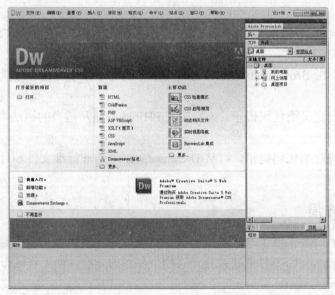

图 1-7　启动 Dreamweaver CS5 后的程序界面

1．工作区元素

Dreamweaver 工作界面中主要包含应用程序栏、文档工具栏、标准工具栏、编码工具栏、样式呈现工具栏、文档窗口、属性检查器、标签选择器和面板组等元素。其中有些工具栏在默认情况下为隐藏状态，如标准工具栏和样式呈现工具栏，选择"查看"|"工具栏"菜单中的相应命令即可显示它们，如图 1-8 所示。

应用程序栏
文档工具栏

标准工具栏　　　样式呈现工具栏

文档窗口

标签选择器

属性检查器

面板组

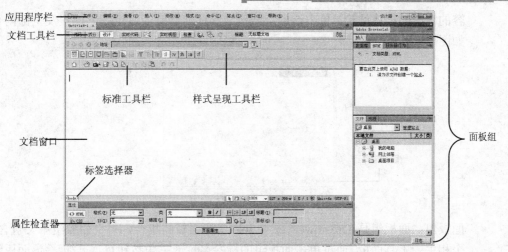

图 1-8　Dreamweaver CS5 的工作界面

- 应用程序栏：应用程序栏是 Windows 菜单栏、工作区切换器和应用程序控件的组合，其左边部分是菜单栏，提供了所有可执行的菜单命令，利用这些菜单命令基本上可以完成程序的所有工作。工作区切换器用于在不同的工作区布局之前进行切换。程序控件则可以控制程序窗口在屏幕上的显示方式，如最小化、最大化以及关闭窗口等。

- 文档工具栏：文档工具栏中包含编辑文档的常用操作按钮，可用于执行切换视图模式、设置网页标题、进行文件管理、在浏览器中预览网页效果、可视化助理、验证标记、检查浏览器兼容性等操作。

- 标准工具栏：标准工具栏中提供了一些最常用的工具按钮，可执行"文件"和"编辑"菜单中的常见操作，如"新建"、"打开"、"在 Bridge 中浏览"等。

- 样式呈现工具栏：如果用户在编辑网页时使用了媒体的样式表，那么就可以使用样式呈现工具栏中的按钮来查看网页的设计在不同媒体类型中的呈现效果。此外，该工具栏中还包含一个允许用户启用或者禁用 CSS 样式的按钮。

- 文档窗口：文档窗口用于显示用户当前正在编辑的文档，有"代码"、"设计"及"代码与设计"3 种视图模式，用户可以根据需要单击文档工具栏中的相应按钮任意切换。默认状态下，Dreamweaver CS5 的文档窗口与应用程序窗口整合为一个整体，文档窗口上方显示选项卡标签，单击选项卡标签可在不同的文档中进行切换。单击文档窗口右上角的"还原"控件可以使文档窗口成为一个独立的窗口。多个独立的文档窗口可以层叠排列也可以垂直或者水平平铺在工作区中，选择"窗口"菜单中的"层叠"、"水平平铺"或者"垂直平铺"命令即可按相应方式排列窗口。

- 属性检查器：不同的对象具有不同的属性，属性检查器即用于查看和更改当前所选对象的属性。如果需要修改整个页面的属性设置，如更改页面颜色或背景图片等，应在不选择任何对象的情况下，在属性检查器中单击"页面属性"按钮，打开"页面属性"对话框，从中进行设置。

- 标签选择器：标签选择器位于文档窗口底部的状态栏左端，用于显示当前选定内容的标签的层次结构。单击该层次结构中的任何标签可以选择该标签及全部内容，如图 1-9 所示。

标签选择器

图 1-9　Dreamweaver CS5 的工作界面

- 面板组：面板组是 Dreamweaver 中常用资源面板的集合，每个面板组中又包含多个相关的工具面板。通过单击面板组的标签名称或三角按钮可展开/折叠该面板组，单击面板组中的面板标签则可切换到相应的面板。若要显示/隐藏面板或面板组，可执行"窗口"菜单中的相应命令。

2.　文档窗口的使用

文档窗口是用户主要的工作区域，制作和编辑网页的工作都要在这里完成。Dreamweaver CS5 提供了多种视图方式，用户可根据自己的实际需要切换到合适的视图中进行工作。Dreamweaver CS5 提供的视图方式有以下几种。

- 设计视图：是一个用于可视化页面布局、可视化编辑和快速应用程序开发的设计环境。在该视图中，可显示文档的完全可编辑的可视化表示形式，类似于在浏览器中查看页面时看到的内容。
- 代码视图：是一个用于编辑 HTML、JavaScript、服务器语言代码（如 PHP 或 ColdFusion 标记语言），以及任何其他类型代码的手工编码环境。
- 拆分视图：是代码视图的一种拆分版本，使用户可以同时对文档的不同部分进行代码编辑。
- 代码和设计视图：可同时显示"代码"和"设计"两个窗格，使用户可以一边编辑代码，一边即时观察网页的实际效果。
- 实时视图：与设计视图类似，但可以更加逼真地显示文档在浏览器中的表示形式，并使用户能够像在浏览器中那样与文档交互。在实时视图中不能编辑文档，用户可以在代码视图中进行编辑后刷新实时视图中来查看所做的更改。
- 实时代码视图：该视图仅在实时视图中查看文档时可用，它可以显示浏览器用于执行该页面的实际代码，当用户在实时视图中与该页面进行交互时，它可以动态变化。在实时代码视图中也不能编辑文档。

切换视图的方法是单击文档工具栏上的相应按钮，或者选择"查看"菜单中的相应命令。例如，默认情况下显示的是设计视图，单击文档工具栏上的"代码"按钮，或者选择"查看" |"代码"命令，即可切换到代码视图，如图 1-10 所示。

图 1-10　切换到代码视图

在代码拆分视图中，用户还可以选择是水平拆分窗格还是垂直拆分窗格，水平拆分状态下两个窗格上下排列放置，而垂直拆分状态下两个窗格左右并列放置。选择"查看"｜"垂直拆分"命令，即可在更改拆分窗格的水平或垂直放置方式。注意，垂直拆分视图只能在拆分视图中使用，而对代码视图和设计视图无效。

3.　调整文档窗口的大小

状态栏上显示了文档窗口的当前尺寸（以像素为单位），用户也可以根据需要任意调整文档窗口的大小。调整文档窗口大小的方法有以下几种。

（1）　任意调整文档大小：拖动文档窗口右下角的控制柄 。

（2）　将文档窗口的大小调整为预定义大小：在状态栏上单击"窗口大小"控件，从弹出菜单中选择一种尺寸命令，如图 1-11 所示。"窗口大小"弹出菜单命令中所显示的窗口大小为浏览器窗口的内部尺寸（不包括边框），括号中为显示器大小。

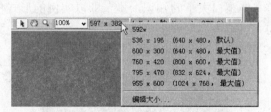

图 1-11　"窗口大小"弹出菜单

（3）　更改"窗口大小"弹出菜单中列出的值：如果"窗口大小"弹出菜单中没有用户所需要的尺寸，可选择菜单底部的"编辑大小"命令，打开"首选参数"对话框，在"窗口大小"列表框中单击相近尺寸参数行的宽度值或高度值，使其进入编辑状态，输入一个新值即可，如图 1-12 所示。如果要使文档窗口仅调整为特定的宽度而高度不变，可删除该尺寸行中的高度值；如果要更改显示器尺寸，可单击相应尺寸行中的"描述"框，输入所需的说明性文本。

（4）　向"窗口大小"弹出菜单中添加新的尺寸：打开"首选参数"对话框，在"窗口大小"列表框中单击"宽度"列中最后一个值下面的空白处，输入宽度值、高度值和描述文字。若仅需设置宽度或高度，可将不需设置的字段保留为空。

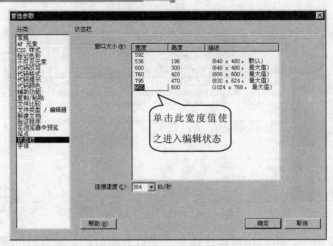

图 1-12　更改"窗口大小"弹出菜单中列出的值

4. 调整连接速度

连接速度是用来计算下载大小的，以 KB/秒为单位，显示在状态栏的窗口大小右面。当在文档窗口中选定一个图像时，该图像的下载大小就会显示在属性检查器中。用户可以在"首选参数"对话框中设置连接速度的大小，方法是在"首选参数"对话框左侧的"分类"列表框中选择"状态栏"选项，然后在"连接速度"下拉列表框中选择所需的值。

1.5.4　实例——设置文档窗口和显示器大小

设置文档窗口大小有助于用户以最佳的窗口大小进行工作，从而对网页的整体布局与设计做到心中有数。此外用户还可以设置显示器的大小尺寸，以使其与网页大小相匹配。前面我们已经学习调整文档窗口大小的知识，本节即以实例的形式使用户对此部分内容加以巩固。下面我们将向"窗口大小"弹出菜单中添加一个新尺寸，其中窗口大小为 800×600，显示器大小为 1024×768，如图 1-13 所示。

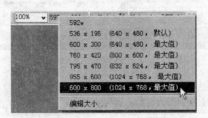

图 1-13　"窗口大小"弹出菜单中的新尺寸

（1）在状态栏上单击"窗口大小"控件，从弹出菜单中选择"编辑大小"命令，打开"首选参数"对话框。

（2）在"窗口大小"列表框中单击"宽度"列中最后一个值下面的空白处，输入"800"；单击"高度"列中最后一个值下面的空白处，输入"600"；单击"描述"列中最后一个值下面的空白处，输入"（1024 x 768，最大值）"，如图 1-14 所示。

（3）单击"确定"按钮完成设置。

（4）单击"窗口大小"控件，在弹出菜单查看新添加的尺寸命令。

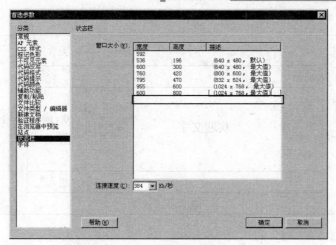

图 1-14　输入新尺寸的值

1.6　动手实践——规划和设计个人网站

本节以规划和设计一个小型个人网站为例，介绍网站的规划和设计。

步骤 1：确定主题及风格。

通常小型的个人网站都是以宣传自我为主题的，可以按照设计者自己的性格和爱好来定义网站的主题及风格，例如，爱好文学的人可以制作一个文学网，主色调采用适合阅读的淡绿色，而爱好体育的人则可以制作一个体育网，主色调采用张扬的黄色等。在本例中，笔者将主题定为美食，包含食文化、菜谱、美食图片等内容，主色调采用温馨的橙黄色调，名称为"美食网"。

步骤 2：撰写文字内容。

网站主题及整体风格确定后，接下来就要开始收集材料。文字方面的东西要事先准备好，可用 Word、WPS、写字板或记事本等文字编辑软件进行编辑。

步骤 3：准备图片及其他素材。

对于图片元素，设计者可以通过用图形图像软件绘制和编辑、用扫描仪扫描，或者用数码相机拍照等方式来获得，还可以用摄像机摄像来获得视频文件。图片上传到计算机中后通常还须根据需要进行处理，如压缩图像文件的大小。在扫描照片时，为了使照片更加清晰，一般情况下分辨率选择 300 点/英寸；为了减小图片体积，最好选择 jpg 格式。

除了图片之外，动画在网页中的作用也很大，设计者可以利用动画制作软件来自己制作动画，也可以请朋友帮忙。

步骤 4：版面设计。

本案例将包含首页、主页和内容网页。图 1-15 所示的是"休闲角落"网站的首页及主页两个网页的版面设计简图。

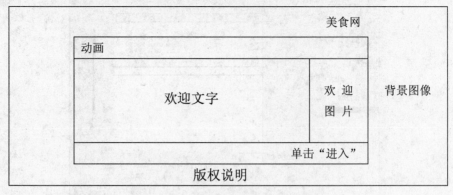

图 1-15　首页及主页版面设计

1.7　习题练习

1.7.1　选择题

（1）_____可以说是网页的灵魂。

  A. 标题

  B. 主题

  C. 风格

  D. 内容

（2）_____指的是站点的整体形象给浏览者的综合感受。

  A. 布局

  B. 风格

  C. CI 形象

　　　　D. 栏目

（3）_____并不是一个网站树立 CI 形象的关键。

　　　　A. 标志

　　　　B. 色彩

　　　　C. 字体

　　　　D. 版块

（4）适合于网页标准色的 3 大系列颜色中不包括_____系列色。

　　　　A. 蓝色

　　　　B. 黄/橙色

　　　　C. 红色

　　　　D. 黑/灰/白色

（5）为了维护方便，目录的层次最好不要超过_____。

　　　　A. 2 层

　　　　B. 3 层

　　　　C. 4 层

　　　　D. 5 层

1.7.2　填空题

（1）**网页的英文名称为**_____；网站也称为站点，英文名称_____，是多个网页的集合。

（2）常见的网页构成元素有_____、_____、_____、_____、_____和_____等。

（3）一般来说，网页主要由_____、_____、_____和_____等元素组成。

（4）一个网站可以有很多网页，而_____只有一个。

（5）_____是指浏览器显示的完整的一个页面，_____是网页的集合。

（6）在浏览器中，默认的标准中文字体是_____，英文字体是_____。

（7）_____、_____、_____和_____是一个网站树立 CI 形象的关键。

1.7.3　问答题

（1）网站可分为哪几类？

（2）网站的开发需要经过哪几个主要阶段？

（3）在创建网站目录时应注意哪些问题？

（4）制作网页时要注意哪些问题？

（5）测试网页包括哪些方面？

1.7.4　上机练习

（1）　规划一个网站并绘出版面设计草图，根据网站主题准备和收集相关素材。

（2）　安装 Dreamweaver CS5，熟悉它的工作界面。

第 2 章 构 建 站 点

本章要点

- 创建本地站点
- 设置本地和远程文件夹
- 设置连接方式
- 上传和获取文件
- 遮盖及设计备注的应用

本章导读

- *基础知识：设置本地和远程文件夹，设置连接方式，上传和获取文件。*
- *重点掌握：本地站点的创建。*
- *一般了解：遮盖及设计备注的应用一节介绍的文件和文件夹的遮盖，以及设计备注的使用，目的是使用户可以在网站内容臃肿时遮盖暂不编辑的文件和文件夹，或者使用设计备注为图像和文件添加说明，以提高工作效果。因此，对于本节内容，读者只须简单了解一下即可。*

课堂讲解

　　站点是所有属于网站上的文档的存储位置，分为本地站点和远程站点。本地站点放在本地计算机或网络服务器上，而远程站点则位于运行 Web 服务器的计算机上。在Dreamweaver 中创建网页之前，应先创建本地站点。

　　本章的课堂讲解部分介绍了构建站点的知识，内容包括网站的规划和设计知识、本地和远程的概念、设置本地和远程信息、创建本地网站的方法，以及 Web 网站的管理。

2.1　建站必备知识

在使用 Dreamweaver 制作网页之前，用户需要在本地先创建一个站点，通过测试确保网站没有断链或其他问题之后，就可以上传网站了。在创建网站时，需要一个承载本地网站的空间和一个可承载上传网站的空间，即本地文件夹和远程文件夹。下面先介绍几个在制作网站的过程中所要接触到的专业术语。

2.1.1　本地计算机和 Internet 服务器

一般来说，用户所浏览的网页都是存储在 Internet 服务器上的。所谓 Internet 服务器，就是用于提供 Internet 服务（包括 WWW、FTP 和 E-mail 等服务）的计算机，对于 WWW 浏览服务来说，Internet 服务器主要用于存储所浏览的 Web 网站和页面。

对于大多数用户来说，Internet 服务器只是一个逻辑上的名称，而不是真正的可知实体。即用户无法知道该服务器到底有多少台、性能如何、配置如何、到底放置在什么地方等，但是用户在浏览网页时，并不需要了解它的实际位置，只需要在地址栏输入网址，按下 Enter 键，就可以轻松实现网页的浏览。

对于浏览网页的访问者来说，他们所使用的计算机被称作本地计算机。因为访问者可直接在计算机上操作，启动浏览器，打开网页，本地计算机对于访问者来说是真正的实体。

本地计算机和 Internet 服务器之间通过各种线路，如电话线、ADSL 或其他缆线等进行连接，以实现相互的通信。

2.1.2　本地站点和远程站点

严格地说，网站也是一种文档的磁盘组织形式，它同样是由文档和文档所在的文件夹组成。设计良好的网站通常具有科学的结构，使用不同的文件夹，将不同的网页内容分类保存，这是设计网站的必要前提。

用户在 Internet 上所浏览的各种网站，其实质就是用浏览器打开存储于 Internet 服务器上的 HTML 文档及其他相关资源。基于 Internet 服务器的不可知性，通常将存储于 Internet 服务器上的网站和相关文档称作远程网站。

虽然 Dreamweave 可以编辑和管理位于 Internet 服务器上的网站文档，但由于现实中网络的不稳定性及长时间连接 Internet 带来的高额费用，导致使用 Dreamweaver 直接编辑和管理远程网站是不现实的，因此人们提出本地网站的概念来解决上述问题。

利用 Dreamweaver，用户可以在本地计算机上创建出网站的框架，从整体上把握网站全局。由于这时候没有同 Internet 连接，因此有充裕的时间完成网站的设计，进行完善的测试，这样在本地计算机上创建的网站就称作本地站点。在本地站点设计后，可以利用各种上传工具，如 CutFTP 程序，将本地站点上传到 Internet 服务器上，从而形成远程站点。

2.2　创建和设置站点

Dreamweaver 中的站点是指属于某个 Web 站点的文档的本地或远程存储位置，用户可以在 Dreamweaver 站点中组织和管理所创建的所有 Web 文档,将站点上传到 Web 服务器,跟踪和维护链接,以及管理和共享文件。

在 Dreamweaver CS5 中,要定义 Dreamweaver 站点,只需设置一个本地文件夹即可,但若要向 Web 服务器传输文件,或者开发 Web 应用程序,则还必须添加远程站点和测试服务器信息。Dreamweaver 站点通常由本地根文件夹、远程文件夹和测试服务器文件夹 3 个部分组成,但具体还取决于开发环境和所开发的 Web 站点类型。

2.2.1 关于本地和远程文件夹

本地根文件夹又称为本地站点,用于存储用户正在处理的文件。本地文件夹通常位于本地计算机上,但也可能位于网络服务器上。远程文件夹又称为远程站点,可存储用于测试、生产和协作等用途的文件。远程文件夹通常位于运行 Web 服务器的计算机上,其中包含用户从 Internet 上访问的文件。通过本地文件夹和远程文件夹的结合使用,用户可以在本地硬盘和 Web 服务器之间传输文件,轻松地管理 Dreamweaver 站点中的文件。用户可以在本地文件夹中处理文件,然后将它们发布到远程文件夹供别人查看。

如果希望使用 Dreamweaver 连接到某个远程文件夹,则用户应指定该远程文件夹,指定的远程文件夹(也称为"主机目录")应该对应于 Dreamweaver 站点的本地根文件夹。当需要在本地计算机上维护多个 Dreamweaver 站点时,则在远程服务器上需要等量个数的远程文件夹,然后将它们分别映射到本地计算机上各自对应的本地根文件夹。

在首次建立远程连接时,Web 服务器上的远程文件夹通常是空的,当用户上传了本地根文件夹中的所有文件时,便会用这些文件来填充远程文件夹。远程文件夹应始终与本地根文件夹具有相同的目录结构,即本地根文件夹中的文件和文件夹应始终与远程文件夹中的文件和文件夹一一对应。如果远程文件夹的结构与本地根文件夹的结构不匹配,那么 Dreamweaver 就会将文件上传到错误的位置,使站点访问者可能无法看到这些文件。此外,如果文件夹和文件结构不同步,图像和链接路径会很容易断开。

2.2.2 创建站点

在 Dreamweaver CS5 中创建站点非常容易,启动程序后,在开始页的"新建"组中单击"Dreamweaver 站点"按钮,即可打开"站点设置对象"对话框,引导用户建立站点,如图 2-1 所示。如果已经进入 Dreamweaver CS5 的工作界面,则可选择"站点"|"新建站点"命令,打开"站点设置对象"对话框。

图 2-1 创建站点

1. 设置站点

在"站点设置对象"对话框中的"站点名称"文本框中输入欲建立的站点的名称,在"本地站点文件夹"文本框中指定本地站点文件夹所在的位置,然后单击"保存"按钮,一个新站点就建立了,如图 2-2 所示。

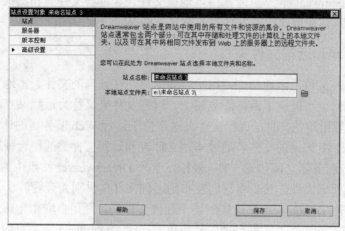

图 2-2 "站点设置对象"对话框

2. 设置服务器

用户可以指定远程服务器和测试服务器的类别。在设置远程文件夹时,必须为 Dreamweaver 选择连接方式,以将文件上传和下载到 Web 服务器。Dreamweaver 可连接到支持 IPv6 的服务器,所支持的连接类型包括 FTP、SFTP、WebDav 和 RDS。

选择"站点"|"管理站点"命令,打开"管理站点"对话框,从列表框中选择已有的要设置服务器类型的站点名称,然后单击"编辑"按钮,打开"站点设置对象"对话框,在左侧列表中单击"服务器"标签,切换到相应选项卡,然后单击列表框左下角的"添加新服务器"(+)按钮,打开添加服务器选项页面,如图 2-3 所示。

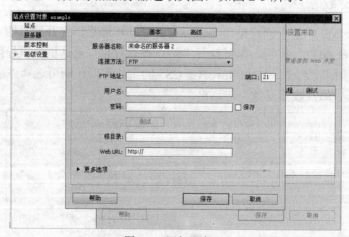

图 2-3 添加服务器

在"服务器名称"文本框中指定新服务器的名称(该名称可以是所选择的任何名称),

并从"连接方法"弹出菜单中选择一种连接方法，如 FTP。然后，用户还需要根据选择的连接方法进行具体设置，如 Web URL 以及服务器地址等，不同的连接方法要设置的内容也不一样。

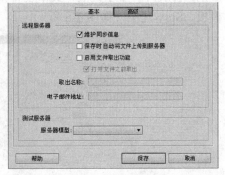

图 2-4　添加服务器

单击"高级"标签，切换到相应的选项页，还可以对远程服务器和测试服务器进行高级设置，如指定保存文件时 Dreamweaver 自动将文件上传到远程站点，允许多人共同开发网站时使用文件取出功能，以及指定测试服务器模型等，如图 2-4 所示。

3. 设置版本控制

使用 Dreamweaver 可以连接到使用 Subversion（SVN）的服务器获取和存回文件。SVN 是一种版本控制系统，它使用户能够协作编辑和管理远程 Web 服务器上的文件。SVN 服务器与 Dreamweaver 中通常使用的远程服务器不同，使用 SVN 时远程服务器仍是网页的"实时"服务器，SVN 服务器用于承载存储库，存储希望进行版本控制的文件。典型的工作流程是：在 SVN 服务器之间来回获取和提交文件，然后通过 Dreamweaver 发布到远程服务器。远程服务器的设置完全独立于 SVN 的设置。

在使用 Subversion 作为 Dreamweaver 的版本控制系统之前，必须获得对 SVN 服务器和 SVN 数据库的访问权限，并建立与 SVN 服务器的连接。

要建立 SVN 连接，可打开"管理站点"对话框，从中选择要为其设置版本控制的站点，再单击"编辑"按钮，打开"站点设置对象"对话框，在左侧列表中单击"版本控制"标签，切换到相应选项卡，在"访问"下拉菜单中选择"Subversion"选项，然后设置协议、服务器地址、存储库路径，以及 SVN 服务器的用户名和密码等，如图 2-5 所示。设置完毕，单击"测试"按钮可测试连接。

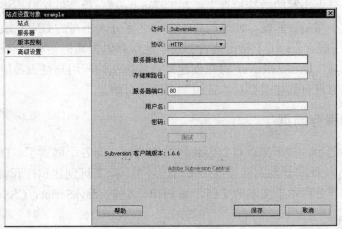

图 2-5　设置版本控制

4. 高级设置

在"站点设置对象"对话框中还可以进行高级设置，在对话框左侧选择"高级设置"

类别，会展开一个子列表，其中包含本地信息、遮盖、设计备注、文件视图列、Contribute、模板、Spry 几类，如图 2-6 所示。

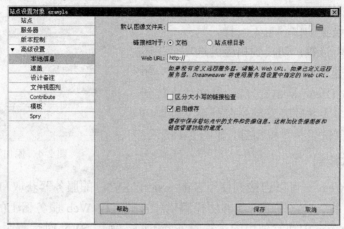

图 2-6　高级设置

下面主要介绍一下本地信息的设置内容。

（1）"默认图像文件夹"：指定用于存储站点中的图像的文件夹。

（2）"链接相对于"：当在站点中创建指向其他资源或页面的链接时，可指定所创建的链接类型。默认情况下，Dreamweaver 创建文档相对链接，如果更改默认设置并选择"站点根目录"选项，应确保在"Web URL"文本框中输入了站点的正确 Web URL。更改此设置不会转换现有链接的路径。此设置仅应用于使用 Dreamweaver 以可视方式创建的新链接。

（3）"Web URL"：用于指定 Web 站点的 URL。Dreamweaver 使用 Web URL 创建站点根目录相对链接，并在使用链接检查器时验证这些链接。

（4）"区分大小写的链接检查"：在 Dreamweaver 检查链接时，将检查链接的大小写与文件名的大小写是否匹配，此选项用于文件名区分大小写的 UNIX 系统。

（5）"启用缓存"：用于指定是否创建本地缓存以提高链接和站点管理任务的速度。如果不选择此选项，Dreamweaver 将在创建站点前再次询问用户是否希望创建缓存。最好选择此选项，因为只有创建缓存后"资源"面板才有效。

2.2.3　新建和保存网页

建立了网站之后，接下来就可以创建网站的实体，即各个网页了。Dreamweaver CS5 为处理各种 Web 设计和开发文档提供了灵活的环境，除了可创建和打开 HTML 文档以外，还可以创建和打开各种基于文本的文档，如 PHP、ASP、JavaScript、CSS 等。

1.　新建文档

创建了站点后，该站点会显示在"文件"面板中，用户可以从"文件"面板中创建新网页，也可以通过开始页来新建网页。在开始页的"新建"组中单击所需的网页类型按钮，即可快速创建一个相应类型的网页。

此外，用户还可以在开始页的"新建"组中单击"更多"按钮，或者在进入 Dreamweaver

CS5 后选择"文件"|"新建"命令，打开"新建文档"对话框，从更多的网页类型中选择并创建所需新文档，如图 2-7 所示。

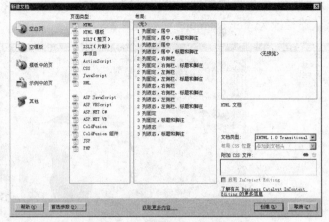

图 2-7　"新建文档"对话框

　　"新建文档"对话框中包含 5 种创建项目文档的方法：空白页、空模板、模板中的页、示例中的页以及其他。其中"空白页"用于新建空白网页；"空模板"基于模板创建新网页；"模板中的页"基于已有的网页创建新网页；"示例中的页"基于示例网页创建新网页。

　　在实际工作中，最常用的新建文档的方法为创建空白网页和通过模板创建网页。新建空白文档时，应在"空白页"选项卡中的"页面类型"列表框中先选择一种页面类型，然后在"布局"列表框中选择一种网页布局，单击"创建"按钮。若要基于模板创建网页，则要切换到"空模板"选项卡，在"模板类型"列表框中选择一类模板，然后在"布局"列表框中选择一种网页布局，单击"创建"按钮。

　　为了方便管理，站点中的网页应分类放置在不同的文件夹中。若要在站点中创建文件夹，可在"文件"面板中右击站点名称，从弹出的快捷菜单中选择"新建文件夹"命令，然后将临时文件夹名更改为所需的文件夹名。

2. 保存新文档

　　新建或修改后的文档要适时进行保存。单击标准工具栏中的"保存"按钮，或者选择"文件"|"保存"命令，打开"另存为"对话框，从"保存在"下拉列表中选择保存路径，并在"文件名"列表框中输入文件名称，保存类型使用默认值，然后单击"保存"按钮即可保存新文档。

2.2.4　实例——创建站点和网页

　　前面介绍了创建本地站点以及新建和保存网页的方法，下面通过实例来巩固所学过的这些知识。本节将创建一个名为"example"的本地站点，并新建一个名为"main"的 HTML

网页，将其设置为首页。

（1） 选择"站点"|"新建站点"命令，打开"站点设置对象"对话框。

（2） 将"站点名称"文本框中的默认站点名称改为"example"，将"本地站点文件夹"文本框中的默认路径改为"e:\ example\"，如图 2-8 所示。

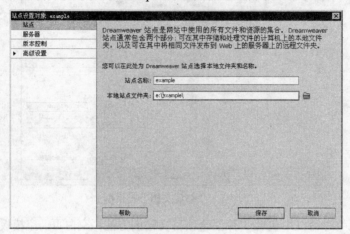

图 2-8　创建站点

（3） 单击"保存"按钮，完成站点的创建。

（4） 选择"文件"|"新建"命令，打开"新建网页"对话框，在"空白页"选项卡中的"页面类型"列表框中选择"HTML"页面类型，再在"布局"列表框中选择"无"，然后单击"创建"按钮，创建一个新网页。

（5） 单击标准工具栏上的"保存"按钮，打开"另存为"对话框，指定保存位置为"e:\example"，文件名为"main"，保存类型为"ALL Documents"，如图 2-9 所示。

图 2-9　保存网页

2.3　管理 Web 站点

上传站点只是将本地网站直接复制了一份放到远程服务端，远程文件夹的结构与本地网站的文件结构是完全相同的。因此，用户可以任意对本地站点及站点文件进行管理，然后将修改后的文件再次上传。如果在操作过程中出现了失误，也可以从远程网站下载所需的文件，而不必进行网页的重复制作操作。

2.3.1　导入和导出站点

使用导入功能可以将现有的网站直接导入到 Dreamweaver 中进行编辑和修改。与"导入"功能相对的是"导出"功能，Dreamweaver 可以将网站导出为 XML 文件，然后将其导回 Dreamweaver，方便在各计算机和产品版本之间移动网站，或者与其他用户共享。

图 2-10　"管理站点"对话框

选择"站点"|"管理站点"命令，打开"管理站点"对话框，如图 2-10 所示。单击"导入"按钮，打开"导入站点"对话框，选择要导入的网站名称，单击"打开"按钮，返回到"管理站点"对话框，单击"完成"按钮，即可导入站点。

在使用"导入"功能前，一定要确保要导入的网站已经被保存为扩展名为 ste 的 XML 文件。如果要导入的网站还是文件夹及网页的形式存在，则无法导入到 Dreamweaver 中。

若要导出网站，则打开"管理站点"对话框后应从列表框中选择已存在的网站，然后单击"导出"按钮，打开"导出站点"对话框，其默认保存类型为"站点定义文件（*.ste）"。选择保存位置，再单击"保存"按钮，返回"管理站点"对话框，单击"完成"按钮即可。

2.3.2　从站点列表中删除站点

从站点列表中删除站点不会从保存该站点的计算机中删除站点，而只是将该网站的相关链接信息从 Dreamweaver 的"文件"面板的"站点列表"中删除。

要从站点列表中删除网站，应打开"管理站点"对话框，从列表框中选择要删除的站点名称，单击"删除"按钮。此时会打开一个警告对话框，警告用户此动作不可撤消，如图 2-11 所示。单击"是"按钮即可从列表中删除网站。如果想要重新将某站点添加至"文件"面板的站点列表中，需重新定义站点。

图 2-11　警告对话框

2.3.3　获取和上传文件

在多人协作环境中，可以在工作时使用"取出/存回"系统在本地和他人计算机间进行文件传输。但如果只是单人在远程网站上工作，则只需用"获取/上传"命令来传输文件。

1.　将文件上传到远程或测试服务器

若要将文件上传到远程或测试服务器上，可单击"文件"面板右上角的"展开"按钮，展开"文件"面板，在窗口工具栏右侧的"显示"列表框中选择要上传的文件，然后在"文件"面板窗口中单击工具栏中的"上传文件"按钮 ⬆，并在打开的要用户确认上传文件的对话框中单击"确定"按钮，即可开始上传网站。上传后的文件会显示在窗口的左窗格中，如图 2-12 所示。

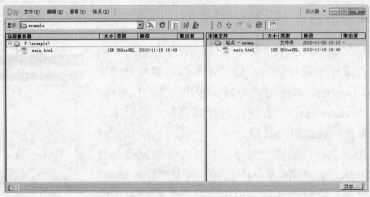

图 2-12　上传文件

2. 从远程或测试服务器中获取文件

要从远程或测试服务器获取文件，可在展开的"文件"面板窗口中的"显示"下拉列表框中选择一个该文件所在网站，然后从窗口左侧列表框中（服务器端）选择要获取的文件，单击工具栏中的"获取文件"按钮 ⬇，即完成从远程或测试服务器中获取文件操作。

2.3.4　同步本地和远程站点文件

上传文件后，如果对本地文件又进行了编辑和修改，可利用"同步"功能来更新远程站点上的文件，使其与本地文件保持一致。

在同步文件之前，应先对要上传、获取、删除或忽略的文件进行验证，方法是单击"文件"面板右上角的"选项"按钮 ▤，从弹出菜单中选择"编辑"|"选择较新的本地文件"命令或"选择远程服务器上的较新文件"命令，确定要删除及更新的文件。

若要对某个站点中的文件实行本地与远程同步，应先选择该站点，并选择特定的文件或文件夹，然后单击"文件"面板右上角的"选项"按钮，从弹出菜单中选择"站点"|"同步"命令，打开如图 2-13 所示的"同步文件"对话框，从中设置"同步"及"方向"选项，再单击"预览"按钮。同步成功后，在打开的提示对话框中单击"确定"按钮即可。

图 2-13　"同步文件"对话框

"同步文件"对话框中各选项说明如下。

（1）"同步"：用于选择同步的对象。包括"整个（站点名称）站点"和"仅选中的本地文件"两个选项。

（2）"方向"：用于选择复制文件的方向。包括"放置较新的文件到远程"、"从远程获得较新的文件"和"获得和放置较新的文件"3 个选项。

（3）"删除本地驱动器上没有的远端文件"：用于让 Dreamweaver 自动删除远程服

务器上存在但本地驱动器上没有的文件。

（4）"预览"：用于让 Dreamweaver 会自动检测是否有需要上传或下载的文件并执行同步操作。同步完毕，会打开提示对话框提示无需进行同步操作，并询问用户是否需要打开文件列表以进行手动同步。

2.3.5　遮盖站点中的文件和文件夹

为了简化文件列表视图，提高工作效率，对于一些基本上不再需要更改的文件可以通过使用遮盖功能，在上传或获取文件时忽略这些文件或文件夹。不但可以遮盖单独的文件夹，还可以遮盖指定的文件类型。

1．禁用和启用网站遮盖

默认状态下，网站的遮盖功能是处于启用状态的，如果要禁用或再次启用此功能，可单击"文件"面板右上角的"选项"按钮，从弹出的快捷菜单中选择"站点"|"遮盖"|"启用掩盖"命令，取消"启用掩盖"命令前的复选标记为禁用状态。如果"启用掩盖"命令前有复选标记则为启用状态。

2．遮盖和取消遮盖文件夹

在遮盖功能的启用状态下，用户即可对特定文件夹进行遮盖操作，但是不能遮盖所有文件夹或整个网站。

要遮盖或取消遮盖站点中的特定文件夹，选择所需文件夹后，可单击"文件"面板右上角的"选项"按钮，从弹出菜单中选择"站点"|"遮盖"|"遮盖"命令或"站点"|"遮盖"|"取消掩盖"命令。为某文件夹设置遮盖后，该文件夹图标上会显示出一条红色斜线，表明该文件夹已遮盖，如图 2-14 所示。取消遮盖后该红线将自动消失。

图 2-14　遮盖文件夹

3．取消所有文件夹和文件的遮盖

用户可以同时取消网站中所有文件夹和文件的遮盖。此操作无法还原，当需要再次遮盖文件夹和文件时，必须逐一重新遮盖所有项。

单击"文件"面板右上角的"选项"按钮，从弹出菜单中选择"站点"|"遮盖"|"全部取消遮盖"命令，即可取消对所有文件夹和文件的遮盖。

2.3.6　在设计备注中存储文件信息

设计备注是用户为文件创建的备注，与所描述的文件相关联，独立存储在文件中，可用于记录与文档关联的其他文件信息，如图像源文件名称和文件状态说明。例如，如果将一个文件从一个站点复制到另一个站点，则可以为该文件添加设计备注，用于说明原始文件位于另一站点的文件夹。

1．启用和禁用设计备注

默认状态下设计备注为启用状态，如果要禁用设计备注，应打开"站点设置对象"对话框，在左侧列表中选择"高级设置"标签，展开其下属列表，再选择"设计备注"选项，切换到相应选项页，清除"维护设计备注"复选框，如图 2-15 所示。如果启用了设计备注，则用户还可以通过选择"启用上传并共享设计备注"复选框，来允许用户与其他工作在该网站上的人员共享设计备注和文件视图列。

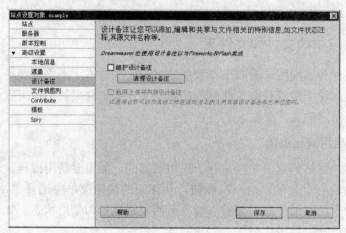

图 2-15　禁用设计备注

2.　设置备注基本信息

可以为站点中的每个文件设置备注，包括各类型网页、模板文件、applets 程序、ActiveX 控件、图像、Flash 动画、Shockwave 影片等。为模板文件添加的备注应用该模板生成新文档，此新生成的文件将继承模板文件所拥有的备注。如果文件位于在远程网站上，必须先将其取出或获取该文件。然后从本地文件夹中选择要设计备注的文件，才能为其设计备注。

要将设计备注添加到文档中，应先确定文档窗口正处于活动状态，然后选择"文件"|"设计备注"命令，打开"设计备注"对话框，在"状态"下拉列表框中选择文档的状态，然后在"备注"文本框中输入备注信息，如图 2-16 所示。如果想要在每次打开文件时都显示设计备注文件，可选中"文件打开时显示"复选框。

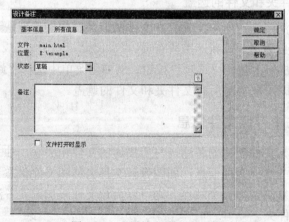

图 2-16　"设计备注"对话框

Dreamweaver 将备注自动保存到名为_notes 的文件夹（该文件夹为隐藏文件夹）中，与当前文件处在相同的位置，备注文件的文件名是文档的文件名，并在其后加上扩展名

mno。

2.3.7　实例——站点的上传与同步

前面介绍了管理 Web 站点的各种方法，本节将通过实例将本地站点 example 上传到指定的远程文件夹中，并同步本地和远程站点上的文件来巩固所学过的知识。

（1）选择"站点"|"管理站点"命令，打开"管理站点"对话框，在列表框中选择 example 站点。

（2）单击"编辑"按钮，打开"站点设置对象"对话框，切换到"服务器"选项卡，单击"添加新服务器"按钮，在打开的选项页中的"服务器名称"文本框中指定一个服务器名称，然后在"连接方法"下拉列表框中选择"本地/网络"选项，在"服务器文件夹"文本框中输入"F:\example"，如图 2-17 所示。

图 2-17　选择站点

（3）单击"保存"按钮保存设置，返回到"站点设置对象"对话框，再次单击"保存"按钮，返回到"管理站点"对话框，单击"完成"按钮。

（4）在程序界面右下角的"文件"面板中，从工具栏左端的"显示"下拉列表框中选择"example"网站，使其显示在"文件"面板的文件列表框中。

（5）单击"文件"面板窗口工具栏中的"上传文件"按钮，打开让用户确认上传站点的提示对话框，如图 2-18 所示。

（6）单击"确定"按钮。

（7）待站点文件上传完毕后，在"文件"面板中右击站点名称"example"，从弹出的快捷菜单中选择"新建文件夹"命令，创建一个新文件夹，并将其名称改为"image"。

图 2-18　上传站点提示对话框

（8）选择"main.html"网页，按 Delete 键，打开请求确认删除文件的提示对话框，单击"是"按钮，删除所选网页。

（9）右击站点名称，从弹出菜单中选择"站点"|"同步"命令，打开"同步文件"对话框。

（10）从"同步"下拉列表框中选择"整个'example'站点"选项，在"方向"下拉列表框中选择"放置较新的文件到远程"选项，并选中"删除本地驱动器上没有的远端文件"复选框，如图 2-19 所示。

（11） 单击"预览"按钮，执行同步操作，完成后打开如图 2-20 所示的"同步"对话框。

图 2-19　设置同步选项

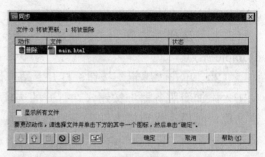

图 2-20　完成同步后的提示对话框

（12） 单击"确定"按钮，系统会打开一个确认删除文件的提示对话框，单击其中的"是"按钮。同步完成。

2.4　动手实践——创建和管理站点

定义一个名为 meishi（美食网）的个人站点并上传站点。该站点中包括以下主要网页：首页（main.asp）、主页（index.asp）、美食专区（meishi.asp）和交流区（jiaoliu.asp），对应图片文件夹分别为 main、image、meishi 和 jiaoliu。

步骤 1：创建站点。

（1） 启动 Dreamweaver CS5，选择"站点"｜"新建站点"命令，打开"站点设置对象"对话框。

（2） 将"站点名称"文本框中的默认站点名称改为"meishi"，将"本地站点文件夹"文本框中的默认路径改为"e:\ meishi\"，如图 2-21 所示。

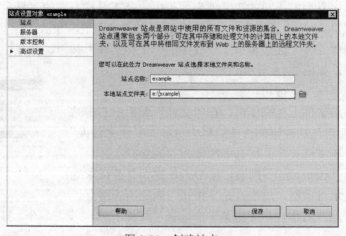

图 2-21　创建站点

（3） 切换到"服务器"选项卡，单击"添加新服务器"按钮，打开相应的选项页，在"连接方法"下拉列表框中选择"本地/网络"选项。

（4） 在"服务器文件夹"文本框中输入"C:\Inetpub\wwwroot"，在"Web URL"文本框中输入 http://localhost/，如图 2-22 所示。

（5） 单击"高级"标签，切换到相应选项页，选中"保存时自动将文件上传到服务器"复选框。

（6） 选中"启用文件取出功能"复选框，然后选中它下方的"打开文件之前取出"复选框，并在"取出名称"文本框中输入用户名称，在"电子邮件地址"文本框中输入用户的电子邮件地址。

（7） 在"测试服务器"栏的"服务器模型"下拉列表框中选择"ASP VBScript"选项，如图 2-23 所示。

图 2-22 设置服务器的基本信息

图 2-23 设置远程信息和测试服务器

（8） 单击"保存"按钮，返回"站点设置对象"对话框，再次单击"保存"按钮，返回到"管理站点"对话框，单击"完成"按钮，完成站点的创建。

步骤 2：创建网页文件和文件夹。

（1） 显示"文件"面板，右击"meishi"站点，从弹出的快捷菜单中选择"新建文件"命令，创建 4 个网页，将名称分别改为 main.asp（首页）、index.asp（主页）、meishi.asp（美食专区）、jiaoliu.asp（交流区）。

（2） 右击"meishi"站点，从弹出的快捷菜单中选择"新建文件夹"命令，创建 4 个文件夹，将名称分别改为 main、image、meishi 和 jiaoliu，如图 2-24 所示。

图 2-24 "文件"面板

步骤 3：上传站点。

（1）在"文件"面板中单击工具栏上的"上传文件"按钮。

（2）在打开的提示对话框中单击"确定"按钮，完成站点上传。

2.5 习题练习

2.5.1 选择题

（1）在 Dreamweaver CS5 中，要定义 Dreamweaver 站点，只需设置一个_____即可。

　　　A. 共享文件夹　　B. 本地文件夹　　C. 远程文件夹　　D. 测试服务器

（2）在设置远程文件夹时，必须为 Dreamweaver 选择_____，以将文件上传和下载到 Web 服务器。

　　　A. 连接方式　　　B. 服务器名称　　C. Web URL　　　D. 默认文件夹

（3）在编辑网站时如果想要上传编辑过的网页，可在"文件"面板中单击_____按钮。

　　　A. ⬇　　　　B. ⬆　　　　　　C. ✓　　　　　D. 🔒

（4）在遮盖功能的启用状态下，用户可对_____进行遮盖操作。

　　　A. 整个网站　　B. 所有文件夹　　C. 特定文件夹　　D. 特定类型的文件

2.5.2 填空题

（1）一般来说，用户所浏览的网页都是存储在_____上的。

（2）使用 SVN 时远程服务器的典型的工作流程是：_____。

（3）上传站点其实是将本地网站_____，远程文件夹的结构与本地网站的文件结构是_____。

（4）Dreamweaver 可以将网站导出为_____文件。

（5）Dreamweaver 提供自动刷新本地和远程网站功能，若用户未设置自动刷新功能，又想让本地与远程网站中的文件具有相当的步调，应使用系统提供的_____功能。

（6）为网页设置备注后，Dreamweaver 自动将其存放在_notes 文件夹，并自动将当前文件名设置为备注名称，备注文件的扩展名为_____。

2.5.3 问答题

（1）什么是本地站点？什么是远程站点？

（2）如何创建一个本地站点？

（3）如何在本地站点中创建网页和文件夹？

（4）如何使远程站点上的文件与本地文件保持一致？

2.5.4 上机练习

（1）创建一个本地站点，并在其中添加网页。

（2）将所创建的本地站点上传至远端服务器。

第 3 章　使用 CSS 样式

本章要点

- 创建与编辑 CSS 样式
- 导入与链接样式
- 应用类样式
- 设置 CSS 样式属性

本章导读

- 基础知识：CSS 样式的应用，CSS 样式属性设置，CSS 样式的导入与链接。
- 重点掌握：创建和编辑 CSS 样式。
- 一般了解：了解层叠样式表一节是对层叠样式表（CSS 样式）做一个大概的介绍，以使读者了解什么是层叠样式表，以及层叠样式表的功能、作用、语法规则等。对于本节内容，读者只须简单了解一下即可。

课堂讲解

　　CSS 样式又称为层叠样式表，是由一系列格式组成的规则，可用于控制网页中各对象的外观。例如，使用 CSS 样式可以为指定文本、整篇文档及整个站点定义统一的风格。

　　本章的讲堂讲解部分介绍了在网页中使用 CSS 样式的知识，内容包括 CSS 样式的概念，CSS 样式和 CSS 样式表的创建和编辑方法，以及使用 CSS 样式表的优先顺序等。

3.1　了解层叠样式表

Dreamweaver 提供了层叠样式表功能，用于灵活控制 Web 页面内容外观，并确保浏览器以一致的方式处理页面布局和外观。

3.1.1　认识层叠样式表

CSS 全称 Cascading Style Sheets，中文名为层叠样式表。CSS 样式本身是一组格式设置规则，用于控制 Web 页内容的外观。使用 CSS 可以非常灵活地控制页面的确切外观，如设置文本属性、控制网页中块级元素的格式和定位等。通过使用 CSS 控制字体还可以确保在多个浏览器中以更一致的方式处理页面布局和外观。

> 块级元素是一段独立的内容，在 HTML 中通常由一个新行分隔，并在视觉上设置为块的格式，如 hl 标签、p 标签和 div 标签都在网页上产生块级元素。

网页上的元素所显示的最终样式是 3 种因素决定的：由设计者创建的样式表；用户的自定义样式选择；浏览器本身的默认样式。网页的最终外观是由以上这 3 种因素的规则共同作用（或者叫"层叠"）的结果，最后以最佳方式呈现出来。例如，默认情况下，浏览器自带有为段落文本定义字体和字体大小的样式表，但网页设计者也可以自己为段落字体和字体大小创建能覆盖浏览器默认样式的样式表，当浏览者加载页面时，看到的将是设计者创建的段落字体和字体大小，而不是浏览器的默认段落文本的设置。

继承性是层叠的另一个重要部分，网页上大多数元素的属性都是继承而来的，例如，段落标签从 body 标签（主体标签，此区域中是页面代码的主体内容）中继承某些属性，而项目列表标签又从段落标签中继承某些属性等等。但如果设计者自定义了一些属性，则在最终显示时元素就会忽略其相应的继承属性。

综合以上的所有因素，加上其他因素以及 CSS 规则的顺序，最终会创建一个复杂的层叠，其中优先级较高的项会覆盖优先级较低的属性。

默认情况下，Dreamweaver 会使用层叠样式表来设置文本格式。当用户使用属性检查器或者菜单命令应用于文本的样式将创建 CSS 规则，这些规则将嵌入在当前文档的头部。

3.1.2　CSS 的语法规则

CSS 样式由两部分组成：选择器和声明。选择器是标识已设置格式元素的术语（如 p、h1、类名称或 ID），而声明块则用于定义样式属性。例如下段 CSS 样式：

```
h1{
font-size:16pixels;
font-family:Helvetica;
}
```

其中 h1 是选择器，介于花括号（{}）之间的所有内容都是声明。各个声明均由两部分组成：属性（如 font-family）和值（如），中间用冒号（:）分隔。以声明 font-family:Helvetica 为例，font-family 为属性，Helvetica 为值。

用户还可以使用速记 CSS 来指定多个属性的值。速记 CSS 是一种简略语法，例如，假设已经为 font-variant、font-stretch、font-size-adjust 和 font-style 属性分配了默认值，那么使用普通 CSS 语法设置 hl 规则时，形式为：

```
hl{
font-weight;bold;
font-size:16pt;
line-height:18pt;
font-family:Arial;
font-variant:normal;
font-atyle:normal;
font-atretch:normal:
font-aize-adjuat:none
}
```

而用一个速记属性来编写这一规则时，则可能的形式为：

Hl{font:bold 16pt/18pt Arial}

上述速记示例省略了 font-variant、font-style、font-stretch 和 font-size-adjust 标签，这是因为使用速记符号编写代码时会自动将省略的值指定为它们的默认值。

如果使用 CSS 语法的速记形式和普通形式在多个位置定义了样式，速记规则中省略的属性可能会覆盖（或层叠）其他规则中明确设置的属性，因此，Dreamweaver 默认情况下使用 CSS 符号的普通形式，以防止能够覆盖普通规则的速记规则所引起的潜在问题，也就是说，在 Dreamweaver 中打开使用速记 CSS 符号编写代码的网页时，Dreamweaver 将使用普通形式创建任何新的 CSS 规则。如果不想让 Dreamweaver 用普通形式覆盖用速记 CSS 符号编辑的代码，可打开"首选参数"对话框（"编辑"|"首选参数"命令），在"CSS 样式"类别的"当编辑 CSS 规则时"栏中更改设置，如图 3-1 所示。

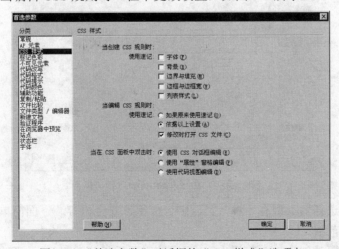

图 3-1　"首选参数"对话框的"CSS 样式"选项卡

3.1.3　CSS 样式的优先顺序

定义多个 CSS 样式，若将两个或多个样式应用于同一文本时，样式间可能会发生冲突，产生意外的结果。浏览器根据以下规则将 CSS 样式应用于文本。

（1）将多种样式应用于同一文本，浏览器显示样式的所有属性，除非某个特定的属性发生冲突。例如，一种样式将文本颜色指定为蓝色，另一种样式将文本颜色指定为红色。

（2）应用于同一文本的多种样式属性发生冲突，则浏览器显示最里面的样式（离文本本身最近的样式）的属性。也就是说，如果外部样式表和内联 CSS 样式同时影响文本元素，则内联样式为其中所应用的那一个。

（3）CSS 样式间若发生直接冲突，则使用 class 属性应用的样式中的属性将取代 HTML 标签样式中的属性。

3.2　创建和应用 CSS 样式

用户可以自行创建一个 CSS 规则，来自动完成 HTML 标签的格式设置，或者 class 或 ID 属性所标识的文本范围的格式设置。

3.2.1　自定义 CSS 样式

要创建新的 CSS 样式，可选择"格式"|"CSS 样式"|"新建"命令，或者在"CSS 样式"面板（选择"窗口"|"CSS 样式"命令）中单击"新建 CSS 规则"按钮，打开"新建 CSS 规则"对话框，在"为 CSS 规则选择上下文选择器类型"下拉列表框中选择要创建的 CSS 规则的选择器类型，在"选择定义规则的位置"下拉列表框中选择要在什么位置使用该规则，如图 3-2 所示。

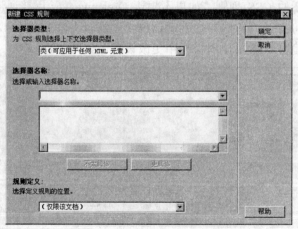

图 3-2　"新建 CSS 规则"对话框

CSS 规则的选择器类型有 4 种：类、ID、标签、复合内容。下面简单介绍一下这几类选择器所适用的范围。

（1）类：用于创建一个可作为 class 属性应用于任何 HTML 元素的自定义样式。类名称必须以句点开头，并且可以包含任何字母和数字组合，如 .myhead1。

（2）ID：用于定义包含特定 ID 属性的标签的格式。ID 必须以井号（#）开头，并且可以包含任何字母和数字组合，如#myID1。

（3）标签：用于重新定义特定 HTML 标签的默认格式。

（4）复合内容：用于定义同时影响两个或多个标签、类或 ID 的复合规则。例如，如果输入 div p，则 div 标签内的所有 p 元素都将受此规则的影响。说明区域内会准确说明用户添加或删除选择器时该规则将影响哪些内容。

在选择定义规则的位置时，若要将规则放在已附加到文档的样式表中，应选择相应的样式表；若要创建外部样式表，则应选择"新建样式表文件"选项；若要在当前文档中嵌入格式，则应选择"仅对该文档"选项。

设置完毕，单击"确定"按钮，会打开一个"body 的 CSS 规则定义"对话框，在此可选择要为新的 CSS 规则设置的样式选项，如图 3-3 所示。

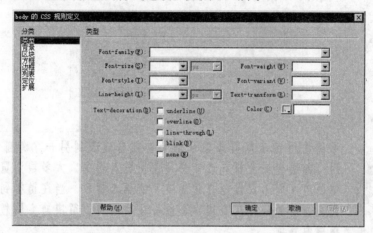

图 3-3　"body 的 CSS 规则定义"对话框

完成对样式属性的设置后，单击"确定"按钮，即可创建一个新的 CSS 样式。如果没有设置样式选项，则单击"确定"按钮后会产生一个新的空白规则。

3.2.2　将内联 CSS 转换为 CSS 规则

内联 CSS 是指把 CSS 样式嵌入在 HTML 标签内部。内联样式不是推荐的最佳做法，若要使 CSS 更干净整齐，可将内联样式转换为驻留在文档头或外部样式表中的 CSS 规则。

要将内联 CSS 转换为 CSS 规则，应先在"文档"工具栏上单击"代码"按钮，切换到代码视图，然后在代码视图中选择包含要转换的内联 CSS 的整个<style>标签，右击它，从弹出的快捷菜单中选择"CSS 样式"|"将内联 CSS 转换为规则"命令，打开"转换内联 CSS"对话框，如图 3-4 所示。

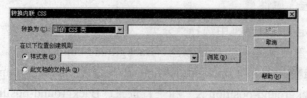

图 3-4　"转换内联 CSS"对话框

在对话框右上方的文本框中输入新规则的类名称，然后在"转换为"下拉列表框中选择要在其中放置新 CSS 规则的样式表，再在"在以下位置创建规则"选项组中选择"此文档的文件头"单选框，完成后单击"确定"按钮，即可将内联 CSS 转换为 CSS 规则。

3.2.3　附加样式表

可以将在当前站点或网页之外创建的样式表链接或者导入到当前打开的网页，以便为该网页中的元素应用这些 CSS 样式。

在"CSS 样式"面板中单击"附加样式表"按钮，或者在属性检查器的"HTML"面板中选择"类"下拉列表框中的"附加样式表"选项，打开"链接外部样式表"对话框，单击"浏览"按钮找到所需的外部样式表，然后根据需要选择"链接"或者"导入"单选框，再在"媒体"下拉菜单中指定样式表的目标媒体，然后单击"确定"按钮即可。

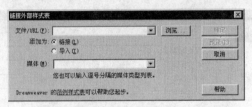

图 3-5　"链接外部样式表"对话框

> **不能使用链接标签添加从一个外部样式表到另一个外部样式表的引用。如果要嵌套样式表，必须使用导入指令。大多数浏览器还能识别页面中（而不仅仅是样式表中）的导入指令。当在链接到页面与导入到页面的外部样式表中存在重叠的规则时，解决冲突属性的方式具有细微的差别。**

3.2.4　设置 CSS 样式属性

CSS 样式的属性共分为 8 类，分别为类型、背景、区块、方框、边框、列表、定位和扩展。用户可通过样式的"CSS 规则定义"对话框来设置 CSS 样式属性。

1. 设置"类型"属性

打开"CSS 规则定义"对话框，确认当前显示的是"类型"选项卡，在此可设置文字的字体（Font-family）、大小（Font-size）、粗细（Font-weight）、样式（Font-style）、变体（Font-variant）、行高（Line-height）、大小写（Text-transform）、修饰效果（Text-decoration）及颜色（Color）。

2. 设置"背景"属性

在"CSS 规则定义"对话框中选择"分类"列表框中的"背景"选项，切换至"背景"选项卡，在此可设置网页元素的背景颜色（Background-color）、背景图像（Background-image）、是否重复背景图像（Background-repeat）、附件（Background-attachment）、元素的水平位置（Background-position X）和垂直位置（Background-position Y）。

3.　设置"区块"属性

在"CSS 规则定义"对话框中选择"分类"列表框中的"区域"选项，切换至"区块"选项卡，在此可设置单词间距（Word-spacing）、字母间距（Letter-spacing）、元素的垂直对齐方式（Vertical-align）、文本对齐方式（Tect-align）、文字缩进（Text-indent）、处理元素中空格（White-space）和显示元素（Display）的方式。

4.　设置"方框"属性

在"CSS 规则定义"对话框中选择"分类"列表框中的"方框"选项，切换至"方框"选项卡，在此可设置元素的宽度（Width）、高度（Height）、元素之间的浮动方式（Float）、清除 AP 元素（Clear）、元素内容与元素边框上下左右之间的填充方式（Padding）以及元素之间上下左右的间距（Margin）。

5.　设置"边框"属性

在"CSS 规则定义"对话框中选择"分类"列表框中的"边框"选项，切换至"边框"选项卡，在此可设置边框的样式（Style）、宽度（Width）和颜色（Color）。

6.　设置"列表"属性

在"CSS 规则定义"对话框中选择"分类"列表框中的"列表"选项，切换至"列表"选项卡，在此可设置列表的类型（List-style-type）、项目符号图像（List-style-image）和列表位置（List-style-Position）。

7.　设置"定位"属性

在"CSS 规则定义"对话框中选择"分类"列表框中的"定位"选项，切换至"定位"选项卡，在此可设置浏览器如何定位选择的元素（Position）、内容的初始显示条件（Visibility）、AP 元素的宽度（Width）和高度（Height）、内容的堆叠顺序（Z-Index）、容器（如 DIV 或 P）的内容超出容器显示范围时的处理方式（Overflow）、内容块的位置（Placement）和大小及内容的可见部分（Clip）。

8.　设置"扩展"属性

在"CSS 规则定义"对话框中选择"分类"列表框中的"扩展"选项，切换至"扩展"选项卡，在此可设置打印期间在样式所控制的对象之前（Page-break-before）或者之后（Page-break-after）强行分页，以及光标（Cursor）和滤镜效果（Filter）。

3.2.5　应用自定义 CSS 样式

要为文本应用自定义的 CSS 类样式，首先要在文档中选择所需文本，然后在"CSS 样式"面板的"全部"选项卡中右击要应用的样式名称，从弹出的快捷菜单中选择"应用"命令，或者在 HTML 属性检查器的"目标规则"弹出菜单中选择要应用的类样式，如图 3-6 所示。

3.2.6　删除自定义 CSS 样式

为文档内容应用了 CSS 样式后，如果因某种情况要取消样式，可重新选定应用了样式的对象或文本，然后在 HTML 属性检查器中选择"目标规则"弹出菜单中的"无"选项。

3.2.7 实例——创建 CSS 样式

前面介绍了自定义 CSS 样式和将内联 CSS 转换为 CSS 规则的方法，下面通过实例创建一个名为 style1 的样式来巩固所学过的知识。本例所创建的 CSS 样式是：将文本样式设置为 14 号粗体，颜色代码为#CC6600。

（1）显示"CSS 样式"面板，单击其底部的"新建 CSS 规则"按钮，打开"新建 CSS 规则"对话框。

（2）从"选择器类型"下拉列表框中选择"类"选项，在"选择器名称"文本框中输入"style1"，从"规则定义"下拉列表框中选择"仅限该文档"选项，如图 3-7 所示。

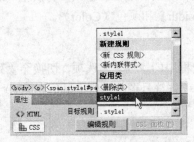

图 3-6 "目标规则"弹出菜单

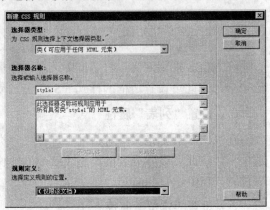

图 3-7 定义 CSS 规则

（3）单击"确定"按钮，打开".style1 的 CSS 规则定义"对话框。

（4）在"分类"列表框中选择"类型"选项，然后从"大小（Font-family）"下拉列表中选择 14，在"粗细（Font-weight）"下拉列表框中选择"粗体（bold）"选项，在"颜色"文本框中输入颜色代码#CC6600，如图 3-8 所示。

（5）单击"确定"按钮，"CSS 样式"面板中出现命名为 style1 的样式，如图 3-9 所示。

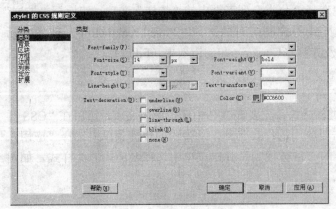

图 3-8 定义文本格式

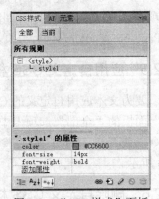

图 3-9 "CSS 样式"面板

3.3　编辑 CSS 样式规则

可以在"CSS 样式"面板中对 CSS 样式规则进行编辑。在编辑 CSS 样式时，样式的改变会即时应用于该 CSS 样式所控制的所有文本。对外部样式表的编辑可以影响与它链接的所有文档。

3.3.1　在面板中编辑 CSS 规则

在 CSS 面板的"全部"选项卡和"当前"选项卡中都可以对已应用的 CSS 规则进行编辑。

1.　在"全部"选项卡中编辑规则

显示"CSS 样式"面板，在"全部"选项卡的"所有规则"窗格中选择一条规则，然后在下面的"属性"窗格中双击某个属性，即可对其进行编辑，如图 3-10 所示。此外也可以在选择规则后单击面板右下角的"编辑样式"按钮，打开该样式的"CSS 规则定义"对话框进行编辑。

2.　在"当前"选项卡中编辑规则

在"CSS 样式"面板中切换到"当前"选项卡，再选择当前页面中的一个文本元素以显示它的属性，然后在"当前"选项卡的"所选内容摘要"窗格中选择某个属性，或者在"规则"窗格中选择一条规则，再在下面的"属性"窗格中双击该属性，即可对其进行编辑，如图 3-11 所示。

图 3-10　在"全部"选项卡中编辑规则　　　图 3-11　在"当前"选项卡中编辑规则

3.3.2　向规则中添加属性

通过使用"CSS 样式"面板还可以向规则中添加属性。显示"CSS 样式"面板，在"全部"选项卡的"所有规则"窗格中选择一条规则，或者在"当前"选项卡的"所选内容的摘要"窗格中选择一个属性，然后在"属性"窗格中单击"添加属性"链接，在属性列表中添加一个属性。

3.3.3 实例——更改 CSS 规则

前面介绍了编辑 CSS 样式规则的知识，包括在"CSS 样式"面板中编辑 CSS 规则的方法和向 CSS 规则中添加属性的方法，本节即以实例的形式来重新编辑上一节我们创建的 CSS 规则中的颜色属性，并向规则中添加一个新的属性。

（1）显示"CSS 样式"面板，在"全部"选项卡的"所有规则"窗格中选择".style1"样式。

（2）在".style1 的属性"窗格中双击"Color"属性，使其进入编辑状态。

（3）单击颜色控件，在弹出的调色板中选择代码为"#66FF"的颜色块。

（4）单击"添加属性"链接，进入属性的编辑状态，如图 3-12 所示。

（5）在下拉列表框中选择"background-color（背景色）"选项，然后在其右侧的列表项中单击显示的颜色控件，在弹出的调色板中选择代码为"#66FF"的颜色块，如图 3-13 所示。

图 3-12　属性的编辑状态

图 3-13　完成规则的编辑

3.4　使用 CSS 布局网页

CSS 页面布局使用层叠样式表格式来组织网页上的内容，而不是传统的 HTML 表格或框架。CSS 布局的基本构造块是 Div 标签。Div 标签是一个 HTML 标签，在大多数情况下用作文本、图像或者其他页面元素的容器。当用户创建 CSS 布局时，可以将 div 标签放在页面上的任何位置，并向这些标签中添加内容。

3.4.1　使用 CSS 布局创建页面

Dreamweaver 附带 16 个可供选择的不同 CSS 布局，当使用 Dreamweaver 创建新页面时，可以创建一个已包含 CSS 布局的页面。

选择"文件"|"新建"命令，打开"新建文档"对话框，在"空白页"选项卡中选择"页面类型"列表框中的"HTML"页面类型（或选择 ColdFusion、JSP、PHP 等类型），再在"布局"列表框中选择任意一种布局类型，并设置"文档类型"与"布局 CSS 位置"选项。"布局 CSS 设置"选项只有在选择了已设定的页面布局后才可用，如图 3-14 所示。

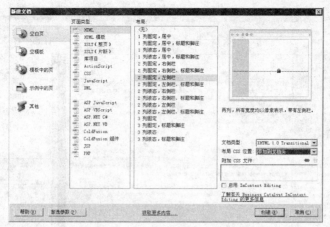

图 3-14　"新建文档"对话框

选择不同的"布局 CSS 位置"选项，接下来所进行的操作也不同。

（1）"添加到文件头"：选择此选项后，单击"创建"按钮可直接创建文件。

（2）"新建文件"：选择此选项后，单击"创建"按钮，可打开"将样式表文件另存为"对话框，从中指定新外部文件的名称，然后单击"保存"按钮即可创建文件。

（3）"链接到现有文件"：选择此选项后，可单击"附加样式表"按钮 ，打开"链接外部样式表"对话框，选择一个外部文件，将其添加到"附加 CSS 文件"文本框中，然后单击"确定"按钮，即可创建新文件。

在选择页面布局的时候，我们会看到有"列固定"、"列液态"两种类型，其中"列固定"是指列宽以像素指定，列的大小不能根据浏览器的大小或站点访问者的文本设置来调整；"列液态"是指列宽以站点访问者的浏览器宽度的百分比形式指定，如果站点访问者改变浏览器窗口大小，该值将会被调整，但不会基于站点访问者的文本设置来更改列宽。

3.4.2　实例——使用 CSS 布局创建页面

前面介绍了使用 CSS 布局创建页面的方法，本节即通过实例来创建一个名为 005.html 的网页，并在其中使用 CSS 布局。

（1）在"文件"面板中右击"example"站点名称，从弹出菜单中选择"新建文件夹"命令，新建一个文件夹，将其更名为"03"。

（2）选择"文件"｜"新建"命令，打开"新建文档"对话框。

（3）在"空白页"选项卡中选择"页面类型"列表框中的"HTML"页面类型（或选择 ColdFusion、JSP、PHP 等类型），再在"布局"列表框中选择"列固定，左侧栏"类型。

（4）在"布局 CSS 位置"下拉列表框中选择"新建文件"选项。

（5）单击"创建"按钮，打开"将样式表文件另存为"对话框，在"保存在"下拉列表框中选择"E:\ example\03"，在"文件名"文本框中输入"css1"。

（6）单击"保存"按钮，创建一个新网页，如图 3-15 所示。

（7）单击"标准"工具栏上的"保存"按钮，打开"另存为"对话框，选择保存位置为"E:\ example\03"，指定文件名为"004"，单击"保存"按钮保存网页。

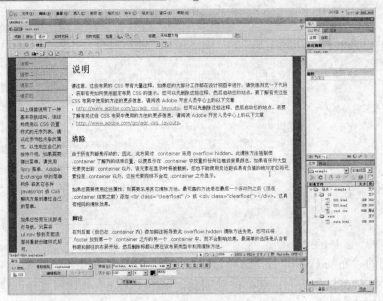

图 3-15 用 CSS 布局创建页面

3.5 使用 div 标签

用户可以通过手动插入 div 标签并对它们应用 CSS 定位样式来创建页面布局。使用 Div 标签可以定位内容块的位置、创建列效果，或者创建不同的颜色区域。

3.5.1 创建 div 标签

将插入点定位在文档窗口中需要显示 div 标签的位置，选择"插入"｜"布局对象"｜"Div 标签"命令，打开"插入 Div 标签"对话框，在"插入"下拉列表框中选择 Div 标签的位置和标签名称，如果选择"在标签之前"或"在标签之后"，还需要在右面的下拉列表框中选择是哪个标签。如果为当前文档附加了样式表，则该样式表中定义的类和 ID 将分别出现在"类"和"ID"下拉列表框中供用户选择，如果没有附加样式表，则可单击

"新建 CSS 规则"按钮来定义新的 CSS 规则，如图 3-16 所示。设置完毕，单击"确定"按钮，即会在文档中出现一个 div 标签，并带有占位符文本。在该占位符边框内的任意位置单击，使之进入编辑状态，即可在其中添加内容。添加内容的方法与在普通页面中添加内容的方法相同。

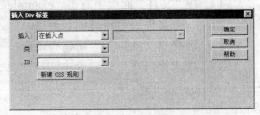

图 3-16 "插入 Div 标签"对话框

3.5.2 实例——创建一个 div 标签并在其中添加内容

前面介绍了创建 div 标签的方法，本节即以实例的形式在网页中创建一个 div 标签，并在其中添加文本内容，以巩固前面学过的知识。

（1）　在"文件"面板中右击"example"站点下的"03"文件夹，从弹出的快捷菜单中选择"新建文件"命令，将其名称更改为"005.html"。

（2）　双击"005.html"文件名称，打开此文档。

（3）　选择"插入"｜"布局对象"｜"Div 标签"命令，打开"插入 Div 标签"对话框。

（4）　在"插入"下拉列表框中选择"在插入点"选项。

（5）　单击"新建 CSS 规则"按钮，打开"新建 CSS 规则"对话框，在"选择器类型"下拉列表框中选择"类"选项，在"选择器名称"文本框中输入"style1"，在"规则定义"下拉列表框中选择"仅限该文档"选项，如图 3-17 所示。

（6）　单击"确定"按钮，打开"CSS 规则定义"对话框，在"类型"选项卡的"Font-family（字体）"下拉列表框中选择"编辑字体列表"命令，打开"编辑字体列表"对话框，在"可用字体"列表框中选择"华文楷体"选项，然后单击"添加"按钮 将其添加到"选择的字体"列表框中，如图 3-18 所示（可添加的字体取决于系统中已安装的字体）。

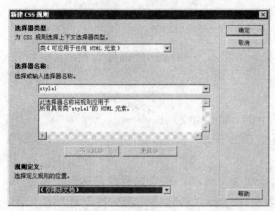
图 3-17　新建 CSS 规则

图 3-18　"编辑字体列表"对话框

（7）　单击"确定"按钮，返回到"CSS 规则定义"对话框，在"Font-family"下拉列表框中选择新添加的"华文楷体"选项，并设置字体大小为 18 px，字形为加粗，颜色代码为#0066，如图 3-19 所示。

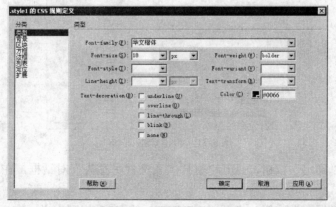
图 3-19　编辑 CSS 规则

（8）单击"确定"按钮，返回到"插入 div 标签"对话框，单击"确定"按钮。

（9）在文档中显示 div 标签区域中输入所需的文字，如图 3-20 所示。

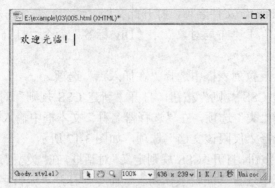

图 3-20　在 div 标签中添加内容

3.6　动手实践——设置 CSS 样式

打开 meishi 站点中已存在的 main.html 网页，创建名为 wcss 的外部样式表，其中包含".STYLEz1"和".STYLEz2"两种 CSS 样式。

步骤 1：创建外部样式表。

（1）进入 meishi 站点，打开站点根目录下的 main.asp 网页。

（2）在"CSS 样式"面板底部单击"新建 CSS 规则"按钮，打开"新建 CSS 规则"对话框。

（3）在"选择器类型"下拉列表框中选择"类"选项，在"选择器名称"文本框中输入".STYLEz1"，在"规则定义"下拉列表框中选择"新建样式表文件"选项，如图 3-21 所示。

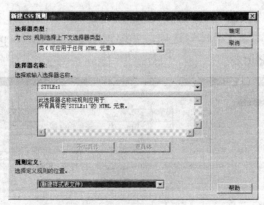

图 3-21　新建 CSS 规则

（4）单击"确定"按钮，打开"将样式表文件另存为"对话框，在"文件名"文本框中输入"wcss"。

（5）单击"保存"按钮，打开".STYLEz1 的 CSS 规则定义（在 wcss.css）中"对话框，在"类型"选项卡中设置文字字体为宋体，文字大小为 14，文字样式为粗体，在"行高"文本框中输入数值 28，设置"颜色"代码为#000000，如图 3-22 所示。

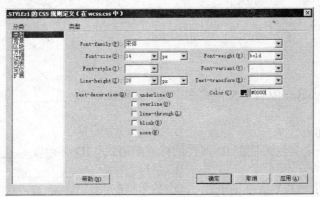

图 3-22　设置"类型"选项

（6）在"分类"列表框中选择"区块"选项，切换至"区域"选项卡，在"Tect-align（文本对齐）"下拉列表框从中选择"center（居中）"选项，如图 3-23 所示。

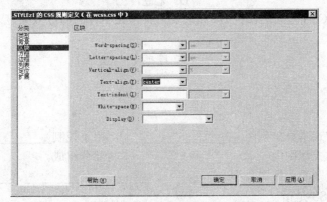

图 3-23　设置"类型"选项

（7）单击"确定"按钮。

步骤 2：复制并编辑样式。

（1）在"CSS 样式"面板中右击外部样式"wcss"下的".STYLEz1"样式，从弹出的快捷菜单中选择"复制"命令，打开"复制 CSS 规则"对话框，在"名称"文本框中将样式名称更改为".STYLEz2"，单击"确定"按钮。

（2）双击 CSS 面板中的".STYLEz2"样式，打开".STYLEz2 的 CSS 规则定义（在 wcss.css）中"对话框。

（3）在"类型"选项卡中将字体大小改为 12，字形改为正常（normal），行高值改为 22 像素。

（4）在"分类"列表框中选择"区块"选项，切换至"区域"选项卡，在"文本对齐"下拉列表框中选择"左对齐（left）"选项。

（5）单击"确定"按钮。

（6）单击"标准"工具栏上的"保存"按钮保存文档。

3.7 习题练习

3.7.1 选择题

（1）Dreamweaver 中自定义样式名称类样式时必须以_____开头。

  A. 数字   B. 字母

  C. 英文句点（.）   D. 井号（#）

（2）ID 用于定义包含特定 ID 属性的标签的格式。ID 必须以_____开头。

  A. 数字   B. 字母

  C. 英文句点（.）   D. 井号（#）

（3）先应用一个 CSS 样式指定出文本的颜色为绿色，而后又应用一个 CSS 样式却指定文本的颜色为红色，此时文本会显示为_____。

  A. 绿色   B. 红色

  C. 黑色   D. 无色

（4）在设置 CSS 样式的属性时，如果要为其设置字体的闪烁效果，应在_____分类选项中进行设置。

  A. 类型   B. 背景

  C. 字体   D. 列表

3.7.2 填空题

（1）CSS 样式本身是一组_____，用于控制_____。

（2）CSS 样式规则由_____和_____两部分组成。

（3）CSS 规则的选择器类型有_____、_____、_____、_____4 种。

（4）内联 CSS 是指_____。

（5）_____是唯一可以应用于文档中任何文本的 CSS 样式类型。

3.7.3 问答题

（1）简述创建 CSS 样式的方法。

（2）简述 CSS 样式应用的优先规则。

（3）简述应用 CSS 样式的方法。

3.7.4 上机练习

（1）打开任意网页，创建一个 CSS 规则。

（2）定义 1 像素虚线红色边框，并将该样式保存在外部样式表中。

第4章 制作网页

本章要点

- 输入文本
- 格式化文本
- 创建项目列表
- 使用水平分隔线
- 设置网页属性

本章导读

- 基础知识：向网页中添加文本和字符，插入更新日期，复制和导入外部文档。
- 重点掌握：文本的输入，文本格式的设置，水平分隔线的添加与设置。
- 一般了解：设置网页属性一节介绍网页中各类元素的属性设置，如设置网页外观、设置标题的效果、加载跟踪图像等，对于本节内容，读者可做一个简单了解。

课堂讲解

文本是网页中应用最广泛的元素，网页中的信息主要是依靠文本来传达和体现的。Dreamweaver 提供了强大的文本处理功能和网页设计功能，可以使用户很容易地运用文本和设计网页。

本章的课堂讲解部分介绍了关于设置文本和网页属性的知识，包括文本对象的添加，格式化文本的方法，项目列表的使用，水平分隔线的使用，以及网页属性的设置等内容。

4.1 在网页中添加文本对象

文本是网页中最重要的元素，网站的主要信息都是依靠文本来表现的。Dreamweaver 允许用户向网页中输入文本、特殊字符、更新日期等元素，并且可以直接导入 Office 文档。

4.1.1 添加普通文本

Windows 操作系统默认的输入状态为英文状态，如果用户需要输入中文文字，就应先切换到汉字输入法，然后定位插入点，输入所需的内容。在输入文字时，插入光标会自动向左移动。当需要换行时，用户可根据需要执行以下几种方式之一。

（1）自动换行：输入文本时，如果一行的宽度超过了文档窗口的显示范围，文字将自动换到下一行。使用这种换行方式时，在浏览器浏览网页时文字会根据窗口大小自动换行。

（2）硬换行：在需要换行的位置按 Enter 键。此换行方式将创建新的段落，且上一段落的尾行与下一段落的首行之间会有较大的间隙。

（3）软换行：当需要换行但又不想在行与行之间有较大的间隙时，可通过按 Shift+Enter 组合键实现软换行。

4.1.2 插入特殊字符

使用键盘上的按键可以输入英文字母、汉字、常用标点符号以及一些常规符号，但有些符号用键盘是无法直接输入的，如商标符™、版权符©等。这时用户选择"插入"|"HTML"|"特殊字符"菜单中的命令可插入相应的特殊符号。例如，若要添加版权符号，可选择"插入"|"HTML"|"特殊字符"|"版权"命令。

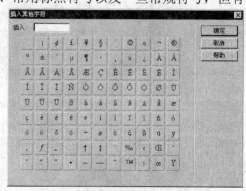

如果要插入的特殊字符没有在菜单中列出，可选择"插入记录"|"HTML"|"特殊字符"|"其他字符"命令，打开"插入其他字符"对话框，单击所需的字符按钮，然后单击"确定"按钮，完成特殊字符的插入，如图 4-1 所示。

图 4-1　"插入其他字符"对话框

HTML 在代码中使用类括号<>，但用户可能需要表示大于或小于这样的特殊字符，而不要 Dreamweaver 将它们解释为代码。这种情况下，请使用>表示大于（>），使用⁢表示小于（<）。

4.1.3 复制 Word 文档中的内容

Word 是一个常用的文本编辑工具，在编辑网页文本时，用户可以直接将在 Word 文档中编辑的文本复制到 Dreamweaver 中。和其他 Windows 操作系统下的应用程序一样，在

Dreamweaver 中也可以使用 Ctrl+C 组合键和 Ctrl+V 组合键来复制和粘贴文本或其他对象。

> 剪切文本或对象的组合键是 Ctrl+X。复制的 Word 文档中如果有特殊的排版格式，可能在 Dreamweaver 网页中不能正确显示，用户需要重新对网页进行排版。

4.1.4　导入外部文档

除了可以将 Word 文档中的内容通过复制粘贴到 Dreamweaver 中之外，还可以直接导入 Word 文档，此外，还可以导入 Excel 文档、表格式数据等。

要导入外部文档，可选择"文件"|"导入"菜单中的相应命令，然后从打开的对话框中选择要导入的文件即可。例如，要导入一个 Word 文档，就选择"文件"|"导入"|"Word 文档"命令，打开"导入 Word 文档"对话框，选择所需的 Word 文档，单击"打开"按钮即可。

4.1.5　插入更新日期

在很多网站的主页中都显示当前的日期，有些还显示当前的星期和时间，而且它们可以随着时间的推移自动进行即时更新。使用 Dreamweaver 就可以在网页中插入更新日期，方法是选择"插入"|"日期"命令，打开"插入日期"对话框，从中进行所需的设置，即可插入更新日期，或者星期、时间等，如图 4-2 所示。如果需要在每次保存文档时都要更新插入的日期使其成为当前日期，可选中"储存时自动更新"复选框。

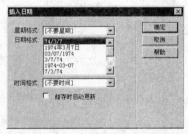

图 4-2　　"插入日期"对话框

4.1.6　实例——在文档中添加文本内容和更新日期

前面介绍了在网页文档中添加各种文本对象的方法，本节将以实例的形式向已有站点的网页中添加文本和更新日期来巩固这些知识。

（1）打开"example"站点中的"main.html"网页。

（2）打开 Word 文档"文本素材（我感恩）"，按 Ctrl+A 组合键选择全部内容，然后按 Ctrl+C 组合键将其复制到 Windows 剪贴板上。

（3）切换到 Dreamweaver 网页文档，按 Ctrl+V 组合键粘贴刚才复制的文本内容，如图 4-3 所示。

（4）将插入点放在文本内容最后，按 Enter 键创建两个空段落。

（5）选择"插入"|"日期"命令，打开"插入日期"对话框，从"星期格式"下拉列表框中选择"星期四"，从"日期格式"列表框中选择"1974 年 3 月 7 日"，从"时间格式"下拉列表框中选择"22:18"，并选中"储存时自动更新"复选框，如图 4-4 所示。

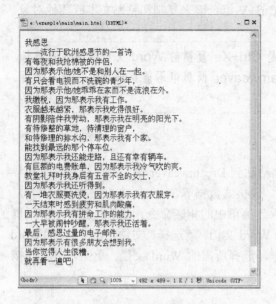

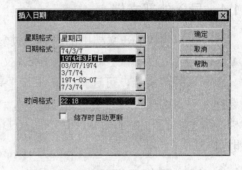

图 4-3　复制 Word 文档中的内容　　　　　　　图 4-4　设置日期、星期和时间格式

（6）　单击"确定"按钮，插入当前的日期、时间和星期，如图 4-5 所示。

图 4-5　插入当前日期、星期和时间

4.2　格式化文本

在网页中可以对所添加的文本进行格式化，如设置文本字符的格式、设置段落格式等，这些操作主要通过文本的属性检查器来进行。Dreamweaver CS5 的文本属性检查器中包含两个选项卡：HTML 和 CSS。"HTML"选项卡中的选项用于设置文本的 HTML 格式，而"CSS"选项卡中的选项则用于应用 CSS 样式或者创建 CSS 内联样式。

4.2.1　设置 HTML 格式

在文本的属性检查器中单击"HTML"按钮，即可显示"HTML"选项卡，如图 4-6 所示。应用 HTML 格式时，Dreamweaver 会将属性添加到页面正文的 HTML 代码中。

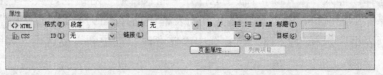

图 4-6　文本属性检查器的"HTML"选项卡

"HTML"选项卡中各选项的作用如下。

（1）　"格式"：用于选择段落的格式，主要用于设置标题级别。

（2）　"类"：用于设置文本的 CSS 样式。

（3）　"粗体" **B**、"斜体" *I*：用于使所选字体笔画加粗和倾斜。

（4）　"项目列表" ≣、"编号列表" ≣：用于为段落建立项目符号和编号。

（5）　"删除内缩区块" ≛ 和"内缩区块" ≛：用于设置段落扩展和缩进。

（6）　"标题"：用于为超链接指定文本工具提示。

（7）　"ID"：用于为所选内容分配一个 ID。"ID"下拉列表框中会列出文档的所有未使用的已声明 ID。

（8）　"链接"：用于设置所选文本的超文本链接。可单击文件夹图标🗁浏览到站点中的文件，也可直接在文本框中键入 URL，或者将"指向文件"图标🎯拖到"站点"面板中的文件。

（9）　"目标"：用于选择链接文件打开的窗口名称。如果当前文档包含有框架，则会经常使用此选项。

（10）　"页面属性"：用于打开"页面属性"对话框，设置外观、链接、标题、标题/编辑和跟踪图像等属性。

（11）　"列表项目"：此选项只在应用了"项目列表"和"编号列表"后才能使用，用于打开"列表属性"对话框，设置列表的相关属性。

4.2.2　设置 CSS 样式

应用 CSS 样式时，Dreamweaver 会将属性写入文档头或单独的样式表中；如果是创建 CSS 内联样式，则 Dreamweaver 会将样式属性代码直接添加到页面的 body 部分。

在文本属性检查器的"CSS"选项卡中可以定义和应用 CSS 样式，如图 4-7 所示。Dreamweaver CS5 加强了 CSS 样式的功能，当用户为文本应用字体、字号、字形等基本格式时，Dreamweaver CS5 都将为其创建类样式。

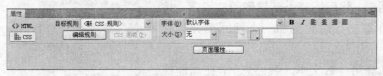

图 4-7　文本属性检查器的"CSS"选项卡

CSS 选项卡中各选项的作用如下。

（1）　"目标规则"：用于显示用户在"CSS"选项卡中正在编辑的规则。在对文本应用现有样式的情况下，在页面的文本内部单击时会显示影响文本格式的规则。用户可以在此选择是创建新的 CSS 规则、创建新的内联样式，还是将现有的类应用于所选文本。

（2）　"编辑规则"：用于打开目标的"CSS 规则定义"对话框。如果在"目标规则"下拉列表框中选择了"新建 CSS 规则"选项，然后单击该按钮将会打开"新建 CSS 规则定义"对话框。

（3）　"CSS 面板"：如果关闭了"CSS 样式"面板，可单击此按钮使其显示出来。

（4）　"字体"：用于更改目标规则的字体。

（5）"大小"：用于设置目标规则的字体大小。

（6）"粗体"**B**、"斜体"*I*：用于向目标规则中添加粗体和斜体属性。

（7）"左对齐"、"居中对齐"、"右对齐"、"两端对齐"：用于向目标规则中添加段落的各种对齐属性。

（8）"文本颜色"：用于将所选颜色设置为目标规则中的字体颜色。

> 字体、大小、文本颜色、粗体、斜体和对齐属性始终显示已应用于当前所选内容的 CSS 规则的属性，在更改其中的任何属性时，将会影响目标规则。

4.2.3　添加段落间距

在 Dreamweaver 中输入文字时，与许多文字处理应用程序类似，按 Enter 键可以创建一个新段落。Web 浏览器会在段落之间自动插入一个空白空格行。如果想要调整段落中的文本间距，可通过在行与行之间添加换行符来达到目的。

定位插入指针后，按 Shift+Enter 组合键，或者选择"插入"|"HTML"|"特殊字符"|"换行符"命令，即可插入一个换行符。

4.2.4　实例——格式化网页中的文本

前面介绍了格式化文本的方法，本节即通过实例为网页中的现有文本设置 HTML 格式和应用 CSS 样式来巩固这些知识。设置完成后的网页效果如图 4-8 所示。

（1）打开"example"站点中的"main.html"网页，将插入点放在第一行"我感恩"后面，按 Enter 键加一个硬回车，然后按 Delete 键删除空段落。按照同样方法在第二行后面也加一个硬回车并删除空段落。

（2）选择第一行文本（我感恩），在属性检查器的"HTML"选项卡中选择"格式"下拉列表框中的"标题 1"选项。

（3）选择第二行文本，选择"格式"下拉列表框中的"标题 2"选项，并单击"斜体"按钮。

（4）选择第一行文本，在属性检查器中切换

图 4-8　格式化文本效果

到"CSS"选项卡，单击"居中对齐"按钮，打开"新建 CSS 规则"对话框，使用默认选择器类型（类）和定义规则的位置（仅限该文档），并在"选择器名称"文本框中输入"text1"，如图 4-9 所示。设置完毕单击"确定"按钮。

（5）选择第二行文本，在"CSS"选项卡中单击"居中"按钮，打开"新建 CSS 规则"对话框，在"选择器名称"文本框中输入"text2"，其他采用默认选项，设置完毕单

击"确定"按钮。

（6）　将插入指针放在正文段落中的任意位置，在"目标规则"下拉列表框中选择"新内联样式"选项。

（7）　在"CSS"选项卡的"默认字体"下拉列表框中选择"编辑字体列表"选项，打开"编辑字体列表"对话框，在"可用字体"列表框中选择"华文仿宋"选项，然后单击"添加"按钮，将其添加到"选择的字体"列表框中，如图 4-10 所示。设置完毕单击"确定"按钮。

图 4-9　新建 CSS 规则　　　　　　　　图 4-10　编辑字体列表

（8）　在"CSS"选项卡中的"字体"下拉列表框中选择"华文仿宋"选项，打开"新建 CSS 规则"对话框，在"选择器名称"文本框中输入"text3"，其他采用默认选项，设置完毕单击"确定"按钮，该类样式会自动应用到插入点所在的正文段落文本上。

（9）　选择文档底部的日期文本，在"目标规则"下拉列表框中选择"新内联样式"选项，然后单击"居中对齐"按钮，打开"新建 CSS 规则"对话框，在"选择器名称"文本框中输入"text4"，其他采用默认选项，设置完毕单击"确定"按钮。

（10）　在"字体"下拉列表框中选择"宋体"，此属性会自动添加到.text2 样式规则中。

4.3　使用水平分隔线

水平分隔线有助于用户组织网页中的信息。例如，可以使用一条或数条水平分隔线来将页面分隔为几个版块，以便使网页中的内容看起来不是那么拥挤和凌乱。

4.3.1　添加水平分隔线

在网页中确定水平分隔线所在的位置后，选择"插入"|"HTML"|"水平线"命令，即可添加一条水平分隔线。

4.3.2　修改分隔线属性

刚添加的水平分隔线默认处于选择状态，用户可以使用属性检查器来更改它的属性，如水平线的宽、高、对齐方式及阴影效果等，如图 4-11 所示。

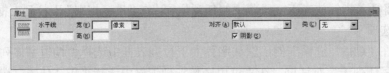

图 4-11 水平线的属性检查器

水平线的属性检查器中各选项说明如下。

（1）"宽"、"高"：分别用于设置水平线的宽度和粗细，单位为像素。

（2）"对齐"：用于设置水平线在网页中的水平对齐方式，包括默认、左对齐、居中对齐和右对齐 4 个选项。

（3）"阴影"：用于指定是否为水平线应用阴影效果。默认情况下是应用阴影效果。

4.3.3 设置分隔线颜色

水平分隔线的默认颜色是灰色，若要使用彩色的水平线，可在标签编辑器中进行设置。水平线的颜色在编辑网页时是看不到的，但是可以通过浏览器来预览水平线的颜色效果。

右击要设置颜色的水平分隔线，从弹出的快捷菜单中选择"编辑标签<hr>"命令（或按 Shift+F5 组合键）。打开"标签编辑器-hr"对话框，从左侧的列表框中选择"浏览器特定的"选项，然后单击"颜色"按钮，从弹出的调色板中选择一种颜色即可，如图 4-12 所示。也可直接在文本框中输入颜色代码。

4.3.4 实例——用水平分隔线分隔网页内容

前面介绍了在网页中添加水平分隔线及设置水平线的属性及颜色的方法，本节即通过实例在"main.html"网页中添加一条水平分隔线来巩固这些知识。效果如图 4-13 所示。

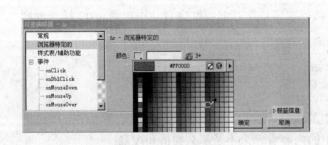

图 4-12 修改标签颜色

图 4-13 在网页中添加水平分隔线

（1）将插入点放置于正文和日期之间的空段落中。

（2）选择"插入"|"HTML"|"水平线"命令，插入一条水平分隔线。

（3）在水平线属性检查器中的"宽"文本框中输入 80，并在其后的下拉列表框中选择"%"选项，使之总是显示为浏览器宽度的 80%。

（4）在"高"文本框中输入 2。

4.4 设置网页属性

网页的属性包括 HTML 外观、CSS 外观、CSS 链接、CSS 标题、标题/编码以及跟踪图像等几个方面。打开所需网页，在未选择页面中任何内容的情况下单击属性检查器中的"页面属性"按钮，或者选择"修改"|"页面属性"命令，打开"页面属性"对话框，即可设置网页的属性。

4.4.1 设置 CSS 页面属性

在"页面属性"对话框的"分类"列表框中选择"外观（CSS）"选项，可指定 Web 页面的若干基本页面布局选项，包括字体、背景颜色和背景图像，如图 4-14 所示。

"外观（CSS）"选项卡中各选项的作用如下。

（1）"页面字体"：用于指定在网页中使用的默认字体系列。设置此项后，Dreamweaver 将使用用户指定的字体系列，除非已经为某一文本元素专门指定了另一种字体。

（2）"加粗" **B**、"倾斜" *I*：用于为文字应用加粗和倾斜效果。

（3）"大小"：用于指定页面文字的默认大小。

（4）"文本颜色"：用于指定显示字体时用的默认颜色。

（5）"背景颜色"：用于设置整个网页的背景色。

（6）"背景图像"：用于设置整个网页的背景图片。可单击"浏览"按钮进行选择。背景图像的格式通常为.gif、.jpg 和.png。网页的背景图片与背景色不能同时显示，如果同时在网页中设置背景图片与背景色，则在浏览器中只显示网页背景图片。

（7）"重复"：用于指定背景图像在页面上的显示方式。有"不重复"、"重复"、"横向重复"和"纵向重复"4 种选择。

（8）"左边距"、"右边距"、"上边距"、"下边距"：用于设置网页内容与页面边界的距离。

4.4.2 设置 HTML 页面属性

在"页面属性"对话框的"分类"列表框中选择"外观（HTML）"选项，可指定 Web 页面的 HTML 格式，而不是 CSS 格式，如图 4-15 所示。

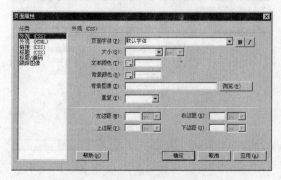

图 4-14 "外观（CSS）"选项卡

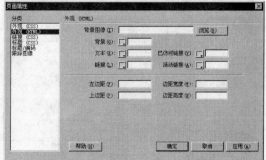

图 4-15 "外观（HTML）"选项卡

"外观（HTML）"选项卡中各选项的作用如下。

（1）"背景图像"：用于设置背景图像。

（2）"背景"：用于设置页面的背景颜色。

（3）"文本"：用于指定显示字体时使用的默认颜色。

（4）"链接"：用于指定应用于链接文本的颜色。

（5）"已访问链接"：用于指定应用于已访问链接的颜色。

（6）"活动链接"：用于指定当鼠标指针在链接上单击时所应用的颜色。

（7）"左边距"、"上边距"：用于指定页面左边距和上边距的大小。

（8）"边距宽度"、"边距高度"：用于指定页面边距的宽度和高度。

4.4.3 设置 CSS 链接属性

在"页面属性"对话框的"分类"列表框中选择"链接（CSS）"选项，可以定义文本的默认字体、文字大小、链接的颜色、已访问链接的颜色，以及活动链接的颜色，如图4-16所示。

"链接（CSS）"选项卡中各选项的作用如下。

（1）"链接字体"：用于指定链接文本使用的默认字体系列。

（2）"大小"：用于指定链接文本使用的默认字体大小。

（3）"链接颜色"：用于指定应用于链接文本的颜色。

（4）"已访问链接"：用于指定应用于已访问链接的颜色。

（5）"变换图像链接"：用于指定当鼠标指针位于链接上时应用的颜色。

（6）"活动链接"：用于指定当鼠标指针在链接上单击时应用的颜色。

（7）"下划线样式"：用于指定应用于链接的下画线样式。如果页面已经定义了一种下画线链接样式，更改此设置会修改以前的链接定义。

4.4.4 设置 CSS 页面标题属性

网页的标题级别有"标题1"～"标题6"共6个级别，其中标题1的字号最大，标题6的字号最小。在"页面属性"对话框的"分类"列表框中选择"标题（CSS）"选项，即可设置当前网页的标题效果，如图4-17所示。

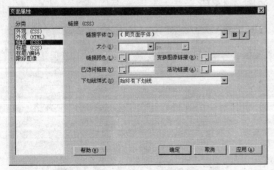

图 4-16　"链接（CSS）"选项卡

图 4-17　"标题（CSS）"选项卡

"标题（CSS）"选项卡中各选项的作用如下。

（1）"标题字体"：用于选择标题文字使用的默认字体系列。

（2）"加粗" **B** 和"倾斜" *I* ：用于为标题文字应用加粗和倾斜效果。

（3）"标题 1"～"标题 6"：用于具体设置各级别标题的字号、字号单位和颜色。

4.4.5　设置标题和编码页面属性

要正确显示网页中的文本，必须选择正确的编码。在"页面属性"对话框的"分类"列表框中选择"标题/编码"选项，可指定特定于制作网页时所用语言的文档编码类型，以及指定要用于该编码类型的 Unicode 范式，如图 4-18 所示。

"标题/编码"选项页中各项的作用如下。

（1）"标题"：用于指定网页标题。

（2）"文档类型（DTD）"：用于指定文档类型定义，例如可从弹出式菜单中选择"XHTML 1.0 Transitional"或"XHTML 1.0 Strict"，使 HTML 文档与 XHTML 兼容。

（3）"编码"：用于选择编码语言。可选择"Unicode（UTF-8）"选项，这样就不需要实体编码了，因为 UTF-8 可以安全地表示所有字符。

（4）"Unicode 标准化表单"：用于选择 Unicode 范式，仅在选择 UTF-8 作为文档编码时才可用。该选项提供了 C、D、KC、KD 4 种范式，其中范式 C 是用于万维网的字符模型的最常用范式。

（5）"包括 Unicode 签名（BOM）"：用于在文档中包括一个字节顺序标记（BOM）。BOM 是位于文本开头的 2 到 4 个字节，可将文件标识为 Unicode，如果是这样，还标识后面字节的字节顺序。由于 UTF-8 没有字节顺序，因此添加 UTF-8 BOM 是可选的，而对于 UTF-16 和 UTF-32，则必须添加 BOM。

（6）"重新载入"：用于在转换现有文档或者使用新编码时重新打开所选编码。

4.4.6　使用跟踪图像设计页面

跟踪图像可以让用户插入一个图像文件，并在设计页面时使用该图像作为参考。如果在一个网页中同时设置了背景图片、背景色和跟踪图像，则在文档窗口中只看到跟踪图像。浏览网页时，不显示跟踪图像。

在"页面属性"对话框的"分类"列表框中选择"跟踪图像"选项，即可设置跟踪图像，如图 4-19 所示。

图 4-18　"标题/编码"选项卡

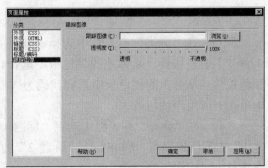

图 4-19　"跟踪图像"选项卡

"跟踪图像"选项页中各项的作用如下。

（1）"跟踪图像"：用于指定要加载的图片。可单击"浏览"按钮进行选择。

（2）"透明度"：用于设置图片的透明度。默认情况下，跟踪图像在文档窗口中是完全不透明的。如果要更改跟踪图像的透明度，可拖动"透明度"滑块更改百分比值。

4.4.7　实例——设置网页整体属性

前面介绍了设置网页各方面属性的知识，本节将通过实例为 main.html 网页设置整体属性，使页面背景为浅黄色，网页中的 1 号标题文本为蓝色，2 号标题文本为紫色，正文文本为浅蓝色，如图 4-20 所示。

（1）打开"main.html"网页，单击属性检查器中的"页面属性"按钮，打开"页面属性"对话框。

（2）在"分类"列表框中选择"外观（CSS）"选项，切换到相应选项卡，在"左边距"文本框中输入"50"，在单位下拉列表框中选择"px"选项；同样在"右边距"文本框中输入"50"，在单位下拉列表框中选择"px"选项，如图 4-21 所示。设置完毕单击"应用"按钮。

图 4-20　设置网页属性

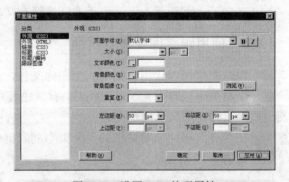

图 4-21　设置 CSS 外观属性

（3）在"分类"列表框中选择"外观（HTML）"选项，切换到相应选项卡，单击"背景"颜色控件，从弹出的调色板中选择代码为"#FFFF99"的黄色块；单击"文本"颜色控件，从弹出的调色板中选择代码为"#3366FF"的蓝色块，如图 4-22 所示。设置完毕单击"应用"按钮。

（4）在"分类"列表框中选择"标题（CSS）"选项，切换到相应选项卡，设置"标题 1"的颜色代码为"#00F"，"标题 2"的颜色代码为"#60F"，如图 4-23 所示。设置完毕单击"应用"按钮。

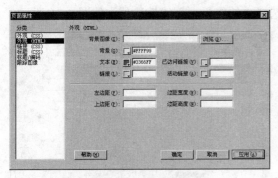

图 4-22　设置 HTML 外观属性　　　　　　　图 4-23　设置标题属性

（5）单击"确定"按钮，关闭对话框，完成当前网页的页面属性设置。

4.5　动手实践——为首页设置属性并添加文本

在 meishi（美食网）站点的首页中添加背景图像、欢迎文字和版权说明，设置后的效果如图 4-24 所示。

图 4-24　首页效果

步骤 1：添加背景图像。

（1）打开"我的电脑"，选择一幅宽度为 1024 像素的 JPG 背景图像文件，将其复制到"E:\meishi\main"文件夹中，然后将其更名为"beijing.jpg"。

（2）打开 meishi 站点中的"main.asp"网页，单击属性检查器中的"页面属性"按钮，打开"页面属性"对话框。

（3）在"分类"列表框中选择"外观（CSS）"选项。

（4）在"背景图像"文本框中输入"main/beijing.jpg"，在"重复"下拉列表框中选择"no-ropeat（不平铺）"选项，如图 4-25 所示。设置完毕单击"应用"按钮。

步骤 2：设置链接属性。

（1）在"分类"列表框中选择"链接"选项。

（2） 在"下划线样式"下拉列表框中选择"始终无下划线"选项，如图 4-26 所示。

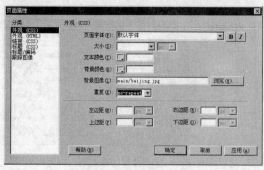

图 4-25 设置背景图像　　　　　　　　　　图 4-26 设置链接属性

（3） 单击"确定"按钮应用设置。

步骤 3：添加欢迎文字。

（1） 按 Enter 键，将插入点放到背景图片中上部的位置，选择"插入"｜"布局对象"｜"Div 标签"命令，打开"插入 Div 标签"对话框。

（2） 在"插入"下拉列表框中选择"在插入点"选项，在"ID"框内输入"huanying"，如图 4-27 所示。设置完毕单击"确定"按钮，插入 Div 标签。

（3） 选择 Div 标签内的提示文字，在属性检查器中切换到"CSS"选项卡，单击"居中对齐"按钮，打开"新建 CSS 规则"对话框。

（4） 在"选择器类型"下拉列表框中选择"ID"，在"规则定义"下拉列表框中选择"仅限该文档"，如图 4-28 所示。设置完毕单击"确定"按钮。

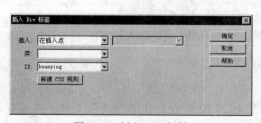

图 4-27 插入 Div 标签

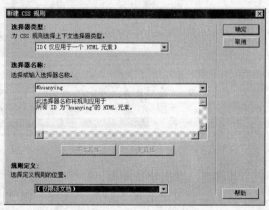

图 4-28 定义 CSS 规则

（5） 在 Div 标签内输入"欢迎光临美食网！"替换提示文字。

（6） 在属性检查器中设置文字字体为"华文楷体"、大小为"36"，颜色为蓝色，并单击"粗体"按钮，如图 4-29 所示。这些属性会自动添加到"#huanying"规则中。

图 4-29 设置文本属性

步骤 4：插入水平分隔线。

（1）在 Div 标签区域下方单击，将插入点移到背景图片底部（下面留出一点空档），选择"插入"|"HTML"|"水平线"命令，插入一条水平线。

（2）在水平线的属性检查器中，设置水平线的宽度值为 60，单位为"%"，并取消"阴影"复选框的选择，如图 4-30 所示。

图 4-30　设置水平线属性

（3）右击水平线，在弹出的快捷菜单中选择"编辑标签"命令，打开"标签编辑器"对话框，在左侧列表框中选择"浏览器特定的"选项，然后在对话框右侧设置颜色代码为"#0000FF"，如图 4-31 所示。设置完毕单击"确定"按钮。

图 4-31　设置水平线的颜色

步骤 5：添加版权说明。

（1）将插入点放在水平线下方的空段落中，在属性检查器中单击"居中对齐"按钮。

（2）单击"字体颜色"控件，从弹出的调色板中选择蓝色，此时会打开"新建 CSS 规则"对话框。

（3）在"选择器类型"下拉列表框中选择"类"，在"选择器名称"文本框中输入"banquan"，在"规则定义"下拉列表框中选择"仅限该文档"，设置完毕单击"确定"按钮。

（4）在网页中输入"版权所有：美食网"。

（5）选择"文件"|"保存"命令保存网页。

4.6　习题练习

4.6.1　选择题

（1）在网页中输入文字时，如果需要换行但又不想在行与行之间有较大的间隙，可执行以下操作：_____。

　　　　A. 不做任何操作，自动换行即可　　　B. 按 Enter 键硬换行

　　　　C. 按 Shift+ Enter 组合键软换行　　　D. 执行任何操作也做不到

（2） 在"页面属性"对话框的"分类"列表框中选择_____选项可设置各级标题属性。

    A. 外观（CSS）   B. 外观（HTML）

    C. 标题（CSS）   D. 标题/编码

（3） 网页的"标题/编码"属性中的"Unicode 标准化表单"选项提供了 4 种范式，其中范式_____是用于万维网的字符模型的最常用范式。

    A. C   B. D

    C. KC   D. KD

（4） 要更改水平分隔线的颜色，可在_____中进行设置。

    A. 属性检查器   B. "页面属性"对话框

    C. 标签编辑器   D. "CSS 样式"面板

4.6.2　填空题

（1） 选择_____命令，可在网页中插入一个版权符号。

（2） 将 Word 文档中的文本添加到网页中的方法有_____、_____。

（3） 使用"插入日期"对话框可在网页中添加可更新的_____、_____、_____。

（4） 若要在每次保存网页的更改时都会自动更新插入的日期，可在_____对话框中选中_____复选框。

（5） 要在网页中添加水平分隔线，应选择_____命令。

4.6.3　问答题

（1） 如何在网页中插入特殊字符？

（2） 如何直接在网页中导入外部文档？

（3） 如何将 Dreamweaver 属性检查器的"字体"列表中没有的字体添加到列表中？

（4） 如何设置水平分隔线的颜色？

4.6.4　上机练习

（1） 创建一个网页，在其中添加文本、水平分隔线和更新日期，并根据自己的需要设置文本的格式。

（2） 通过更改网页属性来设置网页的外观。

第 5 章 使用 AP 元素布局页面

- 网页与网站的关系创建 AP 元素。
- 设置 AP 元素属性。
- 编辑 AP 元素。
- AP 元素和表格的转换。

本章导读

- 基础内容：AP 元素的概念。
- 重点掌握：AP 元素的创建与编辑与属性设置。
- 一般了解：AP 元素和表格的相互转换这节主要是为了使网页与早期版本的浏览器相兼容而设置的，但绝大多数用户使用的浏览器几乎都兼容 AP Div，所以该部分只需简单了解即可。

课堂讲解

Dreamweaver 中的 AP 元素被称为绝对定位元素（AP Div），又被称为层，是分配有绝对位置的，用来精确控制浏览器窗口对象位置的 HTML 页面构成元素。

本章介绍有关 AP 元素的知识，包括 AP 元素的概念，AP 元素的创建与编辑，AP 元素属性的设置，以及 AP 元素和表格相互转换的方法等内容。

5.1　什么是 AP 元素

AP 元素又称为绝对定位元素，是被分配有绝对位置的 HTML 页面元素。AP 元素内可以放置文本、图像或其他任何可在 HTML 文档正文中插入的对象。

用户可以利用 AP 元素设计页面而已或制作网页特效，如通过将 AP 元素前后放置来隐藏某些 AP 元素而显示其他 AP 元素，或者在屏幕上移动 AP 元素。在移动 AP 元素时，AP 元素中的内容会随之移动。用户还可以在一个 AP 元素中放置背景图像，然后在该 AP 元素的前面放置另一个包含带有透明背景的文本的 AP 元素。

AP 元素可分为绝对定位 AP 元素和相对定位 AP 元素。无论是哪种定位方式都包含在 div 标签中。用户可以在"AP 面板"中查看当前页面中插入的 AP 元素，值得注意的是这里所指的 AP 元素并非特指绝对定位的 AP 元素，还包括相对定位的 AP 元素。

为了让所有浏览者都能浏览到页面（包括旧版本用户），Dreamweaver 提供了将 AP 元素转化为表格的功能，以满足浏览者的需求。如果设计者所面对的浏览者使用的浏览器都支持 AP 元素，则无须再将 AP 元素转换为表格。

5.2　创建 AP Div 元素

在 Dreamweaver 中可以轻松地创建和定位 AP Div 元素，设置重叠式或嵌入式 AP Div 元素。创建 AP Div 后，Dreamweaver 会自动为其命名为 apDivn（n 为从 1 开始的自然数）。

5.2.1　绘制一个或多个 AP 元素

如果要绘制一个 AP 元素，可单击"插入"面板的"布局"类别中的"绘制 AP Div"按钮，如图 5-1 所示，然后在文档窗口中拖动绘制一个 AP Div。

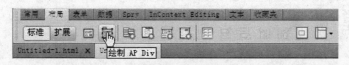

图 5-1　选择 AP Div 按钮

如果要连续绘制多个 AP 元素，可在单击"绘制 AP Div"按钮后，按住 Ctrl 键不放连续拖动绘制，只要不释放 Ctrl 键即可不断绘制 AP Div。默认状态下，绘制多个 AP Div 时是允许重叠的，如图 5-2 所示。

如果绘制多个 AP Div 时，希望各 AP Div 间没有重叠部分，如图 5-3 所示的效果，那又要如何操作呢？

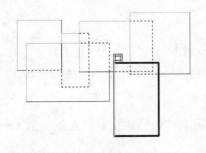

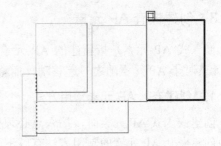

图 5-2　重叠式 AP Div

图 5-3　平铺式 AP Div

如果要绘制平铺式 AP Div，须在绘制 AP 元素之前选择"AP 元素"面板中的"防止重叠"复选框，如图 5-4 所示，此后在绘制 AP 元素时若将指针移到了原有 AP 元素上，鼠标指针会变为禁用状态，如图 5-5 所示。

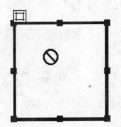

图 5-4　"AP 元素"面板

图 5-5　禁止绘制重叠 AP 元素

无论是绘制平铺式还是重叠式 AP Div，插入点都不能位于 AP 元素内。

5.2.2　在特定位置插入 AP 元素

如果要在文档中的特定位置处插入 AP Div，可先确定插入点位置，然后选择"插入"｜"布局对象"｜AP Div 命令即可。值得注意的是：使用此方法绘制的 AP Div 对象是放置在插入点位置的，因此 AP Div 对象的可视化呈现可能会影响周围的其他页面元素，如图 5-6 所示。

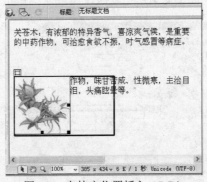

图 5-6　在特定位置插入 AP Div

5.2.3 创建嵌套 AP 元素

嵌入式 AP 元素是指新建的 AP 元素包含在其他 AP 元素（父 AP 元素）中。移动父 AP 元素时子 AP 元素随之一起移动，而移动子 AP 元素时父 AP 元素不能随之移动。

1. 创建嵌入 AP 元素常用方法

创建嵌入式 AP 元素时，插入点必须置于父 AP 元素中，即确定要嵌入到哪个 AP Div 中。创建嵌套 AP 元素的常用方法有以下两种。

（1）将插入点置于 AP 元素中，选择"插入"|"布局对象"|AP div 命令。

（2）将插入点置于 AP 元素中，拖动"布局"工具栏中的"绘制 AP Div"按钮至已创建的 AP Div 元素中。

嵌入 AP 元素后，在"AP 元素"面板中可以看到，子 AP 元素位于父 AP 元素的下方。单击父 AP 元素前的 ▶ 或 ▼ 按钮，可以展开/折叠子 AP 元素列表，如图 5-7 所示。

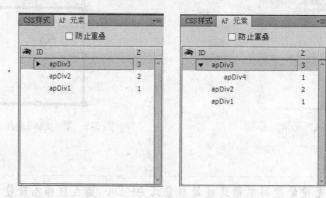

图 5-7　展开/折叠子 AP 元素列表

2. 修改首选参数后绘制嵌套 AP 元素

另一种绘制嵌套 AP 元素的方法，是应用"首选参数"对话框"AP 元素"选项卡中的"嵌套"选项，设置方法为：选择"编辑"|"首选参数"命令，打开"首选参数"对话框，选择"分类"列表框中的"AP 元素"选项，显示"AP 元素"内容页，再如图 5-8 所示选择"嵌套：在 AP div 中创建以后嵌套"复选框，单击"确定"按钮。最后绘制嵌套 AP 元素时，只需确定插入点位于父 AP 元素内，绘制子 AP 元素即可。

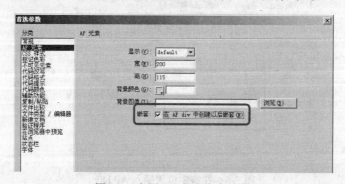

图 5-8　启用 AP 元素嵌套功能

5.2.4　实例——创建 Div 元素

前面介绍了创建 AP Div 元素的方法，下面通过实例来巩固所学过的知识。新建网页，应用 Div 元素设置如图 5-9 所示的网页效果。

（1）　创建无布局 HTML 网页，保存在 005 文件夹中文件名为 001.html。

（2）　单击"插入"面板的"布局"类别中的"绘制 AP Div"按钮，然后在文档窗口中拖动绘制一个 AP 元素（父 AP 元素）。

（3）　绘制的 AP 元素内单击鼠标，并连续按 3 次空格键，在第 4 行中插入表格及文本，可根据喜好设置表格及文本属性。

（4）　插入点至于置于 AP 元素第 1 空行中，选择"插入"｜"布局对象"｜AP Div 命令，插入一个嵌套 AP 元素（第 1 个子 AP 元素）。

（5）　嵌入的子 AP 元素中插入 010 文件夹中的图像 001.jpg，得到如图 5-10 所示的效果。

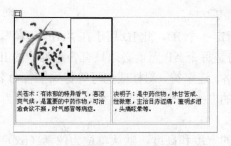 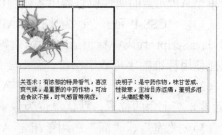

　　　　图 5-9　实例效果　　　　　　　　图 5-10　向 AP 元素中插入表格及文本

（6）　用同样的方式，创建第 2 个子 AP 元素，并在其中插入 010 文件夹中的图像 002.jpg。

（7）　按 Ctrl+S 组合键保存文件。

5.3　设置 AP 元素的属性

默认绘制的 AP 元素有其自身的属性，如在可视化状态下默认边框颜色为灰色（在浏览网页时边框不可见），以命令形式绘制的 AP 元素大小固定等。本节介绍如何设置 AP 元素属性值。

5.3.1　选择 AP 元素

在设置属性前，先介绍如何选择 AP 元素。用户只有先选择 AP 元素后，才能应用"属性"检查器设置 AP 元素属性值。选择 AP 元素有多种方式，用户可执行以下任意操作。

（1）　将插入点位于 AP 元素，然后单击 AP 元素左上方的选择柄□。

（2）　单击 AP 元素的边框线。

（3）　按住 Ctrl+Shift 组合键，然后在 AP 元素内任意位置处单击。

（4）　将插入点置于 AP 元素内，按两次 Ctrl+A 组合键。

（5） 单击"AP 元素"面板中要选择的 AP 元素名称。

（6） 将插入点置于 AP 元素内，在标签选择器中选择其标签。如单击标签选择器中的<div#apDiv2>表示选择名为#apDiv2 的 AP 元素。

若要同时选择多个 AP 元素，可执行以下任意操作：

（1） 按住 Shift 键单击"AP 元素"面板上的多个 AP 元素名称。

（2） 按住 Shift 键依次单击页面要选择的 AP 元素边框。

5.3.2　设置单个 AP 元素属性

选择一个 AP 元素后，属性检查器中即显示该 AP 元素当前的属性设置，如图 5-11 所示。

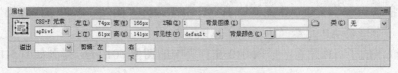

图 5-11　单个 AP 元素的属性检查器

单个 AP 元素的属性检查器中各选项的功能如下。

（1） "CSS-P 元素"：为选择的 AP 元素指定一个 ID，此 ID 用于在"AP 元素"面板和 JavaScript 代码中标识 AP 元素。值得注意的是每个 AP 元素必须只有各自唯一的 ID，且只能使用标准的字母数字字符，而不要使用空格、连字符、斜杠或句号等特殊字符命名。

（2） "左"、"上"：用于指定 AP 元素的左上角相对于页面（如果嵌套，则为父 AP 元素）左上角的位置，默认单位为像素（px）。

（3） "宽"、"高"：用于指定 AP 元素的宽度和高度，默认单位为像素（px）。如果 AP 元素的内容超过指定大小，AP 元素的底边（按照在 Dreamweaver 的"设计"视图中的显示）会延伸以容纳这些内容（如果"溢出"属性没有设置为"可见"，那么当 AP 元素在浏览器中出现时，底边将不会延伸）。

（4） "Z 轴"：设置 AP 元素的 z 轴或叠放顺序。在浏览器中，编号较大的 AP 元素出现在编号较小的 AP 元素的前面。值可以为正，也可以为负。当更改 AP 元素的堆叠顺序时，使用"AP 元素"面板要比输入特定的 Z 轴值更为简便。

（5） "可见性"：指定 AP 元素是否可见，包含 default（默认）、inherit（继承）、visible（可见）和 hidden（隐藏）4 个选项。

- default：不指定可见性属性。当未指定可见性时，大多数浏览器都会默认为"继承"。
- inherit：将使用 AP 元素的父级的可见性属性。
- visible：将显示 AP 元素的内容，而与父级的值无关。
- hidden：将隐藏 AP 元素的内容，而与父级的值无关。使用脚本撰写语言（如 JavaScript）可控制可见性属性并动态地显示 AP 元素的内容。

（6） "背景图像"：指定 AP 元素的背景图像。单击右侧的文件夹图标可浏览并选择图像文件作为背景图像。

（7） "背景颜色"：指定 AP 元素的背景颜色。将此选项留白表示背景为透明色。

（8） "类"：设置 AP 元素的样式的 CSS 类。

（9） "溢出"：控制当 AP 元素的内容超过 AP 元素指定的大小时如何在浏览器中

显示 AP 元素，包含 visible（可见）、hidden（隐藏）、scroll（滚动）和 auto（自动）4 个
选项。

- visible：指示在 AP 元素中显示额外的内容；实际上，AP 元素会通过延伸来容纳额外的内容。
- hidden：指定不在浏览器中显示额外的内容。
- scroll：指定浏览器应在 AP 元素上添加滚动条，而不管是否需要滚动条。
- auto：使浏览器仅在需要时（即当 AP 元素的内容超过其边界时）才显示 AP 元素的滚动条。

（10）"剪辑"：以像素为单位定义 AP 元素的可见区域。指定左、上、右、下的坐标，即从右上角开始定义一个矩形坐标空间，只显示指定区域中的内容。例如，若要显示宽 100 高 100 像素 AP 元素内 50 像素宽、75 像素高的矩形区域中的内容，则应设置"左：0"、"上：0"、"右：50"、"下：75"。

5.3.3　同时设置多个 AP 元素的属性

在页面中绘制了多个 AP 元素后，当选择两个或更多 AP 元素时，AP 元素的属性检查器中会显示文本属性及部分 AP 元素属性，用户可在此设置各 AP 元素的共同属性，如图 5-12 所示。

图 5-12　多个 AP 元素的属性检查器

多个 AP 元素的属性检查器中各选项的功能如下。

（1）"左"、"上"：指定所选 AP 元素的左上角相对于页面（如果嵌套，则为父 AP 元素）左上角的位置。

（2）"宽"、"高"：指定所选 AP 元素的宽度和高度。

（3）"显示"：指定所选 AP 元素最初是否可见。

（4）"标签"：定义所选 AP 元素的 HTML 标签。

（5）"背景图像"：设置 AP 元素的背景图像。

（6）"背景颜色"：设置 AP 元素的背景颜色。

5.3.4　实例——设置 AP 属性

前面介绍了 AP 元素各项属性，下面通过实例进一步认识 AP 元素各项属性。继"5.2.4 实例"，将其保存至 example 站点 005 文件夹中，文件名为网页 002.html，为 AP 元素添加背景颜色并设置其大小及位置，得到如图 5-13 所示的效果。

图 5-13　实例效果

（1）打开"5.2.4 实例"，将其保存至 example 站点 005 文件夹，文件名为网页 002.html。

（2）　将插入点置于表格上方任意位置处，按两次 Enter 键，再添加两个空白行。

（3）　显示右侧"AP 元素"面板，选择 apDiv1，在属性检查器上的"宽"文本框中输入 400，在"背景颜色"文本框中设置颜色代码#FFFFCC，设置"可见性"为 default，"溢出"值为 visible，得到如图 5-14 所示的效果。

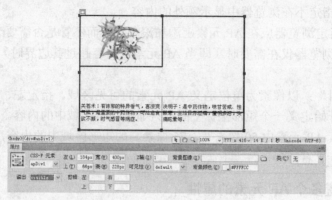

图 5-14　设置 apDiv1 属性值

（4）　选择 apDiv3，在属性检查器"左"文本框中输入 200。

（5）　按住 shift 键，选择 apDiv2 和 apDiv3，在属性检查器"上"文本框中输入 20，"高"文本框中输入 120。

（6）　按 Ctrl+S 组合键保存文件。

5.4　编辑 AP 元素

在页面中添加了 AP 元素后，还可以对它们进行进一步的编辑，如调整 AP 元素的大小，移动 AP 元素的位置、对齐 AP 元素，显示/隐藏 AP 元素，改变 AP 元素的堆叠次序，防止 AP 元素重叠，以及 AP 元素与表格间的转换等。

5.4.1　调整 AP 元素大小

在"设计"视图中，选择要调整大小的 AP 元素，可以是一个也可以是多个。调整 AP 元素大小的方法较多，若要调整一个 AP 元素大小，应先选择该元素，然后执行以下任意操作。

（1）　拖动 AP 元素选择框上的任一尺寸控制柄。

（2）　按 Ctrl+箭头键，每次可调整一个像素的大小。使用该方法只能移动 AP 元素的右边框和下边框，而不能使用上边框和左边框来调整大小。

（3）　按 Shift+Ctrl+箭头键，可按网格靠齐增量来调整所选 AP 元素的大小。

（4）　应用 AP 元素属性检查器的"宽"和"高"选项，设置大小值。

若要同时调整多个选定 AP 元素的大小，可执行以下任意操作。

（1）　可在"多个 CSS-P 元素"属性检查器的"宽"和"高"选项中设置大小值。

（2）　选择"修改"|"排列顺序"|"设成宽度相同"命令或"修改"|"排列顺序"|"设成高度相同"命令，可使最先选定的 AP 元素将与最后选定的一个 AP 元素的宽度或

高度一致。

5.4.2 移动 AP 元素

在"设计"视图中用户可根据需要将 AP 元素移动至所需位置。但对于嵌入式 AP 元素来说，移动范围相对较小，只能在父 AP 元素定义的大小范围内移动，且随着父 AP 元素的移动而移动。

在"设计"视图中，选择一个或多个 AP 元素后，可执行以下任意操作移动 AP 元素。

（1）将指针移到最后选定的 AP 元素的边框上，当光标变为 ✛ 形状时拖动。

（2）应用箭头键。使用该方法可一次移动一个像素。若在按箭头键的同时按住 Shift 键，可按当前网格靠齐增量来移动 AP 元素。

如果用户在移动 AP 元素前已经启用了"防止重叠"选项，在移动的过程中，任意两个同级间的 AP 元素是无法重叠的。

5.4.3 对齐 AP 元素

对齐 AP 元素相对于多个 AP 元素而言的，对齐方式包括左对齐、右对齐、上对齐和对齐下缘 4 种。在进行对齐操作前，首先要了解对齐的基准元素是谁。在 Dreamweaver 中以最后选择的 AP 元素为对齐的基准元素。

如果要进行对齐操作，应先在"设计"视图中，选择这些 AP 元素。然后选择"修改"｜"排列顺序"命令，从下级菜单中选择一个对齐选项，如图 5-15 所示。例如，如果选择"上对齐"命令，所有 AP 元素的上边框都会与最后一个选定的 AP 元素上边框处于同一水平位置。

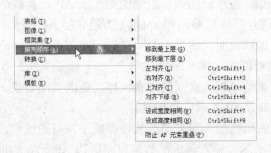

图 5-15 "排列顺序"级联菜单

对齐 AP 元素时，未选定的子 AP 元素可能会随其父 AP 元素的移动而发生移动。若要避免这种情况，建议最好不要使用嵌套的 AP 元素。

5.4.4 显示/隐藏 AP 元素

应用显示或隐藏 AP 元素功能，可以便于用户查看 AP 元素遮盖的其他元素；或页面在不同条件下的显示方式，如符合某特定条件时显示指定的 AP 元素。

AP 元素的显示与隐藏是通过"AP 元素"面板中的眼睛图标👁️来设置的，单击一个 AP 元素名称前面的眼睛图标可以更改其可见性。

默认状态下，AP 元素"显示/隐藏"栏内没有任何图标，此时 AP 元素处于可见状态。在 AP 元素名称左侧的眼睛栏里单击，显示闭合的眼睛图标👁️，表示该 AP 元素处于隐藏状态。单击闭合的眼睛图标👁️，显示睁开的眼睛图标👁️，表示该 AP 元素处于显示状态，如图 5-16 所示。值得注意的是：子 AP 元素继续父 AP 元素的属性，即父元素可见，则子元素可见；父元素隐藏，则子元素也为隐藏状态。

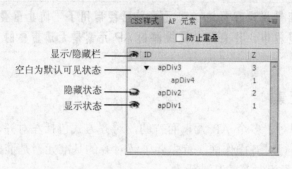

图 5-16 "AP 元素"面板

5.4.5 改变 AP 元素的堆叠次序

默认状态下，页面中绘制的第 1 个 AP 元素被命名为 apDiv1（不包含嵌套的 AP 元素），绘制的第 2 个 AP 元素被命名为 apDiv2；绘制的第 3 个 AP 元素被命名为 apDiv3……系统自动对绘制的 AP 元素进行排序堆叠，即 apDiv1 为最底层 AP 元素，数值越大越置于最顶层；以是否被覆盖方式加以说明，如果 apDiv1 与 apDiv2 重叠时，apDiv1 底层 AP 元素将会被 apDiv2 顶层 AP 元素覆盖。

用户有时需要通过调整 AP 元素间的堆叠次序，更改页面效果。调整 AP 元素的堆叠次序可使用属性检查器或"AP 元素"面板进行。

若要使用 AP 元素的属性检查器来更改其堆叠顺序，可通过更改"Z 轴"文本框中的数值来实现，如图 5-17 所示。输入较大的数值可将所选 AP 元素的堆叠顺序上移；输入较小的数字则可将所选 AP 元素的堆叠顺序下移。

使用"AP 元素"面板同样可以更改 AP 元素的堆叠顺序，只需在 Z 列中双击要更改的 AP 元素编号，即可进入编辑状态，输入新的编号，如图 5-18 所示。输入比现有编号大的数值时，该 AP 元素的堆叠顺序上移；输入较小的编号的数值时，则 AP 元素的堆叠顺序下移。

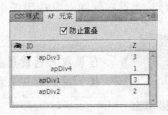

图 5-17　应用属性检查器更改堆叠顺序　　　　图 5-18　应用 AP 元素面板更改堆叠顺序

5.4.6　AP 元素和表格的转换

由于 AP 元素是可以随意移动的，为方便页面制作，可先用 AP 元素定位页面上的内容，然后再将 AP 元素转换为表格，这样不但可以简化页面制作过程，而且还便于早期版本的浏览器进行浏览。

1．将 AP 元素转换成表格

要将 AP 元素转换为表格，应先将各 AP 元素放置到所需的位置，并选中所有要转换成表格的 AP 元素，然后选择"修改"|"转换"|"将 AP Div 转换为表格"命令，打开"将 AP Div 转换为表格"对话框，从中进行所需的设置，如图 5-19 所示。

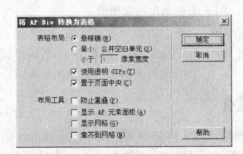

图 5-19　"将 AP Div 转换为表格"对话框

"将 AP Div 转换为表格"对话框中各选项功能如下。

（1）"最精确"：用于以最精确的方式为每个 AP 元素创建一个单元格，并附加一些额外的单元格来保持相邻两 AP 元素间的距离。

（2）"最小：合并空白单元"：用于合并空的单元格。如果这些 AP 元素的位置在指定数目的像素内，则这些 AP 元素能够侧向移动自动贴齐网格线；如果选择该选项，可以使表格包含较少的空单元格，但所生成的表格与所需的表格可能不符。

（3）"使用透明 GIFs"：用于使用透明 GIF 图像来填充表格的最后一行，以确保该表格在所有浏览器中以相同的列宽显示。选中该选项后，将不能通过拖动来编辑表格。

（4）"置于页面中央"：用于将表格放置在页面的中央。默认情况下表格会位于页面左侧。

（5）"防止重叠"：用于防止 AP 元素重叠。

（6）"显示 AP 元素面板"：用于指定当 AP 元素转换成表格后仍会显示 AP 元素面板。

（7）"显示网格"：用于指定当 AP 元素转换成表格后会显示网格线。

（8）"靠齐到网格"：用于指定当 AP 元素转换成表格后会自动贴齐网格线。

在模板文档或已应用模板的文档中不能进行 AP 元素和表格的相互转换，用户可在非模板文档中创建布局并进行转换后再另存为模板。

2. 将表格转换成 AP 元素

表格也可以转换为 AP 元素。当一个表格转换为 AP 元素后，位于该表格外的页面元素也会被放入 AP 元素中。如果表格中存在未设置背景颜色的空白单元格，是不会被转换为 AP 元素的。

要将表格转换为 AP 元素，可选择"修改" | "转换" | "将表格转换为 AP Div"命令，打开"将表格转换为 AP Div"对话框，从中进行所需的设置，如图 5-20 所示。

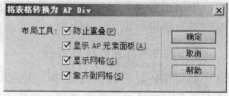

图 5-20　"将表格转换为 AP Div"对话框

"将表格转换为 AP Div"对话框中各选项功能如下。

（1）"防止重叠"：用于防止 AP 元素重叠。

（2）"显示 AP 元素面板"：用于指定当表格转换成 AP 元素后会显示 AP 元素面板。

（3）"显示网格"：用于指定当表格转换成 AP 元素后会显示网格线。

（4）"靠齐到网格"：用于指定当表格转换成 AP 元素后会自动贴齐网格线。

5.4.7　防止 AP 元素重叠

AP 元素可以转换为表格，而表格的单元格是不能重叠的，因此 Dreamweaver 无法基于重叠的 AP 元素创建表格。如果要将文档中的 AP 元素转换为表格，则一定要使用"防止重叠"选项来约束 AP 元素的移动和定位，使 AP 元素不会重叠。

防止 AP 元素重叠的方法是：选择"AP 元素"面板上的"防止重叠"复选框，或者选择"修改" | "排列顺序" | "防止 AP 元素重叠"命令（该命令左侧有复选标记√时表示已经选择该命令）。

如果在创建重叠的 AP 元素之后启用此选项，则应拖动每个重叠的 AP 元素使其远离其他 AP 元素。即使在启用"防止重叠"选项后，仍可以执行某些操作重叠 AP 元素。例如使用"插入"菜单插入一个 AP 元素，在属性检查器中输入数字或者通过编辑 HTML 源代码来重定位 AP 元素，则可以在已启用此选项的情况下使 AP 元素重叠或嵌套。如果出现重叠，建议最好在"设计"视图中分离各重叠 AP 元素。

若同时启用防止重叠和靠齐选项，如果靠齐会使两个 AP 元素重叠，则 AP 元素将不会靠齐到网格，改为靠齐到最接近的 AP 元素的边缘。

5.4.8　实例——编辑 AP 元素

前面介绍了编辑 AP 元素的方法，如调整 AP 元素大小，移动、对齐、显示/隐藏 AP 元素，改变 AP 元素堆叠效果，AP 元素与表格相互转换等，下面通过实例进一步巩固所学知识。新建页面，在该页面创建 7 个 AP 元素，按需要插入文本和图像，并将其转换为表格，加以美化后得到如图 5-21 所示的效果。

图 5-21　AP 元素转换为表格

（1）新建 HTML 页面，并保存在 005 文件夹中，文件名为 003.html。

（2）选择"AP 元素"面板中的"防止重叠"复选框，单击"布局"类别中的"绘制 AP Div"按钮，按住 Ctrl 键不放连续拖动绘制出 7 个 AP 元素。

（3）向 AP 元素中添加文本及图像，得到如图 5-22 所示的效果。

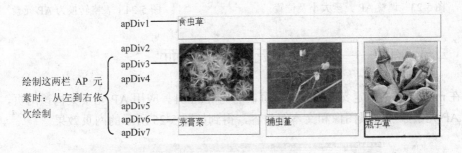

图 5-22　插入文本及图像的效果

（4）按住 Shift 键，选择除 apDiv1 外的所有 AP 元素（最后选择 apDiv3），选择"修改"|"排列顺序"|"设成宽度相同"命令。

（5）选择 apDiv2、apDiv3 和 apDiv4（最后选择 apDiv4），选择"修改"|"排列顺序"|"设成高度相同"命令。

（6）选择 apDiv2、apDiv3 和 apDiv4，选择"修改"|"排列顺序"|"上对齐"命令。

（7）以同样的方式选择 apDiv5、apDiv6 和 apDiv7，使其高度与 apDiv7 相同，然后再选择"修改"|"排列顺序"|"对齐下缘"命令。

（8）执行以上操作后，AP 元素有可能会出现重叠部分，应用键盘上的上、下、左、右箭头移动 AP 元素的位置，得到如图 10-23 所示的效果。

（9）选择"修改"|"转换"|"将 AP Div 转换为表格"命令，打开"将 AP Div 转换为表格"对话框。

（10） 选择"表格布局"选项组中的"最小"单选按钮，并设置"小于"值为10像素，其余使用默认值，单击"确定"按钮完成。

（11） 根据情况加以美化，实例中用到的相关操作有：合并首行所有单元格、设置背景颜色代码为#FFFFCC，统一图像宽高值（宽：140、高140），设置表格宽为510像素、调整2、3行单元格宽为170像素、第2行单元格高为140像素，设置表格内所有单元格的对齐方式为水平/垂直居中对齐，得到5-23所示的表格效果。

（12） 按 Ctrl+S 组合键保存。

（13） 选择 "修改" | "转换" | "将表格转换为 AP Div" 命令，打开"将表格转换为 AP Div"对话框，取消选择"显示 AP 元素面板"、"显示网格"和"靠齐到网格"复选框，单击"确定"按钮，完成转换。

（14） 选择"文件" | " 另存为"命令，将网页另存为 003-1.html，得到如图 5-24 所示的效果。

图 5-23   调整 AP 元素大小及位置

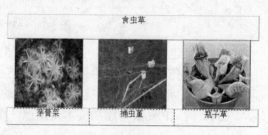

图 5-24   表格转换为 AP 元素

5.5   动手实践——利用 AP 元素布局页面

在 meishi 网站中定义一个 asp 网页，名为 main01。应用 AP 元素架构该网页，并为不同的 AP 元素添加背景图像和文本等内容，得到如图 5-25 所示的网页效果。

图 5-25   main01.asp 网页效果

步骤 1：创建不重叠的 AP 元素架构网页。

（1）　选择"文件"｜"新建"命令，打开"新建文档"对话框，确认当前显示的是"空白页"选项页，选择"页面类型"列表框中的 ASP VBScript 选项，选择"布局"为<无>，单击"创建"按钮。

（2）　按 Ctrl+S 组合键，当网页保存在 meishi 网站根目录下，文件名为 main01。

（3）　选择"AP 元素"面板中的"防止重叠"复选框，拖动"插入"面板的"布局"类别中的"绘制 AP Div"按钮，在文档窗口中拖动绘制一个 AP Div，自动命名为 apDiv1。

（4）　以同样的方式绘制两个同级 AP 元素 apDiv2 和 apDiv3。

（5）　在"AP 元素"面板中选择 apDiv1，在属性检查器中设置"左：0px"、"上：0px"、"宽：100%"、"高：100px"、"背景图像：image/bg002.jpg"。

（6）　在"AP 元素"面板中选择 apDiv2，在属性检查器中设置"左：0px"、"上：100px"、"宽：100%"、"高：400px"、"背景图像：image/bg001.jpg"。

（7）　在"AP 元素"面板中选择 apDiv3，在属性检查器中设置"左：0px"、"上：500px"、"宽：100%"、"高：120px"、"背景图像：image/bg002.jpg"，得到如图 5-26 所示的效果。

图 5-26　不重叠 AP 元素效果

步骤 2：创建嵌套 AP 元素架构网页。

（1）　将插入点置于 apDiv2 元素内，清除"AP 元素"面板中的"防止重叠"复选框，以便创建嵌套 AP 元素。

（2）　单击"插入"面板的"布局"类别中的"绘制 AP Div"按钮，按住 Ctrl 键在 apDiv1 中连续绘制 3 个 AP Div，自动命名为 apDiv4、apDiv5、apDiv6。

（3）　在"AP 元素"面板中选择 apDiv4，在属性检查器中设置"左：0px"、"上：0px"、"宽：13%"、"高：100%"、"背景图像：image/bg003.jpg"。

（4）　在"AP 元素"面板中选择 apDiv5，在属性检查器中设置"左：13%"、"上：0px"、"宽：74%"、"高：100%"。

（5）　在"AP 元素"面板中选择 apDiv6，在属性检查器中设置"左：87%"、"上：0px"、"宽：13%"、"高：100%"、"背景图像：image/bg003.jpg"，得到如图 5-27

所示的效果。

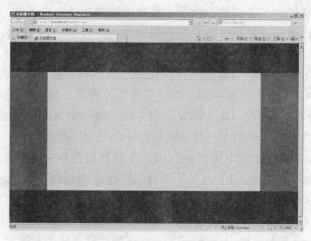

图 5-27　嵌套 AP 元素效果

步骤 3：排列并设置多个 AP 元素。

（1）　将插入点置于 apDiv5 元素内，确认已取消选择"AP 元素"面板中的"防止重叠"复选框。

（2）　选择"插入"｜"布局对象"｜AP Div 命令，在 apDiv5 中嵌套 apDiv7。

（3）　以同样的方式在 apDiv5 内嵌套 apDiv8~apDiv15。

（4）　在"AP 元素"面板中选择 apDiv7~apDiv14，设置"宽：20%"、"高：140px"。

（5）　选择 apDiv7~apDiv10，设置"上：10px"，并依次设置"左"值，"apDiv7：2%"、"apDiv8：27%"、"apDiv9：52%"、"apDiv10：77%"。

（6）　以同样的方式设置 apDiv11~apDiv14，设置"上：160px"，并依次设置"左"值，"apDiv11：2%"、"apDiv12：27%"、"apDiv13：52%"、"apDiv14：77%"。

（7）　选择 apDiv7 元素，并为其添加背景图像为 image/007.gif；以同样的方式为 apDiv8~apDiv14 添加背景图像，分别为 image 文件夹中的图像文件 008~014 添加背景图像，得到如图 5-28 所示的效果。

图 5-28　嵌套 AP 元素效果

步骤 4：完善网页。

（1）　选择 apDiv15，在该元素内单击插入 image 文件夹中的图像文件 000.jpg，并设置"宽：100%"。

（2）　按 Enter 键，在图片下方添加文字"欢迎登陆美食网"，并在 CSS 属性检查器中设置内联样式"字体：华文行楷"、"大小：30px"、"字体颜色：#009"，在 HTML 属性检查器中设置链接网页为 index.asp。

（3）　在文本右侧添加图像 image/annu01.gif，得到如图 5-29 所示的效果。

图 5-29　嵌套 AP 元素效果

（4）　选择 apDiv3，在 AP 元素内输入所需文本。

（5）　单击属性检查器中的"页面属性"按钮，设置"页面字体：字体"、"大小：12px"单击"确定"按钮。

（6）　选择 apDiv3 中的所有文本，设置内联样式"对齐：居中对齐"、"字体颜色：#FFF"。

（7）　按 Ctrl+S 组合键，保存文件，并按 F12 键预览文本。

5.6　上机练习与习题

5.6.1　选择题

（1）在"AP 元素编号"文本框中输入 AP 元素的名称时，可以使用_____。

　　A. 标准的字母或数字字符　　　　　　B. 空格

　　C. 连字符或斜杠　　　　　　　　　　D. 句号

（2）要定义一个 AP 元素在特定宽度的区域中可见而其他内容均不可见，应在 AP 元素属性检查器的"剪辑"选项组中的_____文本框中输入指定的数值。

　　A. 左　　　　　　　　　　　　　　　　B. 上

　　C. 右　　　　　　　　　　　　　　　　D. 下

（3）在 Dreamweaver 中系统自动为绘制的 AP 元素命名为_____。

A. apn   B. apDivn

C. Divn   D. aDivn

（4）关于 AP 元素的选择，以下说法不正确是的_____。

    A. 在"AP 元素"面板中单击 AP 元素的名称

    B. 单击 AP 元素的标签

    C. 在该 AP 元素内任意空白位置处单击

    D. 单击 AP 元素的边框

（5）更改所有 AP 元素的可见性时，不能将所有 AP 元素的可见性设置为_____。

    A. 默认   B. 继承

    C. 可见   D. 隐藏

5.6.2　填空题

（1）在连续绘制多个 AP 元素时为确保各 AP 元素间无交集，在绘制前应选择"AP 元素"面板中的_____选项。

（2）向左移动含有嵌套子 AP 元素的父 AP 元素时，其子 AP 元素_____移动；将子 AP 元素从父 AP 元素中移动出来，它们之间的父子关系_____。

（3）在 AP 元素的属性检查器中的"Z 轴"文本框中输入较大的数值可将所选 AP 元素的堆叠顺序_____；输入较小的数字则可将所选 AP 元素的堆叠顺序_____。

（4）使用命令调整选定的多个 AP 元素宽高值时，Dreamweaver 会以_____AP 元素宽高值为依据进行调整。

（5）单击"布局"类别中的"绘制 AP Div"按钮后按住_____键可以完成连续绘制多个 AP 元素操作，按住_____键不放依次单击各 AP 元素边框可连续选择多个 AP 元素。

5.6.3　问答题

（1）如何创建平铺式 AP 元素？

（2）如何创建嵌入式 AP 元素？

（3）如何调整 AP 元素的大小？

（4）如何显示和隐藏 AP 元素？

（5）如何对齐多个 AP 元素？

5.6.4　上机练习

（1）用 AP 元素布局一个网页，然后将其转换为表格。

（2）用表格布局一个网页，然后将其转换为 AP 元素。

第6章 使用表格布局页面

本章要点

- 创建表格
- 编辑表格
- 表格的嵌套
- 使用表格布局页面

本章导读

- 基础知识：设置表格，设置表格对象，表格的嵌套。
- 重点掌握：创建表格，编辑表格对象。
- 一般了解：扩展表格模式一节介绍了如何临时向文档中的所有表格添加单元格边距和间距，并且增加表格的边框，以使编辑操作更加容易，对于本节内容，读者做一个简单了解即可。

课堂讲解

表格是一种特殊的元素，可以作为一种页面布局元素来使用，以便有条理地组织网页中的各种对象。

本章的课堂讲解部分介绍了在 Dreamweaver 中创建和使用表格的方法，包括表格的创建和使用、表格的编辑和修改、制作嵌套表格，以及使用表格进行页面布局等内容。

6.1 创建表格

表格是一种常用的组织文本和图形等对象的工具，使用它可以在网页中显示表格式数据，这对有序排列网页中的元素很有帮助。

6.1.1 插入表格

在网页中确定了插入点的位置后，选择"插入"|"表格"命令，打开如图 6-1 所示的"表格"对话框，进行相关设置后单击"确定"按钮，即可创建相应的表格。

"表格"对话框中各选项功能如下。

（1）"行数"、"列数"：用于指定表格的行数与列数。

（2）"表格宽度"：用于指定表格的宽度及单位。

（3）"边框粗细"：用于指定表格边框的宽度，单位为像素或百分比。如果将该选项留白，在浏览器中将会以边框为 1 像素显示表格；如果不希望显示表格边框，应将值设置为 0。

（4）"单元格边距"：用于指定单元格边框和单元格内容间的像素值。

（5）"单元格间距"：用于指定表格内相邻单元格间的像素值。

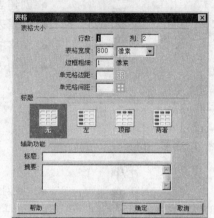

图 6-1　"表格"对话框

（6）"标题"选项组：用于指定表格标题相对于表格的显示位置。

（7）"标题"文本框：用于输入显示在表格外的标题。

（8）"摘要"：用于输入对表格的说明文字。该文本可在屏幕阅读器中读取，但不会显示在用户的浏览器中。

6.1.2 添加表格数据

表格中的每一个单元格都相当于一个独立的小文档，在要添加内容的单元格中单击，即可在其中输入文字、插入图像或者其他网页元素。在单元格中添加和编辑数据的方法与在普通文档中的方法相同。

编辑好一个单元格中的数据后，用户可执行以下任意操作移动插入点，以便编辑下一个单元格。在表格中跳转的方法如下。

（1）跳转至下一个单元格：按 Tab 键。

（2）跳转至上一个单元格：按 Shift+Tab 组合键。

（3）向上、向下、向左、向右移动插入点：按上、下、左、右箭头键。

（4）在表格下方添加一行：在表格的最后一个单元格中按 Tab 键。

6.1.3 导入外部表格数据文件

如果在其他应用程序（如写字板）中创建了以分隔文本的格式保存的表格式数据文件

（其中的项以制表符、逗号、冒号、分号或其他分隔符隔开），用户可以直接将此文件导入到 Dreamweaver 中。导入的表格式数据文件在网页中显示为表格的格式。

要导入数据文件，可选择"文件"|"导入"|"表格式数据"命令或选择"插入"|"表格对象"|"导入表格式数据"命令，打开如图 6-2 所示的"导入表格式数据"对话框，进行相关设置后单击"确定"按钮，即可将所选文件中的数据以表格的形式导入到 Dreamweaver 文档中。

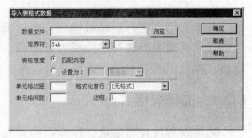

图 6-2　"导入表格式数据"对话框

"导入表格式数据"对话框中各选项的功能说明如下。

（1）"数据文件"：用于指定要导入的数据文件。

（2）"定界符"：用于选择正在导入的文件中所使用的分隔符。可选择的选项有 Tab、逗号、分号、引号和其他。如果选择"其他"选项，需在右侧的文本框中输入其他定界符。

（3）"表格宽度"：用于指定将创建的表格的宽度。

- "匹配内容"：表示使每个列足够宽以适应该列中最长的文本字符串。
- "设置为"：用于指定表格宽度。可以像素为单位指定固定的表格宽度，也可按占浏览器窗口宽度的百分比指定表格宽度。

（4）"单元格边距"：用于指定单元格内容和单元格边框之间的像素数。

（5）"单元格间距"：用于指定相邻的表格单元格之间的像素数。

（6）"格式化首行"：用于选择应用于表格首行的格式设置（如果存在）。

（7）"边框"：用于以像素为单位指定的表格边框的宽度值。

6.1.4　实例——创建表格

前面介绍了插入表格、添加表格数据及导入外部表格数据文件的方法，本节即以实例的形式在 example 站点的主页中创建一个 1 行 3 列的表格，并在其中一个单元格中添加文本内容。

（1）打开 example 站点的 index..html 网页，选择"插入"|"表格"命令，打开"表格"对话框。

（2）在"行数"文本框中输入"1"，在"列数"文本框中输入"3"，在"表格宽度"文本框中输入"800"，单位为像素。

（3）单击"确定"按钮，插入表格。

（4）单击表格右面的单元格，在其中输入"设为首页（Enter）加入收藏（Enter）联系我们"，如图 6-3 所示。

图 6-3　在表格中添加文本内容

6.2 设置表格和表格对象的属性

基本表格创建好后，可能还需要对表格作进一步调整，如更改表格的外观或结构。常用的操作有对表格进行删除或添行与列、调整行高或列宽、调整表格大小、拆分或合并单元格，以及更改表格边框或背景等操作。

6.2.1 选择表格

无论要对何种对象进行操作，都要先选择目标，表格也不例外。要选择整个表格，可执行以下任意一种操作：

（1）将鼠标指针移到表格的左上角或表格的顶、底边缘边框上，当指针形状变成状时单击。

（2）在表格中的任意单元格内单击，然后单击文档窗口左下角标签选择器中的 <table> 标签。

（3）单击表格中的任意单元格，然后选择"修改"|"表格"|"选择表格"命令。

（4）在表格上右击鼠标，从弹出的快捷菜单中选择"表格"|"选择表格"命令。

表格被选定后，表格的下边缘和右边缘会出现尺寸控点，如图 6-4 所示。

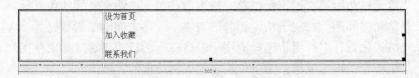

图 6-4 表格的选定状态

6.2.2 设置表格属性

格式化表格的所有操作都可以通过表格的属性检查器来完成。选择表格后，属性检查器上会显示当前表格的相关属性，如图 6-5 所示。

图 6-5 表格的属性检查器

表格属性检查器中各选项的功能说明如下。

（1）表格 ID 下拉列表框：用于指定表格名称。

（2）"行"、"列"：用于更改表格中行和列的数目。

（3）"宽"：用于以像素为单位或按占浏览器窗口宽度的百分比计算的表格宽度。

（4）"填充"：用于指定单元格内容和单元格边框之间的像素数。

（5）"间距"：用于指定相邻的表格单元格之间的像素数。

（6）"对齐"：用于选择表格相对于同一段落中其他元素（例如文本或图像）的显

示位置。

（7）“边框”：用于指定表格边框的宽度（以像素为单位）。

（8）“清除列宽”、“清除行高”：用于删除表格中所有明确指定的行高或列宽。

（9）“将表格宽度转换成像素”、“将表格宽度转换成百分比”：用于将表格中以百分比为单位的宽度值更改为以像素单位，或将以像素为单位的宽度值更改为以百分比为单位。

6.2.3　实例——设置表格属性

前面介绍了选择表格和设置表格属性的方法，本节即以实例的形式来更改网页中已创建的表格的属性，使之居页面中央对齐，且边框为 3 像素宽，如图 6-6 所示。

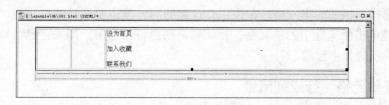

图 6-6　设置表格属性

（1）在表格任意单元格中单击，然后单击标签选择器中的<table>标签，选择整个表格。

（2）在属性检查器中选择“对齐”下拉列表框中的“居中对齐”选项。

（3）在“边框”文本框中输入“3”，按 Enter 键确认。

6.3　设置表格对象

表格对象指表格中的行、列或单元格。除了可以为表格设置整体属性外，还可以分别设置行、列、单元格的属性，例如，可以分别设置每一个单元格中内容的对齐方式，使一个单元格中的内容左对齐，而另一个单元格中的内容右对齐。

6.3.1　选择表格对象

可以分别选择表格中的行、列、单元格，一次可以选择一行、一列、一个单元格，也可以同时选择多行、多列或多个单元格。

（1）选择行：将指针指向行的左边缘，当指针形状变为选择箭头（右指的箭头）时单击，可选择当前行；上下拖动指针可选择多行。

（2）选择列：将指针指向列的上边缘，当指针形状变为选择箭头（下指的箭头）时单击，可选择当前列；左右拖动指针可选择列。此外，还可利用列标题菜单选择单列，方法是在所需列的任意单元格中单击，然后单击列标题按钮，从弹出菜单中选择“选择列”命令，如图 6-7 所示。

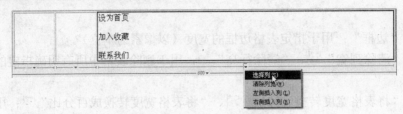

图 6-7　通过列标题菜单选择列

（3）选择单元格：在所需单元格中单击，然后单击文档窗口左下角标签选择器中的 td 标签，或者选择"编辑"|"全选"命令。

（4）选择连续的单元格区域：从一个单元格拖到另一个单元格，或者先单击一个单元格，然后按住 Shift 键单击另一个单元格。两个单元格定义的直线或矩形区域中的所有单元格都将被选中。

（5）选择不相邻的单元格：在按住 Ctrl 键的同时单击要选择的单元格、行或列。如果按住 Ctrl 键单击尚未选中的单元格、行或列，则会将其选中。如果它已经被选中，则再次单击会将其从选择中删除。

6.3.2　设置单元格、行或列属性

当选择单元格或者一行、一列时，属性检查器中将对应显示单元格或者行、列的属性，在行、列、单元格的属性检查器中可以分别设置行、列或单元格的宽、高、背景颜色、内容的对齐方式等属性，如图 6-8 所示。

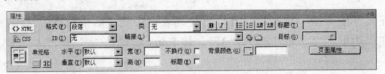

图 6-8　单元格的属性检查器

行、列、单元格的属性检查器中各选项说明如下。

（1）"水平"：用于设置表格内容在单元格内的水平对齐方式，有左对齐、居中对齐和右对齐 3 种。

（2）"垂直"：用于设置表格内容在单元格内的垂直对齐方式，有顶端对齐、居中对齐、底部对齐和基线对齐 4 种。

（3）"宽"：用于更改所选行、列中的单元格或当前单元格的宽度。

（4）"高"：用于更改所选行、列中的单元格或当前单元格的高度。

（5）"不换行"：用于使所选行、列中的单元格或当前单元格中的内容不换行。

（6）"标题"：用于使所选行、列中的单元格或当前单元格成为标题单元格。

（7）"背景颜色"：用于设置所选行、列或单元格的背景颜色。

默认情况下，行高和列宽以像素为单位。若要指定百分比，应在数值后添加百分比符号（%）。若要让浏览器根据单元格的内容及其他列与行的宽度和高度确定适当的宽度或高度，可将此域留空（默认设置）。

6.3.3　实例——设置单元格属性

前面介绍了选择和设置单元格、行或列这些表格对象的属性的方法，本节将以实例的形式来分别设置表格中各单元格的属性，包括行高、列宽和单元格背景的设置，设置效果如图 6-9 所示。

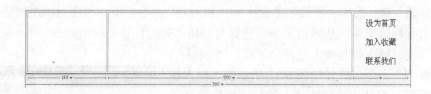

图 6-9　设置单元格属性

（1）将指针放在表格左侧，当指针形状变成选择箭头时单击选择整行。

（2）在行的属性检查器中的"水平"下拉列表框中选择"居中对齐"选项，在"垂直"下拉列表框中选择"居中"选项，在"高"文本框中输入"120"，并按 Enter 键确认，如图 6-10 所示。

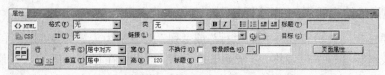

图 6-10　设置行属性

（3）在最左面的单元格中单击，然后在单元格的属性检查器中设置"宽"为 160，如图 6-11 所示。

图 6-10　设置单元格属性

（4）按相同的方法，将中间的单元格的宽度设置为 500，将右面的单元格背景颜色设置为淡黄色。

6.4　编辑表格对象

由于表格是有固定行和列的，因此有时候可能会发生数据与表格不匹配的现象，如行、列数不够用或者多余，或者需要使用一些单元格不规则的表格等，这时就需要对插入的表格进行编辑，如添加或删除行或列、合并或者拆分单元格等。

6.4.1　添加与删除行或列

在既成的表格中还可以添加或者删除行与列。添加和删除行与列的方法有两种：一是应用"修改"|"表格"菜单中的相应命令，二是应用属性检查器。当删除包含数据的行和

列时，Dreamweaver 不发出警告，因此要谨慎操作。

1． 通过菜单命令添加/删除行与列

"修改"|"表格"菜单中提供了一组插入行/列的命令与一组删除行/列的命令，使用它们可以插入或删除行与列。具体操作方法如下。

（1） 插入行：选择"修改"|"表格"|"插入行"命令，可在所选行的上方插入一行。

（2） 插入列：选择"修改"|"表格"|"插入列"命令，可在所选列的左侧插入一列；也可以单击列标题菜单，从弹出菜单中选择与要插入列的位置相应的命令。

（3） 同时插入行与列：选择"修改"|"表格"|"插入行或列"命令，打开如图 6-11 所示的"插入行或列"对话框，在其中指定要插入的行或列的数目，并指定在表格中插入行或列的位置。

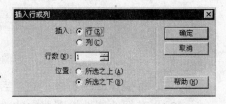

（4） 删除行：选择"修改"|"表格"|"删除行"命令，删除所选行。

（5） 删除列：选择"修改"|"表格"|"删除列"命令，删除所选列。

图 6-11 "插入行或列"对话框

2． 通过属性检查器添加/删除行与列

也可以通过在属性检查器中更改"行"或"列"的值来为表格添加/删除行或列，例如，当前选择的表格为 5 行 2 列表格，要新增 1 空白行，可直接在行表格中输入数值 6，按 Enter 键即可在表格的底部添加 1 新行。应用此方法添加或删除行列时，从表格的底部开始进行添加或删除行，从表格的右侧进行添加或删除列。

6.4.2 合并与拆分单元格

合并和拆分单元格可以自定义表格以符合布局需要。通过合并单元格可以将任意数目的相邻的单元格合并为一个跨多个列或行的单元格；通过拆分单元格，则可以将一个单元格拆分成任意数目的行或列。

1． 合并单元格

要合并单元格，首先要选择一个连续的矩形单元格块，然后选择"修改"|"表格"|"合并单元格"命令，或者单击属性检查器中的"合并所选单元格，使用跨度"按钮 ，即可将所选的多个单元格合并成一个大单元格。

合并单元格后，单个单元格的内容放置在最终的合并单元格中，所选的第 1 个单元格的属性将应用于合并单元格。

2． 拆分单元格

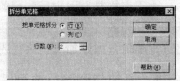

要拆分单元格，可选择"修改"|"表格"|"拆分单元格"命令，或者单击属性检查器中的"拆分单元格为行或列"按钮 ，打开"拆分单元格"对话框，从中指定要拆分为的元素及数目，如图 6-12 所示。

图 6-12 "拆分单元格"对话框

"拆分单元格"对话框中各选项的功能说明如下。

（1） "把单元格拆分"：用于指定将单元格拆分为多行还是多列。

（2） "行数（列数）"：用于指定拆分后的行数或列数。当选择拆分为行时，此处显示"行数"选项；当选择拆分为列时，此处显示"列数"选项。

6.4.3 调整表格、行和列的大小

调整表格大小是指更改表格的整体高度和宽度；调整表格中元素的大小则是指更改行高、列宽以及单元格大小的操作。

1. 调整表格的整体大小

选择表格后，执行以下操作之一，即可调整表格大小。

（1） 只改变表格的宽度：拖动右边的选择控制点。

（2） 只改变表格的高度：拖动底边的选择控制点。

（3） 同时改变表格的宽度和高度：拖动右下角的选择控制点。

（4） 指定明确的表格宽度：在属性检查器上的"宽"文本框中输入一个值，然后在后面的下拉列表框中选择以像素或基于页面的百分比（%）为单位。

2. 更改行高

除了可以在属性检查器中设定行高外，还可以用以下简便方法来更改行高：将指针移至要改变行高的行边框上，当指针变为行边框选择器↕时，按下鼠标左键向上或向下拖动。

3. 更改列宽

和更改行高一样，除了可以在属性检查器中设定列宽值外，还可以用以下简便方法来更改列宽：将指针移至要改变列宽的列边框上，当指针变为列边框选择器↔时，按下鼠标左键向左或向右拖动。

若要更改某个列的宽度并保持其他列的大小不变,可按住 Shift 键,然后拖动列的边框。此操作不但改变当前列宽,也改变表格的总宽度以容纳正在调整的列。

6.4.4 实例——调整表格

前面介绍了编辑表格对象的方法，如添加与删除行或列、合并与拆分单元格及调整表格、行或列的大小，本节即以实例的形式创建一个表格，然后对其进行调整，得到一个不规则表格，如图 6-13 所示。

（1） 新建一个网页，选择"插入" | "表格"命令，打开"表格"对话框，插入一个 5 行 3 列的表格。

（2） 选择表格，在表格的属性检查器中的"宽"文本框中输入"400"，单位为像素。

（3） 在"对齐"下拉列表框中选择"居中对齐"选项。

诗人	代表作	朝代
李白	五言	蜀道难	唐
	七绝	行路难	
	长短句	将近酒	
杜甫	三吏	唐
	三别	
	丽人行	
陆游	示儿	宋
于谦	石灰吟	明

图 6-13 调整表格后的效果

（4） 选择第 1 行，在行属性检查器中的"水平"下拉列表框中选择"居中对齐"，在"垂直"下拉列表框中选择"居中"，在"高"文本

框中输入"40"，并单击"背景颜色"控件，在弹出的调色板中选择代码为#FFCC00 的颜色块。

（5）选择第 2 行到第 5 行，在"垂直"下拉列表框中选择"居中"，在"水平"下拉列表框中选择"居中对齐"，在"背景颜色"文本框中输入"#FFFFCC"。

（6）在第 2 行第 1 个单元格中单击，然后单击属性检查器中的"拆分单元格为行或列"按钮，打开"拆分单元格"对话框，在"把单元格拆分"选项组中选择"列"单选项，并在"列数"数值框中输入"2"，如图 6-14 所示。

（7）单击"确定"按钮，完成拆分，如图 6-15 所示。

图 6-14 设置拆分选项

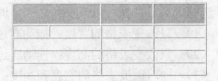

图 6-15 将单元格拆分为列

（8）在拆分后的右单元格中单击，然后再次单击属性检查器中的"拆分单元格为行或列"按钮，打开"拆分单元格"对话框，在"把单元格拆分"选项组中选择"行"单选项，并在"行数"数值框中输入"3"，单击"确定"按钮完成拆分，如图 6-16 所示。

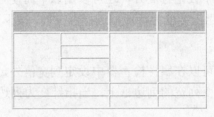

图 6-16 将单元格拆分为行

（9）将拆分后的 3 列单元格的高度和表格最后两行的高度分别设置为高 35。

（10）在单元格中输入所需文本。

6.5 表格的嵌套

嵌套表格是在现有表格的某个单元格中再插入另一个表格，可以创建多级嵌套。嵌入的表格宽度受所在单元格宽度的限制，可以像设置单个表格一样对嵌套表格进行格式设置。

6.5.1 嵌套表格

要创建嵌套表格，应单击要插入嵌套表格的单元格，然后选择"插入"|"表格"命令，打开"表格"对话框，为嵌套表格指定行、列等所需的属性，设置完毕后单击"确定"按钮即可。

6.5.2 实例——创建嵌套表格

本节以实例的形式创建一个嵌套表格，如图 6-17 所示。

图 6-16 嵌套表格

（1）选择"插入"|"表格"命令，打开"表格"对话框，创建一个行数为 1，列数为 2，表格宽度为 400 像素的表格。

（2）单击表格的第一个单元格，再次选择"插入"|"表格"命令，打开"表格"对话框，创建一个行数为 2，列数为 1，表格宽度为其所处单元格 90% 的表格。

（3）选择嵌套在单元格内部的表格，在属性检查器上选择"对齐"下拉列表框中的"居中对齐"选项。

（4）在各单元格中输入所需文字。

6.6 扩展表格模式

使用扩展表格模式可以更容易地编辑表格，在该模式下，可以临时向文档中的所有表格添加单元格边距和间距，并且增加表格的边框，从而使编辑和操作更为容易。用户可以利用这种模式选择表格中的项目或者精确地放置插入点。例如，在一个单元格中包含一幅图像，而且该图像与单元格边框的距离非常近，想要在其中放置插入点是可能比较难的，因为可能会无意中选中图像或表格单元格，这时利用扩展表格模式就可以扩大图像与单元格边框的距离，从而很容易地放置插入点。

选择"查看"|"表格模式"|"扩展表格模式"命令，即可切换到表格扩展模式视图，在此模式下，网页上的所有表格会添加单元格边距与间距，并增加表格边框，如图 6-17 所示。

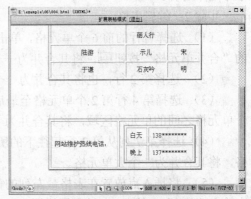

在表格扩展模式中选择了所需项目或放置了插入点后，应返回到设计视图的标准模式来进行编辑，因为诸如调整大小之类的一些可视操作在表格扩展模式中不会产生预期的效果。切换出表格扩展模式的方法是：在文档窗口顶部的"扩展表格模式"条中单击"退出"链接，或者选择"查看"|"表格模式"|"标准模式"命令。

图 6-17 表格扩展模式

6.7 动手实践——利用表格布局主页

本节将利用表格对 meishi 站点中的主页进行布局，并加入相应内容。最终效果如图 6-18 所示。

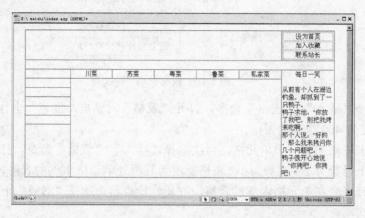

图 6-18　主页效果

步骤 1：插入表格。

（1）　打开"meishi"站点中的"index.asp"网页，选择"插入"|"表格"命令，打开"表格"对话框，在"行数"文本框中输入"9"，在"列数"文本框中输入"7"，在"表格宽度"文本框中输入"800"，单位为"像素"，在"边框间距"文本框中输入"0"，如图 6-19 所示。

（2）　单击"确定"按钮插入表格。

（3）　在表格的选定状态下，在属性检查器中选择"对齐"下拉列表框中的"居中对齐"选项，使表格在网页中水平居中对齐。

步骤 2：编辑表格。

（1）　选择首行的前 6 个单元格，单击属性检查器上的"合并单元格"按钮，将其合并为一个大单元格。

（2）　选择第 2 行，也将其合并为一个大单元格。

（3）　选择第 4 行第 2 个单元格至最后一行倒数第 2 个单元格之间的单元格区域，将其合并为一个大单元格。

（4）　选择第 7 列从第 3 行起往下的所有该列的单元格，将其合并为一个大单元格。

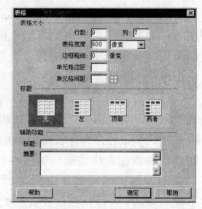

图 6-19　设置表格参数

（5）　将插入点放置在表格最左列的任意单元格中，在属性检查器中的"宽"文本框中输入"120"，按 Enter 键应用设置。

（6）　将插入点放置在表格最右列的任意单元格中，在属性检查器中的"宽"文本框中输入"130"，按 Enter 键应用设置。

（7）　将插入点分别放置在第 3 行中间的 5 个单元格中，在属性检查器中将它们的宽度均设置为 110。

步骤 3：添加文本。

（1）　将插入点放在第 1 行的右单元格中，选择"插入"|"表格"命令，打开"表格"对话框，指定行为 3，列为 1，单元格边距为 0，宽度为当前单元格 99%，如图 6-20 所示。

（2）　单击"确定"按钮，插入一个嵌套表格。

（3）在嵌套表格中的 3 个单元格中依次输入"设为首页"、"加入收藏"、"联系站长"。

（4）在第 3 行的第 2 个到第 6 个单元格中依次输入"川菜"、"苏菜"、"粤菜"、"鲁菜"、"私家菜"。

（5）打开 Word 文档"文本素材（每日一笑）"，将其中的文本全部复制到表格右下方的大单元格中。

（6）在"每日一笑"后面加一个硬回车分段，然后选择正文段落，在属性检查器中单击"CSS"选项卡中的"左对齐"按钮，打开"新建 CSS 规则"对话框，指定选择器类型为"类"，选择器名称为"syjz"，定义规则的位置仅限该文档，如图 6-21 所示。

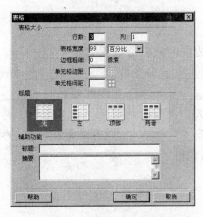

图 6-20　插入嵌套表格

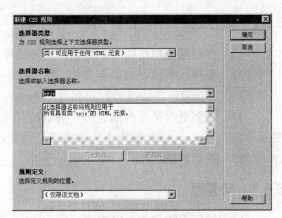

图 6-21　新建 CSS 规则

（7）设置完毕单击"确定"按钮，为正文段落应用 CSS 规则。

6.8　习题练习

6.8.1　选择题

（1）选择单个单元格的正确方法是_____。

  A. 单击单元格边框的任意位置

  B. 选择"编辑"|"全选"命令

  C. 单击单元格并选择"编辑"|"全选"命令

  D. 在单元格中拖动

（2）在表格中添加数据时，如需在表格下方添一行，应执行的操作是_____。

  A. 按 Tab 键

  B. 按 Shift+Tab 组合键

  C. 按下箭头键

  D. 在表格的最后一个单元格中按 Tab 键

（3）选择表格的方法是：在表格中的任意单元格内单击，然后单击文档窗口左下角标签选择器中的_____标签。

A. <body>

B. <table>

C. <tr>

D. <td>

（4） 在_____视图中不宜编辑表格。

    A. 代码视图

    B. 拆分视图

    C. 设计视图的标准模式

    D. 设计视图的扩展表格模式

6.8.2　填空题

（1） 在设置边框粗细时，如果不希望显示表格边框，应将值设置为_____。

（2） 要导入外部表格数据文件，可选择_____命令或_____命令。

（3） 当删除包含数据的行和列时，Dreamweaver_____，因此要_____。

（4） 若要更改某个列的宽度，并保持其他列的大小不变，可按住_____键，然后拖动_____。此操作不但改变当前列宽，也改变_____以容纳正在调整的列。

（5） 嵌套表格是在另一个_____中的表格。

6.8.3　问答题

（1） 如何用键盘在表格中移动插入点？

（2） 如何选择表格或表格元素？

（3） 如何添加或删除行与列？

（4） 调整表格整体大小的方法有哪些？

6.8.4　上机练习

（1） 任意创建一个表格并设置其格式。

（2） 利用表格来设计一个网页。

第7章　创建文本超链接

本章要点

- 设置内部超链接
- 设置外部超链接
- 设置 E-mail 超链接
- 创建与链接锚记

本章导读

- 基础知识：认识链接路径，文字超链接的各种类型。
- 重点掌握：内部超链接的创建，外部超链接的创建，锚点链接的创建，其他特殊超链接的创建。
- 一般了解：什么是超链接一节介绍超链接的基本概念和超链接的几种不同路径，对于本节内容，读者可做一个简单了解。

课堂讲解

　　设置超链接是网页制作中的一个重要环节。在网页上最常见的超链接是文字超链接，单击某些文字可以链接到不同网页，这其实只是超链接的一种形式。在 Dreamweaver 中，超链接分为内部链接、外部链接和锚记链接。

　　本章的课堂讲解部分讲述了有关超链接的知识，读者通过阅读本章的内容不但可以了解超链接的基本知识，而且还可以掌握其设置方法。

7.1 什么是超链接

在制作网页时，如果将所有的内容放在同一网页中，会使网页变得臃肿，不便于用户浏览。为了方便用户分类查看、浏览，可创建多个内容相近的网页，然后在任意网页中创建具有超链接功能的文字、图片。当用户将指针移至这类对象时鼠标自动变为小手形状🖑，单击鼠标即可进入目标网页，每个独立的网页相互间产生关联，形成一个有机的整体。

7.1.1 超链接的概念

所谓超链接是指从一个网页指向一个目标对象的连接关系，该目标对象可以是网页，也可以是当前网页上的不同位置，还可以是图片、电子邮件地址、文件，甚至可以是应用程序。例如阅读某网页时，可单击含超链接功能的文本，打开含有该词语详细说明的网页，查看完毕后单击返回链接字样可回到原网页。

一般情况下，Internet 网页中带蓝色下画线的文本具有超链接功能；此外，用户将指针移至文本或图片等对象上时，若显示为小手形状🖑，也表示对象具有超链接功能。

网页中常见的超链接一般分为 3 类：内部链接、外部链接、锚记。内部链接链接的是同一网站内的网页，外部链接链接的是其他网站的网页，锚记则链接到当前网页中特定位置。

7.1.2 认识链接路径

路径是指网页的存放位置，即每个网页的地址。每个网页都有一个唯一的地址，被称为统一资源定位器（英文缩写为 URL）。在创建链接时，通常不指定作为链接目标文档的完整 URL，而是指定一个始于当前文档或站点根文件夹的相对路径。在网站中，链接路径可分为 3 类：绝对路径、文档相对路径、站点根目录相对路径。

1. 绝对路径

绝对路径是指包括服务器协议，并且提供链接文档的完整地址的路径，例如 http://www.adobe.com/support/dreamweaver/contents.htm（Web 页通常使用服务器协议为 http://）。通常情况下，若要链接站点外远程服务器中的网页或图片等文件，建议用户使用绝对路径进行链接，这样即使用户将本地站点移动至其他位置也不会出现断链现象。

2. 文档相对路径

文档相对路径中的相对是针对当前打开的网页而言的，即省略掉当前文档和所链接文档相同的绝对路径部分，只提供不同的路径。如果要链接到同一站点中网页或是其他对象，使用文档相对路径是最合适的。

3. 站点根目录相对路径

站点根目录相对路径中的相对是针对当前站点而言的，描述的是从站点的根文件夹到当前网页或对象的路径。站点根目录相对路径以一个斜杠（/）开始，该斜杠表示站点根文件夹。

链接同一站点内网页或其他对象时，用户也可以使用绝对路径，但一般情况下不建议采用这种链接方式，因为一旦将站点移至到其他域或是更改站点名称，则所有绝对路径链接自动失效，此时无法浏览到应用绝对路径链接到的对象。

7.2　创建内部超链接

连接网站内网页或对象的所有链接都被称为内部超链接，内部超链接将网站中的所有内部有机的连接起来形成一个整体。用户可以为文本或图像等不同对象添加内部超链接，下面介绍创建内部超链接的方法。

7.2.1　为文字添加内部超链接

为指定文字添加超链接前必须先选择文本，然后在属性检查器的"HTML"选项卡中设置"链接"选项，如图 7-1 所示。

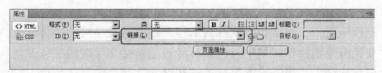

图 7-1　属性检查器的"HTML"选项卡

设置文字超链接的方法有 3 种：一是直接在"链接"文本框中输入链接目标对象；二是拖动"链接"文本框右侧的"指向文件"图标 至链接目标对象；三是单击"链接"文本框右侧的文件夹图标 ，从打开的对话框中选择链接目标对象。

在设置链接对象时，用户可根据需要在属性检查器中的"目标"下拉列表框中选择链接目标对象的打开方法。在"目标"下拉列表框中可选择的选项如下。

（1）_blank：用于将链接文件加载到未命名的新浏览器窗口中。

（2）_parent：用于将链接文件加载到包含该链接的父框架集或窗口中。如果包含链接的框架不是嵌套的，则链接文件加载到整个浏览器窗口中。

（3）_self：用于将链接文件加载到链接所在的同一框架或窗口中。此选项为默认选项。

（4）_top：用于将链接文件加载到整个浏览器窗口中，并由此删除所有框架。

7.2.2　设置文字超链接的属性

设置了超链接的文本含有 4 种不同的状态，分别为：指针未移至文字前，指针移至时，单击文字时，单击文字后。在指针未移至链接文字时，默认链接文本颜色为蓝色，且自动添加下画线，用户可以根据需要设置不同状态下链接文字效果。

若要设置文字超链接属性，可单击属性检查器中的"页面属性"按钮，打开"页面属性"对话框，选择"分类"列表框中的"链接"选项，切换至"链接"选项卡，在此设置链接文本的颜色、不同状态下字体颜色及下画线样式，如图 7-2 所示。

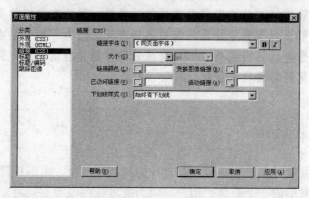

图 7-2　"页面属性"对话框的"链接"选项卡

"链接"选项卡中各选项功能如下。

（1）　"链接字体"：用于设置超链接文本字体，单击其右侧的 **B** 与 *I* 按钮，还可以将字体设置为粗体或是斜体。

（2）　"大小"：用于设置超链接文本字体大小，从其右侧的下拉列表框中可以选择字体的单位。

（3）　"链接颜色"：用于设置鼠标尚未移至超链接文字时的字体颜色。

（4）　"变换图像链接"：用于设置鼠标经过超链接文字时的字体颜色。

（5）　"已访问链"：用于设置鼠标单击超链接文字后的字体颜色。

（6）　"活动链接"：用于设置鼠标单击超链接文字时的字体颜色。

（7）　"下划线样式"：用于设置超链接文本下画线样式。可选项分别为"始终有下划线"、"始终无下划线"、"仅在变换图像时显示下划线"和"变换图像时隐藏下划线"。

7.2.3　实例——在网页中添加内部超链接

前面介绍了为文字添加内部超链接和设置文字超链接属性的方法，本节将以实例的形式在 example 站点的首页中添加文本超链接，使其链接到其他相关网页，并更改文字超链接的默认属性。

（1）　打开 example 站点，在"文件"面板中右击该站点名称，从弹出的快捷菜单中选择"新建文件"命令，创建一个新网页，并将其命名为"index.html"，设置该网页的背景颜色为米黄色。

（2）　打开 main.html 网页，将插入点放在水平线下方的空段落中，选择"插入"|"布局对象"|"div 标签"命令，打开"插入 div 标签"对话框，使用默认选项，单击"确定"按钮。

（3）　选择 Div 标签内的提示文字，在属性检查器的"CSS"选项卡中单击"居中对齐"按钮，打开"新建 CSS 规则"对话框，在"选择器类型"下拉列表框中选择"类"选项，在"选择器名称"文本框中输入".huanying"，在"规则定义"下拉列表框中选择"仅限该文档"选项，如图 7-3 所示。设置完毕单击"确定"按钮。

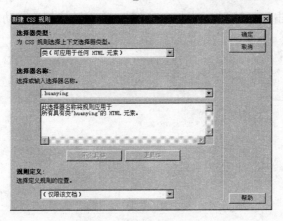

图 7-3　新建 CSS 规则

（4）在提示文字的选择状态下，在属性检查器中的"CSS"选项卡中选择"字体"下拉列表框中的"宋体"选项（如果没有此字体可选择"编辑字体列表"选项进行添加），并单击"粗体"按钮。

（5）将提示文字更改为"点此进入网站"。

（6）选择"点此进入网站"字样，然后在属性检查器中切换到"HTML"选项卡，将"链接"下拉列表框右面的"指向文件"图标拖到"文件"面板中的 index.html 网页上，建立文字到网页的链接，如图 7-4 所示。

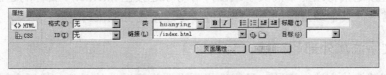

图 7-4　为文字添加链接

（7）单击属性检查器中的"页面属性"按钮，打开"页面属性"对话框，在"分类"列表框中选择"链接（CSS）"选项，然后将链接颜色设置为墨绿色，已访问链接设置为紫色，活动链接设置为蓝色，并在"下划线样式"下拉列表框中选择"始终无下划线"选项，如图 7-5 所示。设置完毕单击"确定"按钮。

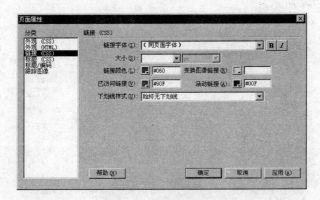

图 7-5　设置链接属性

（8）按 F12 键打开默认浏览器，当把鼠标指针放在"点此进入网站"字样上，指针形状会变成手形，单击它可转到 index.html 网页，表示链接创建成功，如图 7-6 所示。

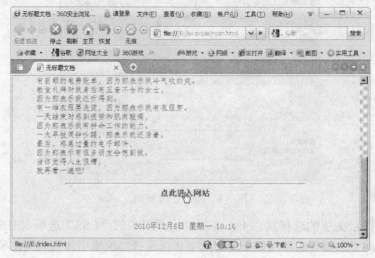

图 7-6　在浏览器中测试超链接

7.3　创建外部超链接

外部超链接是指将站点中的文字或图片等对象连接至 Internet 中目标的超链接。Internet 上的目标非常多，其中最常用到的外部超链接是连接到 Internet 网页。

7.3.1　为文字添加外部超链接

设置外部链接的方法很简单，只需选择要设置为超链接的对象，然后在属性检查器的 "链接" 文本框中输入以 http:// 开头的网址即可。

7.3.2　实例——在主页中添加外部超链接

本节以实例的形式向 example 站点的主页中添加一个站外链接，使之链接到中国国家图书馆网站，如图 7-7 所示。

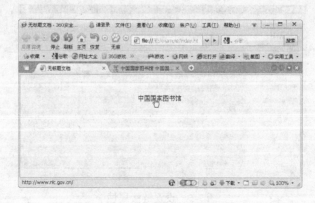

图 7-7　在主页中插入外部超链接

（1）打开 xample 站点中的"index.html"网页，按 Enter 键创建一个新段落（文档开头的空段落为网页内容预留）。

（2）选择"插入"|"布局对象"|"div
标签"命令，打开"插入 Div 标签"对话框，
在"插入"下拉列表框中选择"在插入点"选
项，在"类"文本框中输入".lianjie"，在"ID"
下拉列表框中输入"index"，如图 7-7 所示。
设置完毕单击"确定"按钮。

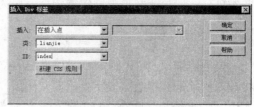

图 7-7 插入 div 标签

（3）在属性检查器中切换到"CSS"选项卡，单击"居中对齐"按钮，打开"新建
CSS 规则"对话框，使用默认设置，单击"确定"按钮。

（4）选择文档中的"中国国家图书馆"字样，在属性检查器中切换到"HTML"选
项卡，在"链接"文本框中输入中国国家图书馆网站的网址 http://www.nlc.gov.cn/。

（5）按 F12 键在浏览器中预览网页，单击"中国国家图书馆"链接即可转到中国国
家图书馆网站，如图 7-8 所示。

图 7-8 中国国家图书馆网站

在测试外部超链接效果时，要求计算机必须连接至 Internet。

7.4 创建锚点链接

锚记可以用来标记文档的特定位置，从而使其快速跳转到当前文档或其他文档中的标

记位置，该功能常用于当前文档，且文档内容过多需多屏显示。在网页中使用锚记必须分两步进行：一是在网页中创建锚记，二是为锚记建立链接。

7.4.1　创建锚记

要创建锚记，应先确定要添加锚记的位置，例如将插入点置于某行或某段文字之首。然后，选择"插入"|"命名锚记"命令，打开"命名锚记"对话框，在"锚记名称"文本框中输入名称，单击"确定"按钮，如图 7-9 所示。

图 7-9　"命名锚记"对话框

在输入锚记名称时，必须遵循以下 3 条原则。

（1）　名称首字符最好为英文字母，不要以数字开头。

（2）　名称区别英文字母的大小写，例如 Z01 与 z01 是两个不同的锚记。

（3）　名称之间不包含空格，也不能使用特殊字符。

默认情况下，创建锚记后在插入点所在位置处自动显示锚记图标 ↓。如果创建锚记后不显示锚记图标，可选择"查看"|"可视化助理"|"不可见元素"命令显示锚记图标。

如果网页中使用了 AP 元素，切记不可将锚记置于 AP 元素中。

7.4.2　链接锚记

为创建的锚记添加链接后即可实现快速跳转，下面介绍 3 种为锚记添加链接的方法。

方法一：选择要链接锚记的文字或图片，拖动属性检查器中的"指向文件"按钮指向已创建的锚记。

方法二：在属性检查器"HTML"选项卡中的"链接"文本框中输入"#锚记名称"，例如#xiangjiao。注意其中的"#"为半角符号，且"#"与"锚记名称"之间不存在空格。

方法三：选择要创建链接锚记的文字，按 Shift 键拖动鼠标指向锚记，在属性检查器上的"链接"文本框中自动显示"#锚记名称"。

在"链接"文本框中输入不同的锚记路径可链接到其他文档中链记：

（1）　链接到同一文件夹内其他文档中的 top 锚记，可输入 filename.htm#top。

（2）　链接到父目录文件 top 锚记，可输入 "../filename.htm#top"。

（3）　如果需要链接到指定目录下的文件夹中名为 top 的锚点，可输入 "D:/filename.htm#top"（假设文件在 D 盘根目录下）。

7.4.3　实例——创建网页内部元素的锚记链接

本例将在 example 站点中的 index.html 网页中添加一些文本内容，然后在页首处添加一个锚记，并在各段文本下方各添加一个"返回顶端"字样，使单击"返回顶端"时可跳转回页首，如图 7-10 所示。

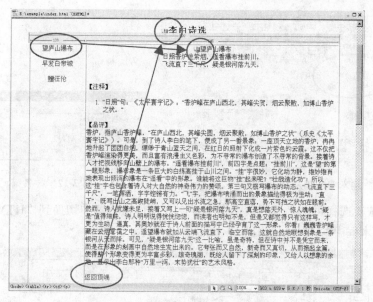

图 7-10　未设置锚记的 album.htm 网页

（1）打开 example 站点中的 index.html 网页，将插入点置于页首表格的后面，按 Enter 键创建一个空段落，输入"李白诗选"，为其应用"标题 2"段落样式（属性检查器），并居中对齐。

（2）选择"插入"|"表格"命令，打开"表格"对话框，创建一个 1 行 2 列，表格宽度为 800 像素的表格，并使之居中对齐。

（3）将指针放在表格内的单元格边框上，向左拖动到合适位置。

（4）在左面的单元格中单击，然后在属性检查器中切换到"CSS"选项卡，单击"居中对齐"按钮，打开"新建 CSS 规则"对话框，在"选择器名称"文本框中输入"shi"，其他采用默认选项，单击"确定"按钮。

（5）在单元格中单击，然后在属性检查器的单元格属性区中选择"垂直"下拉列表框中的"顶端"选项，使两个单元格中的文字均垂直居顶端对齐。

（6）在左面的单元格中输入"望庐山瀑布（Enter）早发白帝城（Enter）赠汪伦"。

（7）打开 Word 文件"文本素材（李白诗选）"，将其中的文本复制到网页文档的右单元格中，并在诗与注释之间添加空段落。

（8）选择左单元格中的诗名，创建一个类样式，将其命名为".shi"，规则为居中对齐，并为左单元格中的所有诗名及右单元格中的诗文应用该类样式。

（9）选择右单元格中的注释文字，创建一个类样式，将其命名为".shi2"，规则为左对齐，并为右单元格中的所有注释文字应用该类样式。

（10）在每首诗的注释文字下方添加一个空段落，输入"返回顶端"字样，如图 7-11 所示。

（11）将插入指针放在"李白诗选"字样前面，选择"插入"|"命名锚记"命令，打开"命名锚记"对话框，在"锚记名称"文本框中输入锚记的名称 maoji1，然后单击"确定"按钮，如图 7-12 所示。

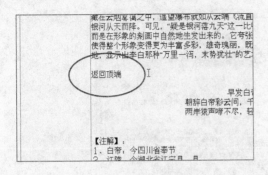

图 7-11　输入要创建为锚记的文字

图 7-12　命名锚记

（12）　依次选择每个"返回顶端"字样，在属性检查器中切换到"HTML"选项卡，在"链接"文本框中输入"#maiji1"，如图 7-13 所示。

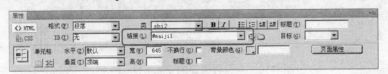

图 7-13　链接锚记

（13）　参照步骤 11~12，在右单元格中的每首诗名前添加一个锚记，分别命名为 s1，s2，s3，再分别选择左单元格中的对应用诗名，链接到相应锚记上。

（14）　按 F12 键打开浏览器，单击各诗名即可跳转到对应诗文处，而单击各处的"返回顶部"字样即可返回到页首。

7.5　其他特殊超链接

除了网页内部超链接、网页外部超链接和锚点链接外，还有一些其他的特殊超链接，例如网上的一些可下载文件的链接，或者能够打开收发邮件程序的邮件链接等。

7.5.1　文件下载链接

将 Internet 中的文件或程序下载到本地链接，可方便用户在脱机状态下随时查看。为网页添加下载功能的方法与设置其他超链接的方法相同，唯一不同的是链接指向的对象不同。一般情况下打开超链接网页指向的对象为网页，下载文件的超链接则指向的对象为文件或程序。

要设置文件下载链接，可将目标文件复制到站点文件夹中，再在网页中选择需建立超链接的文字，然后将属性检查器"HTML"选项卡中的"链接"文本框右侧的"指向文件"按钮直接拖到"文件"面板中要下载的目标文件上。

7.5.2　邮件链接

Windows 操作系统默认的收发电子邮件程序为 Outlook Express，打开此程序，用户可根据需要设置"收件人"、"抄送"、"主题"以及邮件内容等。Dreamweaver 中的添加 E-mail 超链接是指设计者为用户指定"收件人"，以方便其他用户与相关人员进行联系。

若要添加 E-mail 超链接，应先确定插入位置，然后选择"插入"|"电子邮件链接"命令，打开"电子邮件链接"对话框，在"文本"文本框中输入所需文本，在"E-mail"文本框中输入收件人地址，然后单击"确定"按钮，如图 7-14 所示。

如果在设置 E-mail 超链接前选择了文本，打开"电子邮件链接"对话框时，"文本"文本框中自动显示选择文本。如果设置 E-mail 超链接时未选择任何文本，也未在"电子邮件链接"对话框的"文本"文本框中输入任何内容，则在网页中会显示 E-mail 文本框中输入的电子邮件地址。

图 7-14　"电子邮件链接"对话框

此外，还可以使用属性检查器中的"链接"文本框设置 E-mail 超链接，其格式为"Mailto: 电子邮件地址"，如 mailto:kerwang2007@163.com。

7.5.3　实例——创建文件下载链接和邮件链接

前面介绍了创建文件下载链接和邮件链接的方法，本例以实例的形式在 example 站点中的 index.html 网页中添加一个文件下载链接"小学生必备古诗 70 首"，使单击该链接时能够下载相应的 Word 文档，如图 7-15 所示。

（1）在 Dreamweaver 中的"文件"面板中显示 example 站点列表，在站点根目录下新建一个"07"文件夹。

（2）打开"我的文档"，将 Word 文档"小学生必备古诗 70 首"直接拖动到"文件"面板中的"07"文件夹上，完成文件复制，如图 7-16 所示。

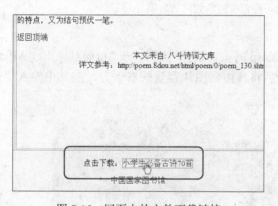

图 7-15　网页中的文件下载链接

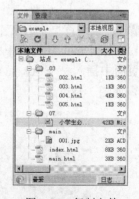

图 7-16　复制文件

（3）打开 index.html 网页，在表格下方的空段落中输入"点击下载：小学生必备古诗 70 首"，然后选择"小学生必备古诗 70 首"，在属性检查器中切换到"HTML"选项卡，将"链接"文本框右面的"指向文件"图标拖到"文件"面板中的"小学生必备古诗 70 首"Word 文档上。

（4）返回到页首，在顶部表格中选择"联系我们"，然后在属性检查器的"HTML"选项卡中的"链接"文本框中输入 mailto:kerwang2007@163.com，如图 7-17 所示。

图 7-17　设置电子邮件链接

（4）　按 F12 键打开浏览器，单击网页底部的"小学生必备古诗 70 首"超链接，即会打开"另存为"对话框，选择保存位置，然后单击"保存"按钮即可下载该文件。

7.6　动手实践——添加链接

打开 meishi 站点，在 main.asp 网页中添加"进入网站"文本超链接，然后在 index.asp 网页中添加内容，并设置邮件链接，如图 7-18 所示。

图 7-18　设置链接后的网页效果

步骤 1：设置首页中的文本链接。

（1）　打开 meishi 站点中的 main.asp 网页，选择"插入"|"布局对象"|"AP div"命令，在页面中插入一个 AP 元素，然后将其拖到图片背景的右下方，在其中输入"进入网站>>"，如图 7-18 所示。

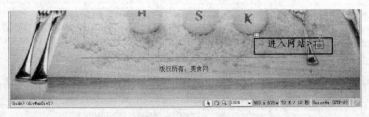

图 7-18　添加 AP 元素

（2）　在属性检查器中切换到"HTML"选项卡，选择"进入网站>>"，将属性检查器中"链接"文本框右面的"指向文件"图标拖到"文件"面板中的 index.asp 网页上。

步骤 2：设置主页中的邮件链接。

（1）　单击"文件"面板中的"刷新"按钮，然后单击文档工具栏中的"设计"按钮，返回设计视图。

（2）　选择"联系站长"字样，在属性检查器的"IITML"选项卡中的"链接"文本框中输入"mailto:kerwang2007@163.com"。

步骤 3：设置链接属性。

（1） 单击属性检查器中的"页面属性"按钮，打开"页面属性"对话框，在"分类"列表框中选择"链接（CSS）"选项，切换至"链接（CSS）"选项卡。

（2） 在"链接颜色"文本框中输入颜色代码#336600，在"已访问链接"文本框中输入颜色代码#009900，在"活动链接"文本框中输入颜色代码#0000FF。

（3） 打开"下划线样式"下拉列表框从中选择"始终无下划线"选项。

（4） 完成设置，单击"确定"按钮。

步骤 4：保存并预览。

（1） 保存文件后，按 F12 键，浏览网页效果。

（2） 单击"联系站长"字样，将打开默认邮件收发程序。

7.7 习题练习

7.7.1 选择题

（1） 网页中常见的超链接一般分为 3 类：内部链接、外部链接和锚记。其中外部链接的链接目标是_____。

    A. 网站内的其他网页

    B. 其他网站的网页

    C. 可下载的应用程序或文件

    D. 锚记链接

（2） 要设置访问过后的超链接文字颜色，则应在"页面属性"对话框中的"链接（CSS）"选项卡中对_____选项进行设置。

    A. 链接颜色

    B. 变换图像链接

    C. 已访问链接

    D. 活动链接

（3） 以下_____选项不能作为锚记的名称。

    A. REN

    B. Ren

    C. ccc123

    D. 123

（4） 在属性检查器"HTML"选项卡中的"链接"文本框中输入锚记名称时，正确的形式为_____。

    A. #锚记链接

    B. # 锚记链接

    C. ＃锚记链接

    D. ＃ 锚记链接

（5） 使用属性检查器中的"链接"文本框设置 E-mail 超链接时，其格式为_____。

    A. to 电子邮件地址

    B. to:电子邮件地址

    C. Mailto 电子邮件地址

    D. Mailto:电子邮件地址

7.7.2 填空题

（1）Dreamweaver 中的超链接可分为 3 类，其中可用于链接当前网页中指定位置的链接为_____。

（2）假如要为某段文本设置超链接，将其链接至"album"文件夹中的 ps01.htm 网页，在属性检查器的"链接"文本框中应输入_____。

（3）Dreamweaver 中最常用于添加超链接的载体为_____和_____。

（4）Dreamweaver 中的链接分为 3 类，分别为_____、_____和_____。

（5）在网页中使用锚记应先_____，然后_____，保存网页后即可预览锚记链接效果。

（6）单击设置超链接的对象后，若希望在当前窗口中打开网页，应从属性检查器的"目标"下拉列表框中选择_____选项。

7.7.3 问答题

（1）什么是超链接？简述网站中常用的超链接类型。

（2）选择链接路径类型的原则是什么？

（3）如何创建锚记？怎样才能使锚记具有链接功能？

（4）如何为文本添加超链接，并设置链接样式？

7.7.4 上机练习

（1）练习为文本设置超链接，要求连接对象为站点相同目录下的网页。

（2）向网页中添加邮件超链接和可下载文件超链接。

第8章　添加网页图像

本章要点

- 插入图像
- 编辑图像
- 使用图像占位符
- 创建图像超链接

本章导读

- 基础知识：使用图像占位符，插入鼠标经过时变化的图像。
- 重点掌握：插入和编辑图像，创建图像超链接。
- 一般了解：常见的网页图像格式一节介绍了几种在网页中常用的图像文件格式，如 GIF、JPEG、PNG，有助于用户在选择图像或者使用外部应用程序编辑图像时不至于走弯路。因此，对于本节内容，读者只须简单了解一下即可。

课堂讲解

图像与文本一样都是网页的重要组成元素之一，一个网页如果只有文本而无图像势必显得单调。无论是个人网站还是企业网站，适当的图片不但可以给人以美感，而且对文本内容有着极好的辅助作用。

本章的课堂讲解部分介绍了使用网页图像的知识，内容包括网页图像的基本概念，插入图像的方法，图像的编辑，图像占位符的使用，鼠标经过时变化的图像的使用和图像超链接的创建等内容。

8.1 常见的网页图像格式

在计算机图形中虽然存在很多种图形文件格式，但网页中一般用到的图像只有 GIF（Graphic Interchange Format）、JPEG（Joint Photographic Experts Group）和 PNG（Portable Network Group）等为数不多的几种格式。

1. GIF 格式

GIF 格式即图形交换格式，文件最多使用 256 种颜色。它适合显示色调不连续或具有大面积单一颜色的图像，如按钮、图标、徽标或其他具有统一色彩和色调的图像。GIF 采用的是 LZW 压缩格式，能够有效地压缩文件大小，有利于缩短网页传输时间。

2. JPEG 格式

JPEG 格式即联合图像专家组格式，是用于摄影或连续色调图像的高级格式，这是因为 JPEG 文件可以包含数百万种颜色。随着 JPEG 文件品质的提高，文件的大小和下载时间也会随之增加。通常可通过压缩 JPEG 文件在图像品质和文件大小之间达到良好的平衡。

JPEG 格式通过有选择地减少数据来压缩文件大小，故称为损耗压缩。较高品质设置导致弃用的数据较少，但是 JPEG 压缩方法会降低图像中细节的清晰度，尤其是包含文字或矢量图形的图像。

JPEG 图像在打开时自动解压缩。压缩的级别越高，得到的图像品质越低；而压缩的级别越低，得到的图像品质越高。在大多数情况下，采用"最佳"品质选项产生的结果与原图像几乎相同。

3. PNG 格式

PNG 格式即可移植网络图形格式，是一种替代 GIF 格式的无专利权限制的格式，它包括对索引色、灰度、真彩色图像及 Alpha 通道透明的支持。PNG 文件可保留所有原始层、矢量、颜色和效果信息（如阴影），并且在任何时候所有元素都是完全可编辑的。

在网页中使用的图片的实际尺寸和文件大小要尽可能小，否则会增加页面下载的时间；大图片可分成若干张小图片，再利用表格拼接。

8.2 插入图像

在用户将图像插入 Dreamweaver 文档时，Dreamweaver 会自动在 HTML 源代码中生成对该图像文件的引用。为了确保此引用的正确性，该图像文件必须位于当前站点中；否则，Dreamweaver 会询问用户是否要将此文件复制到当前站点中。

8.2.1 插入普通图像

要在 Dreamweaver 文档中插入一个普通图像，将光标置于要插入图像的位置后，可选

择"插入"|"图像"命令，打开"选择图像源文件"对话框，选择所需的图像文件，如图 8-1 所示。

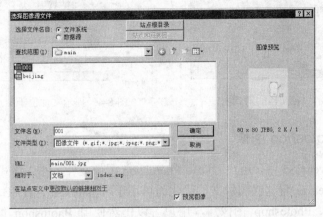

图 8-1　"选择图像源文件"对话框

　　在"选择图像源文件"对话框中的"选择文件名自"选项组中有两个选项，一个是"文件系统"单选按钮，用于选择一个图形文件；另一个是"数据源"单选按钮，用于选择一个动态图像源文件。一般情况下使用默认选项"文件系统"。

　　选择了要插入的图像后，单击"确定"按钮，会打开一个"图像标签辅助功能属性"对话框，如图 8-2 所示。进行所需的设置后，单击"确定"按钮，即可将所选择的图像添加到页面中。若不需要进行图像标签辅助功能属性设置，也可单击"取消"按钮直接关闭此对话框。

　　"图像标签辅助功能属性"对话框中各选项功能说明如下。

　　（1）　"替换文本"：用于为图像指定一个名称或是一段简短的描述，最大字符数为 50。

　　（2）　"详细说明"：用于输入图像的具体所在路径，也可单击文件夹图标，在打开的对话框中进行选择。

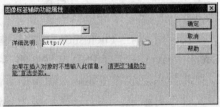

图 8-2　"图像标签辅助功能属性"对话框

　　　　　　　若不想在每次插入图像时都显示"图像标签辅助功能属性"对话框，
　　　　　　　可打开"首选参数"对话框（"编辑"|"首选参数"命令），在"分类"
　　　　　　　列表框中选择"辅助功能"选项，然后取消"在插入时显示辅助功能
　　　　　　　属性"选项组中的"图像"复选框。

　　如果在一个未保存过的文档中插入图像，Dreamweaver 会提示用户若要使用相对路径应先保存文档，并且在保存文档前使用"file://"相对路径，如图 8-3 所示。

　　如果插入的图像不在当前正在操作的站点中，则会提示位于站点以外的文件发布时可能无法访问，并询问是否将文件复制到站点根文件夹中，如图 8-4 所示。此处应单击"是"按钮，将图像复制到站点图像文件夹中。

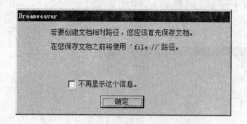
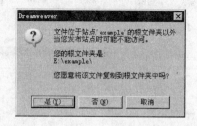

图 8-3 提示保存文档的对话框　　　　图 8-4 提示文件位于站点之外的对话框

8.2.2　插入 Photoshop 图像

在 Dreamweaver CS5 中，用户可以将 Photoshop 图像文件（PSD 格式）插入到网页中，然后使用 Dreamweaver 将这些图像文件优化为可用于网页的 GIF、JPEG 或 PNG 格式的图像。在网页中插入 Photoshop 图像后，用户可以仍然使用 Photoshop 编辑源文件，并在 Dreamweaver 中更新相应的网页图像。此外，还可以在 Dreamweaver 中将多层或多切片 Photoshop 图像整体或部分粘贴到网页中。

如果经常使用插入 Photoshop 图像的功能，应在 Web 站点上存储 Photoshop 图像以便访问，而且一定要遮盖这些图像，以避免本地站点和远程服务器之间进行不必要的处理。

1.　插入 Photoshop 图像

用户可以在 Photoshop 中将图像存储为常规 Photoshop 图像文件（PSD），然后在 Dreamweaver 中选择 PSD 文件并将其插入到网页中。

将插入点放置在要插入图像的页面上，选择"插入"｜"图像"按钮，打开"选择图像源文件"对话框，从中选择后缀为.psd 的图像文件后单击"确定"按钮，将打开一个"图像预览"对话框，用户可在"选项"选项卡中的"格式"下拉列表框中选择要将其转换为的图像格式，然后根据所选格式做进一步设置，如图 8-5 所示。

在"图像预览"对话框的"文件"选项卡中，用户可以缩放图像，或者选择导出图像的部分区域，如图 8-6 所示。如果选择了 GIF 动画格式，则还会激活"动画"选项卡，用户可以针对动画文件进行所需的设置。

设置完毕，单击"确定"按钮，将会打开"保存 Web 图像"对话框，用户可将当前图像文件保存在站点根文件夹中。

在插入 Photoshop 图像时，无论用户是否对站点启用了设计备注，设计备注中都会保存关于图像的信息，如源文件的文件名和位置。用户可以通过设计备注来重新使用 Dreamweaver 编辑原始的 Photoshop 图像。

图 8-5　"图像预览"对话框"选项"选项卡　　　图 8-6　"图像预览"对话框"文件"选项卡

在网页中插入一个 Photoshop 图像后，如果对当前图像不满意，还可以通过执行以下方式之一来将其更换为另一个 Photoshop 图像。

- 选择要更换的 Photoshop 图像，在属性检查器上的"Ps 源"文本框右面的"指向文件"图标拖到"文件"面板中的另一个 PSD 文件上。
- 双击要更换的图像，打开"选择图像源文件"对话框，选择另一个 PSD 文件。

2. 复制 Photoshop 图像

除了利用"插入"命令来向 Dreamweaver 中插入 PSD 文件外，用户还可以在 Photoshop 中选择部分或全部图像，将其复制到剪贴板中，然后再粘贴到 Dreamweaver 网页中。可复制的对象可以是图像的一个或多个图层，或者仅仅是图像的一部分。

要将 Photoshop 图像复制到网页中，应同时启动 Photoshop 和 Dreamweaver，并先在 Photoshop 中选择要复制的图像区域。在 Photoshop 中复制图像的方法有以下几种。

（1）使用选框工具选择要复制的部分，然后选择"编辑"｜"拷贝"命令，复制整个图层或一层的局部。这种情况下只会将选择区域中的活动层复制到剪贴板中。如果采用基于层的效果，则不会复制选择的部分。

（2）使用选框工具选择要复制的部分，然后选择"编辑"｜"合并拷贝"命令，复制并合并多个图层。这一操作将会拼合选择区域中的所有活动层和较低层，然后将其复制到剪贴板中。如果将基于层的效果与这些层中的任何层相关联，则会复制选择的部分。

（3）使用"切片选择"工具选择切片，然后选择"编辑"｜"拷贝"命令，复制切片。这会拼接合并切片的所有活动层和较低层，将其复制到剪贴板中。

（4）选择"选择"｜"全部"命令选择整个图像，并选择"编辑"｜"拷贝"命令将其复制到剪贴板中。

复制了 Photoshop 图像后，切换到 Dreamweaver 的设计或代码视图中，定位插入点，选择"编辑"｜"粘贴"命令，或者按 Ctrl＋V 组合键，打开"图像预览"对话框，进行所需的优化设置后，单击"确定"按钮，打开"保存 Web 图像"对话框，将图像保存到站点根文件夹中即可。

若要更换复制到网页中的图像，可在 Photoshop 中复制所需的图像或者图像的一部分，然后在 Dreamweaver 中选择现有的图像，选择"编辑"｜"粘贴"命令或按 Ctrl＋V 组合键。此时不会打开"图像预览"对话框，Dreamweaver 会继承原来图像的优化设置。

8.2.3　实例——在网页中插入图像

前面介绍了在网页中插入普通图像和 Photoshop 图像的方法，本例将以实例的形式在 example 站点的 index.html 网页中插入一幅图像，如图 8-7 所示。

图 8-7　在网页中插入图像

（1）打开 example 站点的 index.html 网页，选择"插入"｜"图像"命令，打开"选择图像源文件"对话框，选择"选择文件名自"选项组中的"文件系统"单选按钮。

（2）在"查找范围"下拉列表框中选择"我的文档\图片收藏"文件夹。

（3）在文件列表中选择要插入的图像文件，并将文件名改为需要的名称。

（4）单击"确定"按钮，打开提示文件位于站点之外的提示对话框。

（5）单击"是"按钮，打开"复制文件为"对话框，指定保存位置为"08"文件夹，如图 8-8 示。

（6）单击"保存"按钮，打开"图像标签辅助功能属性"对话框，不做任何设置，单击"确定"按钮即可。

（7）在"文件"面板中将刚才插入的图片名称更改为"hongjiu.jpg"，此时会打开如图 8-9 所示的"更新文件"对话框，单击"更新"按钮。

图 8-8　"复制文件为"对话框

图 8-9　"更新文件"对话框

8.3　编辑图像

在 Dreamweaver 中可以对插入的图像进行再编辑。此功能仅适用于 JPEG 和 GIF 图像文件格式，其他的位图图像文件格式不能使用这些图像编辑功能进行编辑。

8.3.1　设置图像属性

编辑图像的操作主要是在图像的属性检查器中进行的，当选择了网页中的一幅图像时，属性检查器中即会反映该图像的属性，如图 8-10 所示。

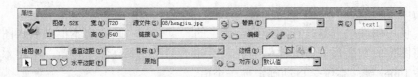

图 8-10　图像的属性检查器

图像的属性检查器中各选项的功能如下。

（1）"宽"和"高"：用于设置图像的宽度和高度。

（2）"源文件"：用于指定图像的源文件。可单击文本框右侧的文件夹图标📁浏览源文件，也可直接在文本框中输入源文件的路径。

（3）"链接"：用于设置选定图像所链接的文件路径或网址。

（4）"替换"：用于指定只显示文本的浏览器或已设置为手动下载图像的浏览器中代替图像显示的替代文本。

（5）"编辑"✏：用于启动在"外部编辑器"首选参数中指定的图像编辑器并打开选定的图像。

（6）"编辑图像设置"🔧：用于打开"图像"预览对话框并用它来优化图像。

（7）"裁剪"▱：用于裁切图像，去掉图像中多余的部分。

（8）"重新取样"🔍：用于对已调整大小的图像进行重新取样，以提高图片在新的大小和形状下的品质。

（9）"亮度和对比度"◑：用于调整图像的亮度和对比度设置。

（10）"锐化"△：用于调整对象边缘的像素的对比度，以增减图像清晰度或锐度。

（11）"地图"：用于输入图像地图的名称。

（12）"指针热点工具"▸、"矩形热点工具"□、"圆形热点工具"○、"多边形热点工具"▽：用于创建不同形状的客户端图像映射图。

（13）"垂直边距"和"水平边距"：用于设置图像相对于网页的垂直边缘或水平边缘之间的距离。

（14）"目标"：用于指定链接的页应当在其中载入的框架或窗口。

（15）"原始"：用于指定在载入主图像之前应该载入的图像。

（16）"边框"：用于输入图像边框的宽度。

（17）"对齐"：用于选择同一行上的图像和文本的对齐方式。

8.3.2　调整图像

本节介绍调整图像的具体方法，包括调整图像大小、裁剪图像、改变图像的亮度和对比度、锐化图像、设置图像的排列方式、设置图像的页边距，以及设置图像的边框效果。

默认情况下，在对图像进行裁剪、更改亮度和对比度、锐化等编辑操作时，会打开一

个提示对话框，警告用户要执行的操作将永久性改变图像，但可以通过选择"编辑"|"撤销"操作撤销所做的任何更改。

1. 调整图像大小

通常插入到网页中的图像以原大小呈现，如果想要更改图像尺寸，以适应网页的需要，可选择所需图像，然后执行以下操作之一。

（1）使用属性检查器：在属性检查器上的"宽"与"高"文本框中输入图像的尺寸值。若要将图像的宽高尺寸按等比例缩放，可在"宽"或"高"中任意一个文本框中输入值，然后按 Enter 键，系统会自动确定另一个值。

（2）使用鼠标拖动：在图像的选择状态下，图像选择框上会显示 3 个控制点，如图 8-11 所示。拖动任意一个控制点即可按相应的方向缩放图像。若要进行等比例缩放，可在按住 Shift 键的同时拖动右下角的控制点。

调整了图像的大小后，属性检查器上的"宽"与"高"文本框中的数值将变成粗体，且右边显示"还原" <img> 图标。如果需要将图像恢复到原始大小，单击"还原"图标即可。

2. 裁剪图像

如果插入的图像中包含一些多余的部分，可通过裁剪来去掉它们。选择所需的图像后，单击属性检查器中的"裁剪"按钮 <img> ，或者选择"修改"|"图像"|"裁剪"命令，所选图像的周围即会出现裁剪框，如图 8-12 所示。调整裁剪框到图像要保留的位置，然后在图像上双击或按 Enter 键，即可将图像的多余部分裁剪掉。

图 8-11　图像的选择状态　　　　　图 8-12　图像的裁剪状态

当一幅图像被裁剪时，磁盘上的原图像文件会相应地发生变化。因此，建议在进行裁剪操作前最好先备份一份原始图像文件，以便需要时恢复原始图像。

3. 调整图像的亮度和对比度

要调整图像的亮度和对比度，选择所需图像后，选择"修改"|"图像"|"亮度/对比度"命令，或单击属性检查器中的"亮度和对比度"按钮 <img> ，打开如图 8-13 所示的"亮度/对比度"对话框，向左拖动滑块可以降低亮度和对比度，向右拖动滑块可以增加亮度和对比度，其取值范围在-100~+100 之间。

4. 锐化图像

选择要锐化的图像，单击图像属性检查器中的"锐化"按钮 <img> ，或者选择"修改"|"图像"|"锐化"命令，打开如图 8-14 所示的"锐化"对话框，左右拖动滑块或在文本

框中输入一个 0～10 间的值数，即可指定锐化程度。

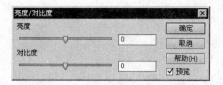

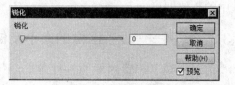

图 8-13　"亮度/对比度"对话框　　　　　图 8-14　"锐化"对话框

> 只能在保存包含图像的页面之前撤消"锐化"命令的效果并恢复到原始图像文件。页面一旦保存，对图像所做更改即永久保存。

5．图像的排列方式

用户可以设置图像与同一行中其他元素的相互对齐方式，也可以设置图像在页面上的水平对齐方式。选择所需图像后，在属性检查器上的"对齐"下拉列表框中选择所需的对齐方式即可。

"对齐"下拉列表框中所包含的选项及其说明如下。

（1）"默认值"：用于指定基线对齐，使用不同的浏览器，默认值也有所不同。

（2）"基线"：用于将所选图像的底部与同一段落中其他对象的基线对齐。

（3）"顶端"：用于将所选图像的顶端与当前行中最高项（图像或文本）的顶端对齐。

（4）"居中"：用于将所选图像的中部与当前行的基线对齐。

（5）"底部"：同"基线"。

（6）"文本上方"：用于将所选图像的顶端与文本行中最高字符的顶端对齐。

（7）"绝对居中"：用于将所选图像的中部与当前行中文本的中部对齐。

（8）"绝对底部"：用于将所选图像的底部与文本行（包括字母下部，如在字母 j 中）的底部对齐。

（9）"左对齐"：用于将所选图像放置在页面左侧，文本在图像的右侧换行。

（10）"右对齐"：用于将所选图像放置在页面右侧，文本在图像的左侧换行。如果右对齐文本在行上处于对象之前，它通常强制右对齐对象换到一个新行。

6．设置图像至页面的边距

网页中元素与元素之间的距离太近或者太远都不合适，太近会给人以压迫感，太远则导致网页布局不美观。因此，用户在安排网页元素时，应适当地调整元素的间距，以便使浏览者在浏览网页时感到更加舒适。

若要调整图像与文字的间距，只需在属性面板上的"垂直边距"与"水平边距"文本框中输入适当的数值即可。默认单位为像素。

7．设置图像边框

为图像添加边框可以增加图片与相邻元素之间的距离。在图像属性检查器上的"边框"

文本框中输入适当的数值，即可为图像设置边框。若想取消边框，只需删除"边框"文本框中的数值即可。

8.3.3 实例——设置图像的大小及位置

前面介绍了编辑图像的各种方法，包括图像的属性检查器中的各选项说明，以及各种具体的编辑图像的方法，本节即以实例的形式对前面插入到网页中的图像进行编辑，使之缩小为合适大小，并放置在合适的位置，如图 8-15 所示。

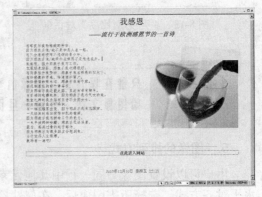

图 8-15　图片的编辑效果

（1）打开 example 站点的 index.html 网页，单击选择插入的图像。

（2）在属性检查器上的"宽"文本框中输入"360"，在"高"文本框中输入"270"。

（3）在"对齐"下拉列表框中选择"右对齐"选项，将图片放到页面右侧。

（4）拖动图片，使插入光标显示在"她乖乖在家而不是流浪在外。"行尾时释放鼠标键，完成移动。

8.4 图像占位符

插入图像占位符的作用主要是在网页图像未制作完毕，但其他内容也准备妥当时，可用图像占位符先将图像的位置预留出来，以便网页中其他对象的添加，从而加快网页制作速度。

8.4.1 插入图像占位符

要插入图像占位符，指定要插入图像的位置后，可选择"插入"|"图像对象"|"图像占位符"命令，打开"图像占位符"对话框，从中进行相关设置，如图 8-16 所示。

"图像占位符"对话框中各选项功能如下。

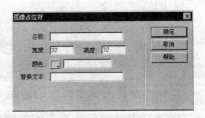

图 8-16　"图像占位符"对话框

（1）"名称"：用于输入要作为图像占位符的标签文字显示的文本。此文本必须以字母开头，且只能包含字母和数字，不允许使用空格和高位 ASCII 字符。此为可选项。

（2）"宽度"和"高度"：用于指定图像占位符的宽度和高度，默认单位为像素。此为必选项。

（3）"颜色"：用于选择图像占位符的颜色，可单击颜色按钮打开调色板进行选择，也可直接在文本框中输入颜色代码或网页安全色名称（例如 red）。此为可选项。

（4）"替换文本"：用于输入描述图像的文本。

8.4.2　设置图像占位符属性

在图像占位符的选择状态下，属性检查器中显示占位符的相关属性，在这里可以设置占位符图像的名称、宽度、高度、图像源文件、替换文本说明、对齐方式和颜色，如图 8-17 所示。

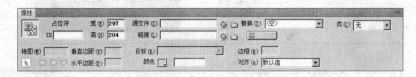

图 8-17　占位符的属性检查器

图像占位符的属性检查器中各选项说明如下。

（1）"宽"、"高"：用于设置图像占位符的宽度和高度，单位为像素。

（2）"源文件"：用于指定图像的源文件。可单击"浏览"按钮来为占位符选择替换图像。对于占位符图像，此文本框为空。

（3）"链接"：用于为图像占位符指定超链接。可将"指向文件"图标拖动到"文件"面板中的某个文件，或者单击文件夹图标浏览到站点上的某个文档，或者手动键入 URL。

（4）"替换"：用于指定在只显示文本的或已设置为手动下载图像的浏览器中用于代替图像显示的替换文本。对于使用语音合成器（用于只显示文本的浏览器）的有视觉障碍的用户，将大声读出该文本。在某些浏览器中，当鼠标指针滑过图像时也会显示该文本。

（5）"创建"：用于启动 Fireworks，以创建替换图像。如果计算机上没有安装 Fireworks 则此按钮被禁用。

（6）"重设大小"：用于将"宽"和"高"值重设为图像的原始大小。

（7）"颜色"：用于为图像占位符指定颜色。

8.4.3　替换占位符

图像占位符不在浏览器中显示图像，所以，在用户发布站点之前，应该用适用于 Web 的图像文件（如 GIF 或 JPEG）替换所有添加的图像占位符。

如果计算机中安装有 Fireworks，可根据 Dreamweaver 图像占位符创建新的图形。新图像设置为与占位符图像相同的大小。

要设置替换占位符的图像，可在文档窗口中双击图像占位符，或者选择图像占位符后在属性检查器中单击"源文件"文本框右面文件夹图标，打开"选择图像源文件"对话框，选择要用其替换图像占位符的图像，然后单击"确定"按钮即可。

8.4.4　实例——插入和设置图像占位符

前面介绍了在网页中插入图像占位符、设置图像占位符的属性和设置替换占位符图像的方法，本节即以实例的形式在一个空白网页中插入一个图像占位符，并为其指定大小和颜色，如图 8-18 所示。最后设置用于替换占位符的图像，如图 8-19 所示。

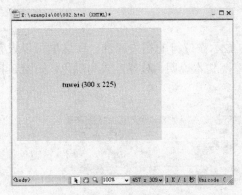

图 8-18　插入图像占位符　　　　　　　　　　　图 8-19　替换图像

（1）在 example 站点中新建一个 "08" 文件夹，在其中新建一个 002.html 网页，将光标置于要插入图像占位符的位置，选择 "插入" | "图像对象" | "图像占位符" 命令，打开 "图像占位符" 对话框。

（2）在 "名称" 文本框中输入 "tuwei"；在 "宽度" 文本框中输入 "300"；在 "高度" 文本框中输入 "225"；单击 "颜色" 按钮，在弹出的调色板中选择黄色颜色块；在 "替换文本" 文本框中输入 "嫦娥奔月"，如图 8-20 所示。

图 8-20　设置图像点位符选项

（3）单击 "确定" 按钮，插入图像占位符。

（4）双击网页中的图像占位符，打开 "选择图像源文件" 对话框，打开 "我的文档\图片收藏" 文件夹，选择所需的图片。

（5）单击 "确定" 按钮，打开如图 8-21 所示的提示对话框。

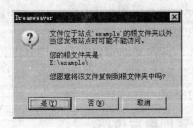

图 8-21　提示对话框

（6）单击 "是" 按钮，打开 "复制文件为" 对话框，双击打开 "08" 文件夹，然后将文件名更改为 "tihuan"。

（7）单击 "保存" 按钮，所选图像即会保存在站点文件夹中，并显示在网页上。

8.5 鼠标经过时变化的图像

鼠标经过时变化的图像是一种在浏览器中查看时，当把鼠标指针移到该图像上会发生变化的图像。要创建鼠标经过时变化的图像，必须用到两个图像：一是主图像，即首次加载页面时显示的图像；二是次图像，即鼠标指针移过主图像时显示的图像。这两个图像应大小相等，否则 Dreamweaver 将调整第 2 个图像的大小以与第 1 个图像的属性匹配。

8.5.1 插入鼠标经过时变化的图像

要使鼠标经过时图像发生改变，将光标置于要插入图像的位置后，可选择"插入"|"图像对象"|"鼠标经过图像"命令，打开"插入鼠标经过图像"对话框，进行所需设置，如图 8-22 所示。

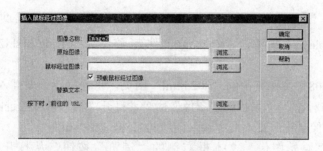

图 8-22 "插入鼠标经过图像"对话框

"插入鼠标经过图像"对话框中各选项的功能如下。

（1）"图像名称"：用于输入鼠标经过图像的名称。

（2）"原始图像"：用于指定要在载入网页时显示的图像文件的路径。可单击"浏览"按钮在打开的对话框中进行选择，也可以直接在文本框中输入图像文件的路径。

（3）"鼠标经过图像"：用于指定要在鼠标指针滑过原始图像时显示的图像文件的路径。

（4）"预载鼠标经过图像"：用于指定是否将图像预先载入浏览器的缓存中，以便访问者将鼠标指针滑过图像时不发生延迟。

（5）"替换文本"：用于输入描述图像的文本，以便访问者使用只显示文本的浏览器时，可以看到此描述文本。此为可选项。

（6）"按下时，前往的 URL"：用于指定当访问者在图像上按下鼠标键时要打开的文件的路径。如果不为图像设置链接，Dreamweaver 将在 HTML 源代码中插入一个空链接（#），该链接上将附加鼠标经过图像行为；如果删除该空链接，鼠标经过图像将不再起作用。

不能在 Dreamweaver 的文档窗口中看到鼠标经过图像的效果。若要查看效果，可按 F12 键，打开默认的浏览器预览网页，然后将鼠标指针滑过该图像测试效果。

8.5.2 实例——在网页中插入鼠标经过时变化的图像

本节以实例的形式在网页中插入一组图像，使之在正常情况下显示"shi1.jpg"图片，如图 8-23 所示，当鼠标经过图像时显示"shi2.jpg"图片，如图 8-24 所示。

图 8-23 "shi1.jpg"图片　　　　　　　图 8-24 "shi2.gif"图片

（1）在 example 站点中新建一个 image 文件夹，将图片 shi1.jpg 和 shi2.jpg 复制到 image 文件夹中。

（2）打开"08"文件夹中的"002.html"网页，将光标置于要插入图像的位置，选择"插入"|"图像对象"|"鼠标经过图像"命令，打开"插入鼠标经过图像"对话框。

（3）在"图像名称"文本框中输入图像的名称，如"shi"。

（4）单击"原始图像"文本框右侧的"浏览"按钮，从打开的对话框中选择 image/shi1.jpg 文件。

（5）单击"鼠标经过图像"文本框右侧的"浏览"按钮，从打开的对话框中选择 image/shi2.jpg 文件，如图 8-25 所示。

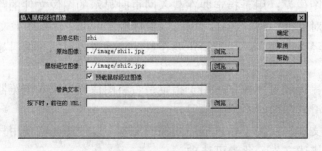

图 8-25 插入鼠标经过图像

（6）单击"确定"按钮，插入图像。

（7）按 F12 键打开浏览器，将指针移过图像测试效果。

8.6 图像超链接

图像超链接也是网页中常见的超链接载体，可以为整张图像设置超链接，也可以只为图像的某一部分设置超链接。为图像中的部分区域设置超链接时，该区域被称为热点。可以在一幅图像中创建多个热点，然后将它们分别链接到不同的链接目标。

8.6.1　为整张图像设置超链接

为整张图像设置超链接的方法和设置文本超链接相似，首先要选择图像，然后在属性检查器的"链接"文本框中指定链接目标即可。也可直接将"指向文件"图标拖到链接对象上，或者单击文件夹图标，从打开的对话框中选择要链接的文件。

8.6.2　为图像某部分设置超链接

图像映射是指将一个图像划分为多个热点，并将每个区域链接到不同的网页、URL 或其他资源中。当浏览者单击映射图时，浏览器会自动识别单击位置是否在一个热点上，并根据判断载入相关联的网页、URL 或其他资源。

1.　定义和编辑热点

选择所需图像后，单击属性检查器中的"矩形热点工具" □ 、"圆形热点工具" ○ 或"多边形热点工具" ▽ 按钮，然后将鼠标指针移到所选图像上，拖动十字形指针即可绘制出相应的热点形状。

定义热点后，还可对它们进行编辑，如移动热点、对齐热点、调整热点区域大小及删除热点等。下面简单介绍几种常用的编辑热点的操作。

（1）　选择热点：单击"指针热点工具"按钮 � ，使之呈按下状态，然后单击所需热点。

（2）　调整热点的大小和形状：选择所需热点，然后拖动热点轮廓线上显示控制点。

（3）　移动热点：选择所需热点，然后将其拖到新的位置。

（4）　删除热点：选择所需热点，然后按 Del 键。

（5）　对齐热点：右击选择要对齐的两个或多个热点。从弹出的快捷菜单中选择所需的对齐命令。有左对齐、右对齐、顶对齐和对齐下缘 4 种方式。

2.　设置热点的属性

在热点的选择状态下，属性检查器中会显示该热点的相关属性，如图 8-26 所示。用户可通过属性检查器来更改所选热点的属性。

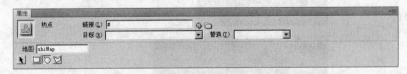

图 8-26　热点的属性检查器

热点的属性检查器中各选项的功能如下。

（1）　"地图"：用于指定当前编辑的映射图名称。

（2）　"指针热点工具" � ：用于选择已经建立的热点。如果要选择多个热点，按住 Shift 键，单击所要选择的所有热点；如果要选择整个图像上的所有热点，按下 Ctrl+A 组合键。

（3）　"矩形热点工具" □ ：用于建立矩形热点。若要创建正方形热点，可在选择此工具后按住 Shift 键拖动指针。

（4）　"圆形热点工具" ⬭：用于建立圆形热点。

（5）　"多边形热点工具" ▽：用于建立多边形热点。

（6）　"链接"：用于指定当前热点的超链接。

（7）　"目标"：用于指定当前热点的目标框架名。

（8）　"替换"：用于指定当前热点的替换文本。

3. 为热点建立链接

热点所指向的目标可以是不同的对象，如网页、图像或动画等。为热点建立链接时，应先选择热点，然后在属性检查器上的"链接"文本框中输入相应的链接，或者单击其后的文件夹图标，从本地硬盘上选择链接的文件路径。

为热点建立链接后，还可以在"目标"下拉列表框中选择链接文件在浏览器中打开的方式，并在"替代"文本框中输入光标移至热点时所显示的文字。

8.6.3　实例——创建图像超链接

前面介绍了为整张图像设置超链接和仅为图像某部分设置超链接的方法，本节即以实例的形式为已插入到文档中的一幅图像设置超链接，使在浏览器中单击该图像时可以查看大图；为另一幅图像定义热点，并为其建立超链接，使在浏览器中单击该热点时跳转到 index.html 网页。

（1）　在 example 站点中打开 08 文件夹中创建的一个新网页，将其命名为 "hongjiu.html"，在其中插入 hongjiu.jpg 图像（使用原图，不缩小）。

（2）　打开 main.html 网页，选择其中的图片，然后将属性检查器上的"链接"文本框右面的"指向文件"图标拖到"文件"面板中的 hongjiu.html 网页上。

（3）　按 F12 键打开浏览器，单击其中的红酒图片会打开 hongjiu.html 网页。

（4）　打开 002.html 网页，单击选择美食图片，然后在属性检查器上单击"圆形热点工具"按钮，打开提示在属性检查器的"alt"字段中描述图像映射的提示对话框，单击"确定"按钮，然后在美食图片上拖动鼠标画一个圆，如图 8-27 所示。

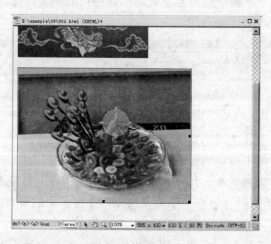

图 8-27　创建热点

（5）　在属性检查器上将"链接"文本框右面的"指向文件"图标拖到"文档"面板中的"index.html"网页上。

（6）　按 F12 键打开浏览器，单击美食图片上的热点区域，即会跳转到 index.html 网页。

8.7　动手实践——在主页中添加图像并创建链接

在"meishi"站点主页中的顶部表格中添加站标，并在下面的大表格中添加所需的图像，然后为各图像设置链接，单击它们可跳转到其他相关网页，如图 8-28 所示。

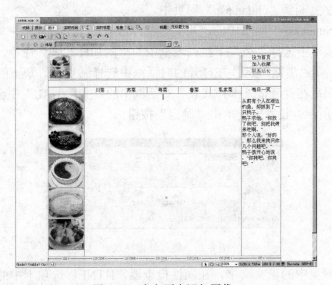

图 8-28　在主页中添加图像

步骤 1：准备工作。

（1）　使用外部图像软件制作一个尺寸为 70×80 的站标图像（如 Photoshop、Flash 等，可请朋友帮忙）。

（2）　将站标图像和其他所需的图像复制到 meishi 站点中的"image"文件夹中，并更改为合适的名称。

步骤 2：插入图像。

（1）　打开"meishi"站点的 index.html 网页，将插入光标定位在表格第一行的左单元格中，选择"插入"|"表格"命令，打开"表格"对话框，插入一个 1 行 2 列、宽度为其外部单元格的 99%、边框粗细为 0 的嵌套表格。

（2）　在属性检查器中设置内部表格的左单元格的宽度为 70 像素。

（3）　将插入点置于内部表格的左单元格中，然后从"文件"面板将站标图像"zhanbiao.jpg"拖到该单元格中。

（4）将"文件"面板中的"chuan.jpg"、"su.jpg"、"yue.jpg"、"lu.jpg"、"sijia.jpg"图像分别拖到表格第 4、5、6、7、8 行的第 1 个单元格中。

步骤 3：调整图像。

（1） 选择"chuan.jpg"图像，在属性检查器中的"宽"文本框中输入"120"，在"高"文本框中输入"100"，按 Enter 键确认。

（2） 分别选择"su.jpg"、"yue.jpg"、"lu.jpg"、"sijia.jpg"图像，在属性检查器中将它们设置为宽 120，高 100。

步骤 4：创建图像超链接。

（1） 在站点根目录下创建一个新文件夹，命名为"caixi"，然后在该文件夹中创建 5 个新网页，分别命名为"chuan.asp"、"su.asp"、"yue.asp"、"lu.asp"、"sijia.asp"。

（2） 打开"chuan.asp"网页，再打开 Word 文档"网页素材（菜系）"，将其中的"川菜"一段文字复制到"chuan.asp"网页中。

（3） 在"chuan.asp"网页中的"川菜"字样后面加一个硬回车，然后在属性检查器的"HTML"选项卡中选择"类"下拉列表框中的"附加样式表"命令，打开"链接外部样式表"对话框，单击"浏览"按钮，在打开的对话框中选择站点根目录下的样式表 wcss.css，单击"确定"按钮后在"链接外部样式表"对话框中的"文件/URL"中会出现该样式表的路径，如图 8-29 所示。设置完毕单击"确定"按钮。

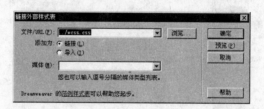

图 8-29　链接外部样式表

（4） 选择网页中的正文文字，在属性检查器"HTNL"选项卡中的"类"下拉列表框中选择类样式"STYLEz2"，如图 8-30 所示。

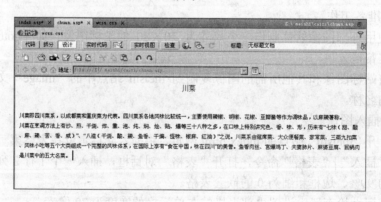

图 8-30　"chuan.asp"网页

（5） 参照步骤 2~4，将"鲁菜"、"苏菜"、"粤菜"、"私家菜"几段文字分别复制到"su.asp"、"yue.asp"、"lu.asp"、"sijia.asp" 4 个网页中，并为其应用"wcss.css"样式表中的"STYLEz2"样式。

（6） 保存并关闭各新建网页，然后在 index.asp 网页中选择"chuan.jpg"图片，再在属性检查器中将"链接"文本框右面的"指向文件"图标拖到"文件"面板中的"chuan.asp"网页上，建立"chuan.jpg"图片与"chuan.asp"网页的链接，如图 8-31 所示。

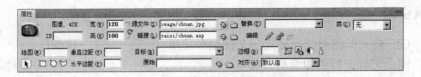

图 8-31　"chuan.jpg"图片的属性检查器

（7）参照上一步操作，建立"su.jpg"图片与"su.asp"网页、"lu.jpg"图片与"lu.asp"网页、"yue.jpg"图片与"yue.asp"网页、"sijia.jpg"图片与"sijia.asp"网页之间的链接。

（8）按 F12 键打开浏览器查看网页效果并测试各超链接。

8.8　习题练习

8.8.1　选择题

（1）设置网页背景图像的方法是_____。

　A. 选择"修改"|"页面属性"命令

　B. 选择"修改"|"图像"命令

　C. 选择"插入"|"图像"命令

　D. 选择"编辑"|"首选参数"命令

（2）在"页面属性"对话框中可以设置图像的_____属性。

　A. 宽度

　B. 高度

　C. 边框

　D. 边距

（3）如果同时为页面添加了背景图像和背景颜色，在打开网页时将_____。

　A. 只显示背景图像

　B. 只显示背景颜色

　C. 在背景图像未完全加载前先显示背景颜色，加载后只显示背景图像

　D. 在背景颜色未完全加载前先显示背景图像，加载后只显示背景颜色

（4）要移动已经建立的热点，可使用_____按钮。

　A. 箭头

　B. 矩形

　C. 圆形

　D. 多边形

（5）用户不可能对热点进行下面_____操作。

　A. 删除

　B. 移动

C. 对齐

D. 添加颜色

8.8.2　填空题

（1）　GIF 格式即图形交换格式，文件最多使用＿＿＿＿＿＿＿种颜色。

（2）　网页可以支持的图像格式有＿＿＿＿＿、＿＿＿＿＿＿和＿＿＿＿＿3 种。

（3）　可在网页中插入的图像形式有＿＿＿＿＿、＿＿＿＿＿、＿＿＿＿＿和＿＿＿＿＿。

（4）　在对图像进行裁剪、更改亮度和对比度、锐化等编辑操作时，所执行的操作将会＿＿＿＿＿＿。可以在保存文件之前通过选择＿＿＿＿＿＿命令来撤销所做的任何更改。

（5）　进行＿＿＿＿＿操作可增加图像边缘像素的对比度，从而增加图像清晰度或锐度。

（6）　为图像添加热点时，可使用＿＿＿＿＿、＿＿＿＿＿和＿＿＿＿＿3 种热点编辑工具。

8.8.3　问答题

（1）　如何在网页中插入 Photoshoop 图像？

（2）　如何在网页中插入鼠标经过时变化的图像？

（3）　如何在网页中用文字代替图像？

（4）　网页中的图像有哪些排列方式？

（5）　如何为热点建立链接？

8.8.4　上机练习

（1）　练习插入不同图像形式的方法。

（2）　在插入图像上绘制几种不同形状的热点区域，并将其链接到不同的网页。

第 9 章　插入多媒体对象

本章要点

- 添加声音
- 添加视频
- 添加 SWF 文件
- 添加 FLV 文件
- 添加 FlashPaper 文档

本章导读

- 基础知识：添加各种媒体对象的基本方法，编辑和设置媒体对象。
- 重点掌握：添加声音，添加视频，添加 SWF 文件，添加 FLV 文件，添加 FlashPaper 文档。
- 一般了解：网页中的多媒体对象一节介绍了在网页中可添加的多媒体对象的形式与格式，包括可在网页中使用的音频文件格式和可在网页中使用的动画文件格式。对于本节内容，读者可简单了解一下。

课堂讲解

　　使用 Dreamweaver 可以有效地将多媒体元素与网页其他元素有机地整合在一起。在 Dreamweaver 中，可以在网页上直接插入动画，并且不受动画运行环境的限制，例如，可以在用户电脑上没有安装 Flash 的情况下也能在网页中插入 Flash 动画。

　　本章的课堂讲解部分介绍了在 Dreamweaver 中插入各种多媒体组件的方法，包括插入 Flash 对象、Shockwave 文件、Applet 程序、ActiveX 控件、插件、声音文件及计数器等内容。

9.1　网页中的多媒体对象

多媒体对象包括动画、音频、视频等元素。在网页中加入多媒体元素可以丰富网页内容，增加网页魅力。但是，由于多媒体的音频和视频文件较大，需要较多的下载时间，不宜在以文字内容为主的网页中同时使用。

9.1.1　音频

网页中常见的音频文件格式包括以下几种。

（1）.midi 或.mid（乐器数字接口）格式：一种形式化的声音文件，没有存储真正的声音波形信息，所记录的是乐曲的每个音符的时间和间隔，再由 midi 合成器合成音乐。好处是声音文件非常小，许多浏览器都支持 MIDI 文件。缺点是 midi 文件不能被录制并且必须使用特殊的硬件和软件在计算机上合成。

（2）.wav（Waveform 扩展名）格式：Windows 使用的标准波形声音文件，文件具有较好的声音品质，许多浏览器都支持此类格式文件。缺点是文件很大。

（3）AU 文件：最早用于站点上的声音文件格式，音质差，文件小。

（4）.ra、.ram、.rpm 或 Real Audio 格式：具有非常高的压缩程度，文件大小要小于 MP3，在 WWW 中广泛使用。这几种音频文件的特点是采用流水式传输方式，传输和播放同时进行，即流音频技术。访问者必须下载并安装 RealPlayer 辅助应用程序或插件才可以播放这些文件。

（5）.aif（音频交换文件格式，或 AIFF）格式：与 WAV 格式类似，也具有较好的声音品质，大多数浏览器都可以播放；也可以从 CD、磁带、麦克风等录制 AIFF 文件。

（6）.mp3（运动图像专家组音频，即 MPEG-音频层-3）格式：一种压缩格式，可令声音文件明显缩小。其声音品质非常好，如果正确录制和压缩 MP3 文件，其质量甚至可以和 CD 质量相媲美。MP3 技术使用户可以对文件进行"流式处理"，以便访问者不必等待整个文件下载完成即可收听该文件。若要播放 MP3 文件，访问者必须下载并安装辅助应用程序或插件，例如 QuickTime、Windows Media Player 或 RealPlayer。

9.1.2　视频

网页中的视频文件格式主要有以下 3 种。

（1）MPEG1：相当于 VCD 的质量。

（2）MPEG2：文件最大，质量最好，相当于 DVD 质量。

（3）AVI：文件较小，应用广泛。

这 3 种格式的视频文件均可压缩，需使用专门的软件进行播放，对网络带宽要求较高。

9.1.3　动画

网页中所用的动画文件主要有 GIF 动画和 Flash 动画两种形式，其中以 Flash 动画为主。Flash 是 Macromedia 公司出品的专业动画制作软件，用它制作出的动画文件体积小、效果华丽，还可播放 MP3 音效，互动效果极佳，因此被大量地用于网页。

在网页中使用的 Flash 动画文件通常是 SWF 格式的，它是在 Flash 程序中创建的 FLA 文件的压缩版本，针对网页进行了优化，可在浏览器中播放。

9.2 添加声音

在网页中可以添加多种不同类型和不同格式的声音文件，如.wav、.midi 和.mp3。在确定采用哪种格式和方法添加声音前，需要考虑一些因素，如添加声音的目的、页面访问者、文件大小、声音品质和不同浏览器的差异。这些因素不同，添加声音到网页中时也需采取不同的方法。

浏览器不同，处理声音文件的方式也会有很大差异和不一致的地方，因此最好将声音文件添加到一个 Flsah SWF 文件，然后嵌入该 SWF 文件以改善一致性。

9.2.1 链接到音频文件

链接到音频文件是将声音添加到网页的一种简单而有效的方法。这种集成声音文件的方法可以使访问者选择是否要收听该文件，并且使文件可用于最广范围的听众。

选择要用作指向音频文件的链接的文本或图像后，在属性检查器中单击"链接"选项右侧的文件夹图标，从打开的"选择文件"对话框中选择所需的音频文件，或者直接在"链接"文本框中输入文件的路径和名称，即可链接到相应的音频文件。

9.2.2 嵌入声音文件

嵌入音频可将声音直接集成到页面中，但只有在访问站点的访问者具有所选声音文件的适当插件后，声音才可以播放。如果希望将声音用作背景音乐，或希望控制音量、播放器在页面上的外观或者声音文件的开始点和结束点，就可以嵌入文件。

要嵌入音频文件，确定了插入点的位置后，可选择"插入" | "媒体" | "插件"命令，打开"选择文件"对话框，从中选择一个音频文件，在网页中添加一个插件图标，然后，在属性检查器的"HTML"选项卡中单击"链接"文本框旁边的文件夹图标，从打开的对话框中浏览并选择要链接到的音频文件即可。

在插件属性检查器中的"宽"和"高"文本框中输入值可以确定音频控件在浏览器中显示的尺寸。也可以通过在文档窗口中拖动插位占位符的尺寸控点来调整音频控件大小。

9.2.3 实例——在网页中嵌入声音文件

前面介绍了在网页中链接音频文件和嵌入声音文件的方法，本节以实例的形式在网页中嵌入一个声音文件。

（1）将 MP3 歌曲"大笑江湖"复制到"E:\ example"文件夹中，更名为"dxjh.mp3"。

（2）打开 example 站点的 index.html 文档，在文档底部的空段落中单击，定位插入点。

（3）选择"插入"|"媒体"|"插件"命令，打开"选择文件"对话框，从中选择站点根目录下的"dxjh"文件。

（4）单击"确定"按钮在网页中插入插件图标。

（5）在插件图标的选定状态下，在属性检查器中的"宽"文本框中输入"240"，在"高"文本框中输入"100"，如图 9-1 所示。

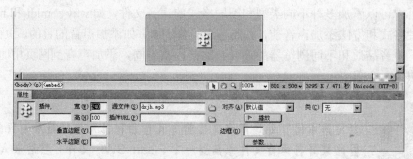

图 9-1　设置音频控件大小

（6）按 F12 键打开浏览器，单击音频控件上的按钮测试声音效果，如图 9-2 所示。

图 9-2　测试声音文件

9.3　添加 SWF 文件

SWF 文件是使用 Flash 制作的动画文件，是 FLA 文件的编译版本，可在浏览器中播放并在 Dreamweaver 中进行预览，但不能在 Flash 中进行编辑。插入到 Dreamweaver 中的 Flash 动画在文档窗口中显示的是 Flash 占位符，用户可在浏览器中浏览动画效果。

9.3.1　插入 SWF 文件

要插入 Flash 动画，确定了插入点所在的位置后，可选择"插入"|"媒体"|"SWF"命令，打开"选择文件"对话框，从中选择要插入的 SWF 文件。单击"确定"按钮后，即会在文档中插入一个 SWF 文件占位符，如图 9-3 所示。保存文件后，可按 F12 键进入默认浏览器，浏览 Flash 动画效果。

在插入 SWF 文件时，由于播放时需要特定的支持文件，因此，如果站点中不包含相应的支持文件，Dreamweaver 即会打开一个"复制相关文件"对话框，此对话框中列出了需要上传到服务器以支持插入的 SWF 文件得以正常工作的文件，如图 9-4 所示。在此需单击"确定"按钮，完成文件的复制和上传。

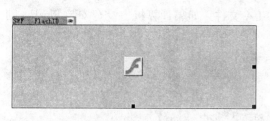

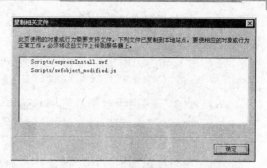

<table>
<tr><td>图 9-3　Flash 占位符</td><td>图 9-4　"复制相关文件"对话框</td></tr>
</table>

在 SWF 文件占位符的选定状态下，会显示一个选项卡式的蓝色外框，用于指示资源的类型和 SWF 文件的 ID。

9.3.2　编辑 Flash Player 下载信息

在页面中插入 SWF 文件时，Dreamweaver 会插入检测用户是否拥有正确的 Flash Player 版本的代码，如果没有，则页面会显示默认的替代内容，提示用户下载最新版本。用户可随时更改此替代内容。

要编辑 Flash Player 下载信息，可在文档窗口中选择 SWF 文件，然后单击其选项卡中的眼睛图标，使 SWF 文件占位符进入编辑状态，在其中输入想让访问者看到的下载信息，如图 9-5 所示。

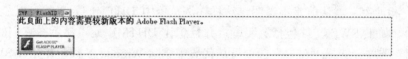

图 9-5　编辑 Flash Player 下载信息

可以像在 Dreamweaver 中编辑任何其他内容一样的方式编辑 Flash Player 下载信息，但不能将 SWF 文件或 FLV 文件添加为替代内容。编辑完毕后，再次单击占位符选项卡上的眼睛图标即可退出编辑状态。

9.3.3　设置 SWF 对象属性

在 SWF 占位符的选择状态下，可以在属性检查器中设置其属性，如图 9-6 所示。

图 9-6　SWF 占位符的属性检查器

SWF 占位符的属性检查器中各选项说明如下。

（1）"ID"：用于为 SWF 文件指定唯一的 ID。

（2）"宽"、"高"：用于指定影片的宽度和高度，单位为像素。

（3）"文件"：用于指定 SWF 文件的路径。可单击文件夹图标浏览到某一文件，也可直接在文本框中键入路径。

（4）"背景颜色"：用于指定影片区域的背景颜色。在加载影片或播放完影片后也显示此颜色。

（5）"编辑"：用于启动 Flash 以更新 FLA 文件。如果计算机上没有安装 Flash，则会禁用此选项。

（6）"类"：用于对影片应用 CSS 类样式。

（7）"循环"：用于使影片连续播放。如果没有选择循环，则影片播放一次后即停止。

（8）"自动播放"：用于使影片在加载页面时即自动播放。

（9）"垂直边距"、"水平边距"：用于指定影片上、下、左、右空白的像素数。

（10）"品质"：用于在影片播放期间控制失真，有"高品质"、"低品质"、"自动高品质"和"自动低品质" 4 种选择。高品质设置可改善影片的外观，但高品质设置的影片需要较快的处理器才能在屏幕上正确呈现。低品质设置会首先照顾到显示速度，然后才考虑外观，而高品质设置恰恰与之相反。自动低品质会首先照顾到显示速度，但会在可能的情况下改善外观。自动高品质则开始时会同时照顾显示速度和外观，但以后可能会根据需要牺牲外观以确保速度。

（11）"比例"：用于确定如何适合在宽度和高度文本框中设置的尺寸。默认设置为显示整个影片。

（12）"对齐"：用于指定影片在页面上的对齐方式。

（13）"Wmode"：用于为 SWF 文件设置 Wmode 参数，以避免与 DHRML 元素（如 Spry 构件）相冲突。默认值是不透明，这样在浏览器中 DHTML 元素就可以显示在 SWF 文件的上面。如果 SWF 文件包括透明度，并且想让 DHTML 元素显示在它们的后面，可选择"透明"选项。选择"窗口"选项可从代码中删除 Wmode 参数，并允许 SWF 文件显示在其他 DHRML 元素的上面。

（14）"播放"：用于在文档窗口中播放影片。

（15）"参数"：单击此按钮打开"参数"对话框，可在其中输入传递给影片的附加参数。

9.3.4　预览 SWF 文件

在文档窗口中插入 SWF 文件后，选择该文件，然后在属性检查器中单击"播放"按钮，即可预览动画。此外也可以按 F12 键在浏览器中预览 SWF 文件。

如果在文档窗口中插入了多个 SWF 文件，按 Ctrl+Alt+Shift+P 组合键可同时播放所有的 SWF 文件。

9.3.5　实例——在网页中插入 SWF 文件

前面介绍了在网页中添加 SWF 文件的知识，包括插入 SWF 文件、编辑 Flash Player 下载信息、设置 SWF 对象属性以及预览 SWF 文件等内容，本节即以实例的形式在网页中插入一个 SWF 动画文件，并对其进行相应的编辑，然后在文档窗口和浏览器中预览动画效果。

（1）将 SWF 文件"xing.swf"复制到"example"站点中的"image"文件夹中。

（2）打开"example"站点中的 index.html 网页，将插入点放置在页首表格的中间的单元格中。

（3）在"插入"面板中的"常用"类别中单击"媒体"按钮，从弹出菜单中选择"SWF"命令，打开"选择文件"对话框，选择"xing.swf"。

（4）单击"确定"按钮，并在随后打开的"对象标签辅助功能属性"对话框中单击"确定"按钮，插入 SWF 文件占位符。

（5）在属性检查器中的"高"文本框中将数值改为"120"，在"宽"文本框中将数值改为"500"。

（6）单击"播放"按钮在文档窗口中预览 SWF 文件，如图 9-7 所示。

（7）保存文件，按 F12 键，在浏览器中浏览动画效果，如图 9-8 所示。

图 9-7　在文档窗口中播放 SWF 文件的效果

图 9-8　在浏览器中播放 SWF 文件的效果

9.4　添加 FLV 文件

FLV 文件是一种视频文件，它包含经过编码的音频和视频数据，并通过 Flash Player 进行传送。可以将 QuickTime 或 Windows Media 视频文件用编码器（如 Flash CS4 Video Encoder 或 Sorensen Squeeze）转换为 FLV 文件。

9.4.1　插入 FLV 文件

要在网页中插入 FLV 文件，可选择"插入"|"媒体"|"FLV"命令，打开"插入 FLV"对话框，从"视频类型"下拉列表框中选择"累进式下载视频"或"流视频"，并进行相应的设置。设置完毕并单击"确定"按钮后，页面上会生成一个视频播放器 SWF 文件和一个外观 SWF 文件，它们用于在网页上显示视频内容。当在浏览器中查看时，此组件显示所选的 FLV 文件及一组播放控件。

与常规 SWF 文件一样，在插入 FLV 文件时，Dreamweaver 将插入检测用户是否拥有可查看视频的正确 Flash Player 版本的代码，如果用户没有正确版本，则页面中将显示替代内容，提示用户下载最新版配搭 Flash Player。

在插入 FLV 文件时，Dreamweaver 提供了两种将 FLV 视频传送给站点访问者的方式：累进式下载视频和流视频。选择不同视频方式时，需要设置的参数也不一样。

9.4.2　累进式下载视频

累进式下载视频是将 FLV 文件下载到站点访问者的硬盘上，然后进行播放。与传统的

"下载并播放"视频传送方式不同，累进式下载允许在下载完成之前就开始播放视频文件。

在"插入 FLV"对话框中的"视频类型"下拉列表框中选择"累进式下载视频"后，对话框中会显示该类型的相关选项，如图 9-9 所示。

累进式下载视频的各选项作用如下。

（1）"URL"：用于指定 FLV 文件的相对路径或绝对路径。若要指定相对路径，可单击"浏览"按钮，从打开的对话框中选择所需的FLV 文件；若要指定绝对路径，则可在文本框中输入 FLV 文件的 URL。

（2）"外观"：用于指定视频组件的外观。

（3）"宽度"、"高度"：用于指定 FLV文件的宽度和高度，单位为像素。如果要使用

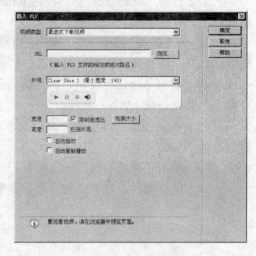

图 9-9　"累进式下载视频"选项

FLV 文件本身的准确宽度和高度，可单击"检测大小"按钮，让 Dreamweaver 自动进行检测；如果 Dreamweaver 无法确定 FLV 文件的宽度和高度，则需要在"宽度"和"高度"文本框中键入宽度值和高度值。

（4）"限制宽高比"：用于保持视频组件的宽度和高度之间的比例不变。

（5）"自动播放"：用于指定在网页打开时是否播放视频。

（6）"自动重新播放"：用于指定播放控件在视频播放完之后是否返回起始位置。

9.4.3　流视频

流视频是指对视频内容进行流式处理，并在一段可确保流畅播放的很短的缓冲时间后在网页上播放该内容。若要在网页上启用流视频，必须具有访问 Adobe Flash Media Server 的权限。

在"插入 FLV"对话框中的"视频类型"下拉列表框中选择了"流视频"后，对话框中会显示该类型的相关选项，如图 9-10 所示。

流视频的各选项作用如下。

（1）"服务器 URI"：用于指定服务器名称、应用程序名称和实例名称，形式为"rtmp://www.example.com/app_name/instance_name"。

图 9-10　"流视频"选项

（2）"流名称"：用于指定要播放的 FLV 文件的名称。

（3）"外观"：用于指定视频组件的外观。

（4）"宽度"、"高度"：用于指定 FLV 文件的宽度和高度，单位为像素。

（5）"限制高宽比"：用于保持视频组件的宽度和高度之间的比例不变。

（6）"实时视频输入"：用于指定视频内容是否是实时的。选择该复选框后，Flash Player 将播放从 Flash Media Server 流入的实时视频流。

（7）"自动播放"：用于指定在网页打开时是否播放视频。

（8）"自动重新播放"：用于指定播放控件在视频播放完之后是否返回起始位置。

（9）"缓冲时间"：用于指定在视频开始播放之前进行缓冲处理所需的时间，单位为秒。默认的缓冲时间设置为 0，这样在单击了"播放"按钮后视频会立即开始播放。如果用户要发送的视频的比特率高于站点访问者的连续速度，或者 Internet 通信可能会导致带宽或连接问题，即需要设置缓冲时间，例如，如果要在网页播放视频之前将 15 秒视频发送到网页，可将缓冲时间设置为 15。

9.4.4 实例——在网页中插入 FLV 文件

本节将以实例的形式在网页中插入一个 FLV 视频文件，使之以累进式下载视频方式进行播放，如图 9-11 所示。其具体操作步骤如下。

图 9-11 在浏览器中播放 FLV 文件

（1）将要插入到网页中的 FLV 文件复制到 example 站点文件夹中，命名为"shipin.flv"。

（2）在 example 站点中新建一个网页，选择"插入"|"媒体"|"FLV"命令，打开"插入 FLV"对话框。

（3）在"视频类型"下拉列表框中选择"累进式下载视频"选项。

（4）单击"URL"文本框右边的"浏览"按钮，从打开的对话框中选择"shipin.flv"文件，单击"确定"按钮，该视频的路径即会显示在"URL"文本框中。

（5）在"外观"下拉列表框中选择"Clear Skin 3（最小宽度：260）"选项。

（6）单击"检测大小"按钮，让 Dreamweaver 自动检测视频的宽度和高度，该值会显示在"宽度"和"高度"文本框中。

（7） 选中"自动播放"复选框，如图 9-12
所示。

（8） 单击"确定"按钮，插入 FLV 文件。

（9） 保存网页后按 F12 键打开浏览器查看
网页效果。单击 FLV 文件左下角的视频控件即可
播放、停止或暂停动画。

图 9-12　设置 FLV 文件参数

9.5　添加其他媒体对象

除了 SWF 文件和 FLV 文件之外，用户还可
以在 Dreamweaver 文档中插入 QuickTime 或
Shockwave 影片、Jave applet、ActiveX 控件或者
其他音频或视频对象。如果插入了媒体对象的辅
助功能属性，则可以在 HTML 代码中设置辅助功
能属性并编辑这些参数。

9.5.1　添加视频

这里所说的视频是指非 FLV 视频，如 AVI、MPEG 视频等。可以通过不同方式将视频
添加到网页，这些视频可以下载给用户，也可以对其进行流式处理，以便在下载视频的同
时播放它。

1. 链接视频

要在网页中链接视频，可先将所需的视频文件复制到站点文件夹中，然后在文档中输
入说明文字并选择这些文字，再在属性检查器中单击"链接"文本框右边的文件夹按钮，
从打开的对话框中选择该视频文件。

2. 嵌入视频

若将视频文件嵌入到网页中，可选择"插入"|"插件"命令，打开"选择文件"对话
框，从中选择所需的视频文件。单击"确定"按钮即可在网页中插入视频占符位，然后用
户在属性检查器中可设置占位符的宽度和高度，如图 9-13 所示。

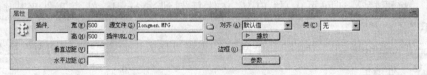

图 9-13　视频的属性检查器

用户必须下载辅助应用程序才能查看常见的流式处理格式，如 Real Media、QuickTime
和 Windows Media。

9.5.2　插入 Shockwave 影片

Adobe Shockwave 是 Web 上用于交互多媒体的一种标准，并且是一种压缩格式，可使

在 Adobe Director 中创建的媒体文件能够被大多数常用浏览器快速下载和播放。

要在 Dreamweaver 文档中插入 Shockwave 影片，定位插入点后，可选择"插入"|"媒体"|"Shockwave"命令，打开"选择文件"对话框，从中选择一个 Shockwave 影片文件。单击"确定"按钮即可在文档中插入一个 Shockwave 影片占位符。在属性检查器中可设置影片的宽度和高度。

9.5.3　插入 ActiveX 控件

ActiveX 控件是功能类似于浏览器插件的可复用组件，有些像微型的应用程序，在 Windows 系统上的 Internet Explorer 中运行。Dreamweaver 中的 ActiveX 对象可以使用户为访问者浏览器中的 ActiveX 控件提供属性和参数。

在文档窗口中定位插入点后，选择"插入"|"媒体"|"ActiveX"命令，即可在页面中插入一个 ActiveX 控件图标。然后，用户可在 ActiveX 控件的属性检查器设置其相关属性，如图 9-14 所示。

图 9-14　ActiveX 控件的属性检查器

ActiveX 控件的属性检查器上各选项说明如下。

（1）"名称"：用于指定用来标识 ActiveX 对象以撰写脚本的名称。

（2）"宽"、"高"：用于指定 ActiveX 控件图标的宽度和高度，单位为像素。

（3）"ClassID"：用于为浏览器标识 ActiveX 控件。在加载页面时，浏览器使用该类 ID 来确定与该页面关联的 ActiveX 所需的 ActiveX 控件的位置。如果浏览器未找到指定的 ActiveX 控件，则它将尝试从"基址"文本框中指定的位置下载它。

（4）"嵌入"：用于为该 ActiveX 控件在 object 标签内添加 embed 标签。如果 ActiveX 控件具有 Netscape Navigator 插件等效项，则 embed 标签激活该插件。Dreamweaver 将作为 ActiveX 属性输入的值分配给它们的 Netscape Navigator 插件等效项。

（5）"源文件"：用于定义在启用了"嵌入"选项时用于 Netscape Navigator 插件的数据文件。如果用户没有在此输入值，则 Dreamweaver 将尝试根据已输入的 ActiveX 属性确定该值。

（6）"对齐"：用于指定对象在页面上的对齐方式。

（7）"垂直边距"、"水平边距"：用于指定对象上下左右的空白量，单位为像素。

（8）"基址"：用于指定包含该 ActiveX 控件的 URL。如果在访问者的系统中尚未安装该 ActiveX 控件，则 Internet Explorer 将从该位置下载它；如果用户没有指定"基址"参数，并且访问者尚未安装相应的 ActiveX 控件，则浏览器无法显示 ActiveX 对象。

（9）"参数"：单击该按钮可打开"参数"对话框，用于输入要传递给 ActiveX 对象的其他参数。许多 ActiveX 控件都受特殊参数的控制。

（10）"数据"：用于为要加载的 ActiveX 控件指定数据文件。许多 ActiveX 控件不使用此参数，如 Shockwave 和 RealPlayer。

（11）　"替换图像"：用于指定在浏览器不支持 object 标签的情况下要显示的图像。只有在取消选中"嵌入"选项后此选项才可用。

9.5.4　插入 Java applet

可以将 Java applet 插入到 Dreamweaver 的 HTML 网页中。Java 是一种编程语言，通过它可以开发可嵌入网页中的小型应用程序（applets）。在插入 Java applet 后，可使用属性检查器来设置其参数。

插入 Java applet 的方法是：定位插入点后，选择"插入"|"媒体"|"Applet"命令，打开"选择文件"对话框，在其中选择包含 Java applet 的文件，然后单击"确定"按钮。Java applet 的属性设置与 ActiveX 控件类似。

9.5.5　实例——插入 MPG 视频文件

前面介绍了在网页中添加各种媒体对象的方法，如 AVI 视频、MPEG 视频、Shockwave 影片、ActiveX 控件及 Java applet。本节即以实例的形式在网页中嵌入一个 MPG 视频文件，并在浏览器中查看视频效果。

（1）　将一个 MPG 文件复制到"E:\ example"文件夹中，更名为"longmen"。

（2）　在 example 站点中新建一个网页，选择"插入"|"媒体"|"插件"命令，打开"选择文件"对话框，选择"longmen.mpg"文件，单击"确定"按钮，插入插件图标。

（3）　在插件图标的选择状态下，在属性检查器中的"宽"文本框中输入"500"，在"高"文本框中输入"350"。

（4）　保存网页，然后按 F12 键打开浏览器，单击视频控件查看视频效果。

9.6　动手实践——在网页中添加动画和音乐

在"meishi"站点的主页顶部添加一个 SWF 格式的 Flash 动画条，再在网页中间添加一个声音控件，使访问者在打开首页时自动播放音乐，如图 9-15 所示。

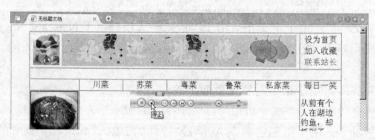

图 9-15　网页编辑效果

步骤 1：准备工作。

（1）　用 Flash 制作一个宽 600 高 80 的欢迎动画条，将其发布为 SWF 格式，并命名为"hydh.swf"。

（2）　从网上下载一首 MP3 歌曲"请你吃饭"，将其更名为"qingnichifan.mp3"。

（3）　将"hydh.swf"和"qingnichifan.mp3"两个文件复制到"meishi"站点文件夹中。

步骤 2：插入 SWF 文件。

（1）　打开"meishi"站点中的"index.asp"网页，将插入点置于网页中表格第 1 行中间的空单元格中。

（2）　从"文件"面板中将"hydh.swf"文件直接拖到该单元格中。

（3）　确保 SWF 文件的属性检查器中选中了"循环"和"自动播放"两个复选框。

（4）　单击属性检查器上的"播放"按钮，在文档窗口中预览插入的 SWF 文件，如图 9-16 所示。

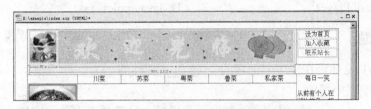

图 9-16　在文档窗口中播放 SWF 文件

步骤 3：嵌入声音文件。

（1）　将插入点放在表格中央的大单元格中，选择"插入"|"媒体"|"插件"命令，打开"选择文件"对话框。

（2）　在 meishi 站点文件夹中选择"qingnichifan.mp3"文件。

（3）　单击"确定"按钮插入插件图标。

（4）　在插件图标的选择状态下，在属性检查器中将"宽"文本框中的数值改为 300，将"高"文本框中的数值改为 40，如图 9-17 所示。

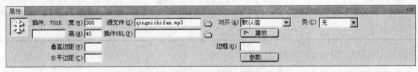

图 9-17　设置声音文件的属性

（5）　保存文件，然后按 F12 键打开浏览器，测试 SWF 文件和声音文件的效果。

9.7　习题练习

9.7.1　选择题

（1）　网页中有些音频格式文件在播放时要求访问者必须下载并安装一些辅助应用程序或者插件，如_____。

　　　A. MIDI　　　　　　B. WAV　　　　　　C. AIFF　　　　D. MP3

（2）　下列扩展名中，_____属于 Shockwave 文件的扩展名。

　　　A. *.swf　　　　　B. *.fla　　　　　C. *. class　　　　D. *.dir

（3）　以下元素中，不能采用将其先复制到站点文件夹中，然后从"文件"面板中将其拖动到文档中的插入方式是_____。

　　A. 图像　　　　　　　　　　　B. Flash 动画

　　C. Shockwave 文件　　　　　　D. Java Applet 程序

（4）　在网页中使用的 Flash 动画文件通常是_____格式的。

　　A. SWF　　　　　B. SWT　　　　C. SWC　　　　D. FLA

（5）　在向页面中插入 SWF 文件时，Dreamweaver 会插入检测用户是否拥有正确的版本的_____代码。

　　A. Windows Media Player　　　　B. RealPlayer

　　C. Flash Player　　　　　　　　D. Java applet

9.7.2　填空题

（1）　SWF 文件是在程序中创建的_____文件的_____版本，针对网页进行了优化，可在浏览器中播放。

（2）　_____是将声音添加到网页中的一种简单而有效的方法，这种集成声音文件的方法可以使访问者选择是否要收听该文件，并且使文件可用于最广范围的听众；而_____可将声音直接集成到页面中，但只有在访问站点的访问者具有所选声音文件的适当插件后，声音才可以播放。

（3）　Flash 视频包括两种类型：_____和_____。

（4）　在文档中插入 SWF 文件时，文档中显示_____。

（5）　在确定采用哪种格式和方法添加声音前，需要考虑_____、_____、_____、_____和_____等因素。这些因素不同，添加声音到网页中时也需采取不同的方法。

9.7.3　问答题

（1）　网页中常见的音频文件有哪些格式？

（2）　网页中常见的视频文件有哪些格式？

（3）　在 Dreamweaver 中都可以插入哪些多媒体组件？

（4）　在 Dreamweaver 中可以插入哪类 Flash 动画？如何插入？

（5）　如何在网页中添加背景音乐？

9.7.4　上机练习

（1）　创建一个网页，在其中分别插入 SWF 文件和 FLV 文件。

（2）　在网页中添加背景音乐。

第 10 章　使用框架布局页面

本章要点

- 创建框架与框架集
- 选择框架与框架集的方法
- 设置框架与框架的属性
- 编辑框架页面

本章导读

- 基础内容：什么是框架和框架集。
- 重点掌握：如何创建、保存和编辑框架/框架集。
- 一般了解：如何为不支持框架的浏览器设置内容。

课堂讲解

　　框架并不是常用的页面布局方式，但是在网页中有时还是会用到网页框架，因此在本章简单地介绍一下框架，包括框架与框架集的概念、创建框架与框架集的方法、选择框架与框架集的方法、设置框架与框架的属性及编辑框架页面等内容。

　　本章的课堂讲解部分介绍了使用框架布局页面的知识，包括框架和框架集的概念与用途、创建和使用框架与框架集的方法、设置框架与框架集的属性、编辑框架页面等内容以及如何正确保存框架集等内容。

10.1　关于框架与框架集

框架是浏览器窗口中的一个区域，它可以显示与浏览器窗口的其余部分中所显示内容无关的 HTML 文档。框架提供将一个浏览器窗口划分为多个区域、每个区域都可以显示不同 HTML 文档的方法。使用框架的最常见情况就是：一个框架显示包含导航控件的文档，而另一个框架显示包含内容的文档。

框架集是 HTML 文件，它定义一组框架的布局和属性，包括框架的数目、框架的大小和位置以及最初在每个框架中显示的页面的 URL。框架集文件本身不包含要在浏览器中显示的 HTML 内容，但 noframes 部分除外；框架集文件只是向浏览器提供应如何显示一组框架以及在这些框架中应显示哪些文档的有关信息。

10.1.1　使用框架的优缺点

专业的网页设计人员一般都不使用框架，因为框架并不是所有的浏览器都支持，所以如果用户确实要使用框架，应始终在框架集中提供 noframes 部分，以方便不能浏览框架网页的访问者。这样就增大了工作量，不如直接制作浏览器支持的 noframes 网页更省事。

使用框架具有以下几个优点。

（1）　访问者的浏览器不需要为每个页面重新加载与导航相关的图形。

（2）　当框架中的内容太多而不能完全显示时，每个框架都具有自己的滚动条。例如，当框架中的内容页面较长时，如果导航条位于不同的框架中，那么向下滚动到页面底部的访问者就不需要再滚动回顶部来使用导航条。

同时，使用框架又具有以下几个缺点。

（1）　很难实现不同框架中各元素的精确对齐。

（2）　导航测试很耗时间。

（3）　带有框架的页面的 URL 不显示在浏览器中，访问者难以将特定页面设为书签。

10.1.2　框架与框架集的工作方式

框架不是文件，它只是存放文档的容器。其中的文档并不是框架的一部分。使用框架最常见的情况是：一个框架显示包含导航控件的文档，另一个框架显示含有内容的文档。框架集文件本身不包含要在浏览器中显示的 HTML 内容，它只是向浏览器提供应如何显示一组框架，以及在这些框架中应显示哪些文档的有关信息。

如果一个站点在浏览器中显示为包含 3 个框架的单个页面，则它实际上至少由 4 个 HTML 文档组成：框架集文件以及其他 3 个文档，这 3 个文档包含最初在这些框架内显示的内容。在 Dreamweaver 中设计使用框架集的页面时，必须保存所有这 4 个文件，该页面才能在浏览器中正常显示。

为了确保框架集在浏览器中正确显示，用户在文档窗口中使用框架集时，需执行以下常规步骤。

（1）　创建框架集并指定要在每个框架中显示的文档。

（2）　保存将要在框架中显示的每个文件，如框架文件和框架集文件。

（3）　设置每个框架和每个框架集的属性，如命名、设置滚动和不滚动选项等。

（4）　为所有链接设置"目标"属性，以便链接目标的内容显示在正确区域中。

10.2　创建框架与框架集

Dreamweaver 提供了两种创建框架集的方法：一是从预定义的框架集中选择，二是自己设计框架集。选择预定义的框架集将自动设置创建布局所需的所有框架集和框架，它是迅速创建基于框架的网页布局最简单的方法。

10.2.1　使用预定义创建框架集

要创建框架集，只须将插入点置于文档窗口中，然后选择"插入"|"HTML"|"框架"命令从弹出的子菜单中选择框架类型，或单击"布局"工具栏中的"框架"按钮□·右侧的下三角按钮从弹出的菜单中选择所需的框架类型，如图 10-1 所示（Dreamweaver 提供了 13 种框架类型）。系统会弹出"框架标签辅助功能属性"对话框，如图 10-2 所示。完成名称和标题设置，单击"确定"按钮。

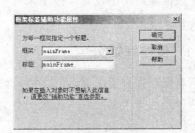

图 10-1　"框架"菜单　　　　　　　　图 10-2　"框架标签辅助功能属性"对话框

10.2.2　拆分框架集

创建了框架集后，用户还可以将其中某个框架拆分为几个更小的框架。用户只需将鼠标指针移至框架四周边框上（可视为文档边框），当鼠标指针变为双向箭头形状时按下鼠标左键向文档窗口内拖动，即可创建任意框架集，如图 10-3 所示。

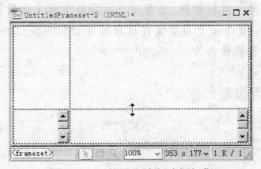

图 10-3　以拖动方式创建框架集

除此之外，用户也可通过命令的方式完成框架集拆分操作，方法为：将插入点置于要拆分的框架中，选择"修改"|"框架集"菜单下相应的命令。

如果拖动的不是框架四周边框，而拖动文档内部框架，则实现的是调整框架大小，而不是拆分框架集。

10.2.3　删除框架

要删除多余的框架，可将指针指向此框架的边框，当指针形状变为双向箭头时拖动该边框至文档窗口边框或其父框架的边框上。如果要删除的框架中包含尚未保存的文档，Dreamweaver 将提示用户保存该文档。值得注意的是：通过拖动边框的方式并不能删除框架集。若要删除框架集，可关闭框架集窗口来实现。如果框架集已保存，可通过删除该文件来实现。

10.3　保存框架和框架集文件

完成框架结构的设置，接下来可先保存框架及框架集，也可先编辑框架或框架集文件后再保存文件。

10.3.1　保存框架文件

若要保存在框架中显示的文档，可单击文档所在的框架，然后选择"文件"|"保存框架"命令或选择"文件"|"框架另存为"命令，在打开的"另存为"对话框中设置框架名称即可。

10.3.2　保存框架集文件

若要保存框架集文件，可在框架集面板或文档窗口中选择框架集，然后选择"文件"|"保存框架页"命令，或选择"文件"|"框架集另存为"命令，打开"另存为"对话框。在"文件名"文本框中输入要保存框架集的名称。

在创建一组框架时，框架中显示的每个新文档将获得一个默认文件名。例如，第 1 个框架集文件被命名为 UntitledFrameset-1，而框架中第 1 个文档被命名为 UntitledFrame-1。

10.3.3　实例——保存设置的框架

前面介绍了创建与保存框架的方法，下面通过实例进一步巩固所学知识。在 example 站点 010 文件夹中创建新文件，并在其中添加"框架：顶级和嵌套的左侧框架"，完成后保存框架和框架文件。

（1）选择"文件"|"新建"命令，创建无框架无布局的 HTML 文件。

（2）　单击"布局"工具栏中的"框架"按钮□·右侧的下三角按钮从弹出的菜单中选择"框架：顶级和嵌套的左侧框架"选项。

（3）　弹出"框架标签辅助功能属性"对话框，使用默认的名称和标题，单击"确定"按钮。

（4）　在右下角文档中单击，选择"文件"｜"保存全部"命令，打开"另存为"对话框，进入 example 站点中的 010 文件夹中，设置文件名为 001（文件名为 001.html），单击"保存"按钮。

（5）　完成框架集的保存，系统自动弹出保存框架页面的"另存为"对话框，根据情况给定文件名称（如 right，文件名为 right.html），单击"保存"按钮，如图 10-4 所示。

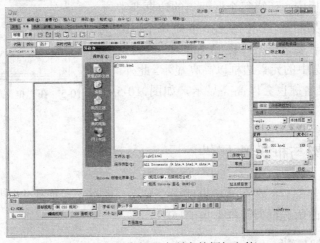

图 10-4　保存插入点所在的框架文件

（6）　将插入点置于左侧文档中，选择"文件"｜"保存框架"命令，打开"另存为"对话框，设置文件名为 left（文件名为 left.html），单击"保存"按钮。

（7）　将插入点置于顶部文档中，以同样的方式保存顶部框架文件，文件名为 top（文件名为 top.html）。

10.4　选择框架与框架集

在设置框架属性时往往要求用户必须先选择框架，它与将插入点置于框架内是不同的两个概念。选择框架与框架集的方法有两种：一是从"文档"窗口中选择框架或框架集，二是通过"框架"面板进行选择框架或框架集。

10.4.1　在"文档"窗口中选择

在文档窗口的设计视图中，直接在框架内部单击即可选择该框架。按住 Shift+Alt 组合键的同时单击框架内部，或单击框架集的某一内部框架边框，则可选择框架集。

选择了某个框架或框架集后，若要再选择不同的框架或框架集，可执行下列方法之一。

（1）　要在当前选择内容的同一层次级别上选择下一框架（框架集）或前一框架（框架集），可在按住 Alt 键的同时按下左箭头键或右箭头键。

（2）　要选择父框架集（包含当前选择内容的框架集），可在按住 Alt 键的同时按上箭头键。

（3）　要选择当前选择框架集的第 1 个子框架或框架集（即按其在框架集文件中定义顺序中的第 1 个），可以在按住 Alt 键的同时按下箭头键。

10.4.2　在"框架"面板中选择

选择"窗口"｜"框架"命令，或按 Shift+F2 组合键，可显示"框架"面板，其中提供了框架集内各框架的可视化表示形式，能够显示框架集的层次结构。

在"框架"面板中，环绕每个框架集的边框非常粗，而环绕每个框架的是较细的灰线，并且每个框架由框架名称标识。若要选择某个框架或框架集，可单击相应的边框，被选中的元素边框以高亮显示。此外，插入点所在的框架名称也会以高亮显示，如图 10-5 所示。

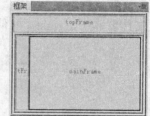

图 10-5　在"框架"面板中选择框架

10.5　设置框架与框架集属性

选择框架或框架集后，在属性检查器中会显示当前框架或框架集的相关属性，用户可根据需要在其中更改所选框架或框架集的属性。

10.5.1　设置框架属性

选择框架在属性检查器中会显示该框架的相关属性，用户可在其中设置框架名称、源文件、滚动条、边框及边框颜色等选项，如图 10-6 所示。

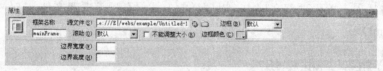

图 10-6　框架的属性检查器

框架属性检查器中各选项的功能如下。

（1）　"框架名称"：指定在超链接的 target 属性或脚本在引用该框架时所用的名称。框架名称必须是单个单词；允许使用下画线（_），但不允许使用连字符（-）、句点（.）和空格。框架名称必须以字母起始（不能以数字起始），且区分大小写。不要使用 JavaScript 中的保留字（如 top 或 navigator）作为框架名称。

（2）　"源文件"：设置在框架中显示的源文档。

（3）　"滚动"：指定在框架中是否显示滚动条。选择"自动"选项，则只有在浏览器窗口中没有足够空间显示当前框架的完整内容时才显示滚动条；选择"是"选项，则无论是否有足够空间显示当前框架的完整内容都显示滚动条；选择"否"选项，则无论是否有足够空间显示当前框架的完整内容都不显示滚动条。

（4）"不能调整大小"：选择此选项，则不允许访问者在浏览器中调整框架大小。注意，在此是指只在浏览器中不能调整框架大小，但仍可在 Dreamweaver 中调整边框大小。

（5）"边框"：指定在浏览器中查看框架时是否显示当前框架的边框。

（6）"边框颜色"：为框架的边框设置边框颜色，选择的颜色会应用于和框架接触的所有边框。

（7）"边界宽度"和"边界高度"：以像素为单位设置左边距和右边距（框架边框和内容之间的空间）、上边距和下边距。

10.5.2　设置框架集属性

选择框架集在属性检查器中会显示该框架集的相关属性，用户可在其中设置框架集的边框、边框颜色、边框宽度等属性，如图 10-7 所示。

图 10-7　框架集的属性检查器

框架集属性检查器中各选项的功能如下。

（1）"框架集"的"行"和"列"：显示框架集是几行几列。

（2）"边框"：选择在浏览器中查看文档时在框架周围是否显示边框。

（3）"边框宽度"：设置框架集中所有边框的宽度。

（4）"边框颜色"：设置边框的颜色。

（5）"值"：指定选定行的高度或选定列的宽度。若要设置框架集的各行和各列的框架的大小，可单击"行列选定范围"右侧图示中的左侧或顶部的选项卡，然后在"值"文本框中输入高度或宽度。

（6）"单位"：指定浏览器分配给每个框架的空间大小，有"像素"、"百分比"和"相对" 3 个单位。其中"相对"选项是指在为"像素"和"百分比"框架分配空间后，为选定列或行分配其余可用空间，剩余空间在大小设置为"相对"的框架中按比例划分。

当从"单位"下拉列表框中选择"相对"选项时，在"值"文本框中输入的所有数值均消失；如果想要指定一个数值，必须重新输入。不过，如果只有一行或一列设置为"相对"，则不需要输入数字，因为该行或列在其他行和列已分配空间后，将接受所有剩余空间。为了确保完全的跨浏览器兼容性，可在"值"文本框中输入 1。

10.5.3　实例——设置框架

前面介绍了框架与框架集属性的设置方法，下面通过实例进一步巩固所学知识。将 001.html 中制作的框架集的边框宽度设置为 10，颜色设置为红色，如图 10-8 所示。

（1）确认当前已经显示了"框架"面板，否则选择"窗口"|"框架"命令显示"框

架"面板。

（2）　在"框架"面板中单击最外侧的框架集，选择外部框架，如图 10-9 所示。

（3）　从属性检查器上的"边框"下拉列表框中选择"是"选项。

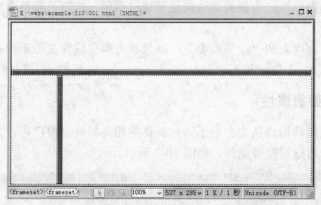

图 10-8　更改框架集边框宽度和颜色后的效果

（4）　在"边框宽度"文本框中输入 10，按 Enter 键确认。

（5）　单击"边框颜色"拾色器，从弹出的调色板中选择红色。

（6）　在"框架"面板中单击最内侧的框架集，选择内部框架，如图 10-10 所示。

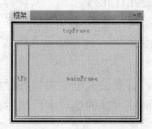

图 10-9　选择外部框架集

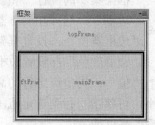

图 10-10　选择内部框架集

（7）　在属性检查器上设置"边框：是"、"边框宽度：10"、"边框颜色：#FF0000"。

（8）　选择"文件" | "保存全部"命令，保存所有文件。

10.6　编辑框架页面

在网页中应用框架和框架集后，还需要在框架中插入所需文档。此外，用户还可以进行设置框架中文档的背景颜色、使用链接控制框架内容、替换框架文件、保存框架和框架集文件等操作。除此之外，还需考虑如果浏览器不支持框架时，给用户相应的提示信息。

10.6.1　设置框架文档内容

设置框架文档内容的方法有两种：一是直接向框架空文档中添加内容，二是通过在框架中打开现有文档来指定框架的内容。应用第一种方法设置框架内容的操作与编辑网页的方法相同，这里主要介绍如何应用第二种方法设置框架文档内容。

若要在框架中打开已有的文档，可将插入点置于在要插入内容的框架中，然后选择"文件"｜"在框架中打开"命令，打开"选择 HTML 文件"对话框，选择要打开的文档，单击"确定"按钮。这时会弹出提示对话框，询问是否要保存到某文件，单击"是"按钮。若当前文档未保存，则会先弹出提示对话框，提示用户应先保存当前文档。

10.6.2　设置框架链接目标

要在一个框架中通过超链接在另一个框架中打开文档，必须设置链接目标。要设置目标框架，首先在设计视图中选择要作为超链接的文本或对象，然后在属性检查器中的"链接"文本框中指定要链接的文件，并在"目标"下拉列表框中选择链接的文档应在其中显示的框架或窗口。

默认情况下，"目标"下拉列表框中 4 个选项："_blank"、"_parent"、"_self"和"_top"。如果当前框架文件中还含有 rightFrame、bottomFrame、mainFrame、leftFrame和 topFrame 等框架，则在"目标"下拉列表框中还会显示 rightFrame、bottomFrame、mainFrame、leftFrame 和 topFrame 等 5 个选项，方便用户选择链接目标。

10.6.3　为不支持框架的浏览器提供内容

Dreamweaver 允许用户指定在不支持框架的浏览器中显示的内容。编辑该内容时，可以在无框架的页面中进行。此内容存储在框架集文件中，用 noframes 标签括起来。当不支持框架的浏览器加载该框架集文件时，浏览器只显示包含在 noframes 标签中的内容。

若要编辑无框架页面，首先选中框架集，然后选择"修改"｜"框架集"｜"编辑无框架内容"命令。此时 Dreamweaver 将清除文档窗口，正文区域上方出现"无框架内容"标签。在"文档"窗口中像处理普通文档一样键入或插入内容，或将插入点置于代码区域的noframes 标签内，输入所需内容的 HTML 代码，如图 10-11 所示。编辑完毕，再次选择"修改"｜"框架页"｜"编辑无框架内容"命令即可返回框架集文档的普通视图。

10.6.4　实例——设置框架页面

前面介绍了设置框架页面的方法，下面通过实例进一步巩固所学知识。分别打开example 站点 010 文件夹中的 top.html、left.html、right.html 框架文件进行编辑，并打开001.html 页面设置各框架宽度，得到如图 10-12 所示的页面效果。

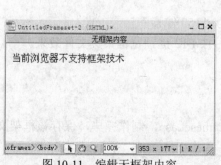

图 10-11　编辑无框架内容

图 10-12　框架集页面效果

（1）打开 example 站点 010 文件夹中的 top.html 框架文件，设置背景图像 bg-1.jpg，并插入表格及文本，如图 10-13 所示。

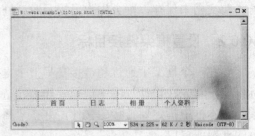

图 10-13　背景图像及 top.html 框架文件效果

（2）打开 010 文件夹中的 left.html 框架文件，设置背景图像 bg-2.jpg，并插入表格及文本，如图 10-14 所示。

（3）打开 010 文件夹中的 right.html 框架文件，设置背景图像 bg-2.jpg，并插入表格及文本，如图 10-15 所示。

图 10-14　left.html 框架文件效果　　　　图 10-15　right.html 框架文件效果

（4）选择"文件"｜"保存全部"命令，保存已经设置的 3 个框架文件。

（5）打开 010 文件夹中的 001.html 框架集文件，选择框架并在"框架集"属性面板中设置顶部框架高度值为"200 像素"，如图 10-16 所示。

图 10-16　设置顶部框架行高

（6）以同样的方式，设置左侧的框架列宽值为"150 像素"。

（7）完成设置，按 Ctrl+S 组合键保存文件，并按 F12 键预览框架集文件效果。

10.7　典型实例——制作框架页

将 meishi 站点的主页设计为一个框架集页面 Frameset.asp，制作完毕，保存该框架文件，效果如图 10-17 所示。

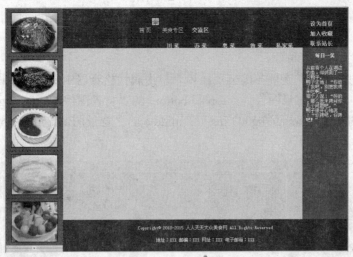

图 10-17　网页效果

步骤 1：创建框架页。

（1）　打开 meishi 站点新建无框架无布局的 ASP VBScript 网页（即 ASP 网页）。

（2）　单击"布局"工具栏中的"框架"
按钮右侧的三角按钮从弹出的菜单中选择
"框架：左侧和嵌套的顶部框架"选项，在
弹出的对话框中单击"确定"按钮。

（3）　将插入点置于右下角框架页面中，
再次单击"布局"工具栏中的"框架"按钮，
从弹出的菜单中选择"框架：下方和嵌套的
右侧框架"选项，单击弹出对话框中的"确
定"按钮，得到如图 10-18 所示的页面。

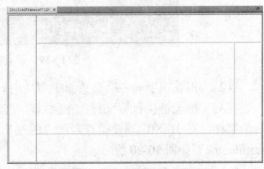

图 10-18　设置框架的页面效果

步骤 2：保存框架页。

（1）　在框架上单击，选择"文件"｜"框架集文件另存为"命令，打开"另存为"
对话框，设置"文件名"为 Frameset.html，设置"文件类型"为 Active Server Pages，单击
"保存"按钮将其保存在站点根目录下。

（2）　在顶部框架页中单击，选择"文件"｜"保存框架"命令，打开"另存为"对
话框，设置文件名 top.asp，单击"保存"按钮。

（3）　以同样的方式保存其他框架页，左侧框架页名称为 let.asp，中间框架页名称为
middle.asp，右侧框架页名称为 right.asp，底部框架页名称为 bottom.asp。

步骤 3：设置框架属性。

（1）　单击页面内第一条横向框架线，在属性检查器中设置上方框架页面"行值：100"、
"单位：像素"。

（2）　单击页面内第二条横向框架线，在属性检查器中设置下方框架页面"行值：80"、
"单位：像素"。

（3）　单击页面内第一条纵向框架线，在属性检查器中设置左侧框架页面"列值：150"、
"单位：像素"。

（4）单击页面内第二条纵向框架线，在属性检查器中设置右侧框架页面"行值：120"、"单位：像素"。

步骤4：设置各框架页面。

（1）分别将插入点置于各框架页面内，单击属性检查器中的"属性设置"按钮，在打开的对话框中设置"背景图像"：top 和 bottom 的"背景图像：image/bg002.jpg"、left 和 right 的"背景图像：image/bg003.jpg"、middle 的"背景图像：image/bg001.jpg"，得到如图 10-19 所示的效果。

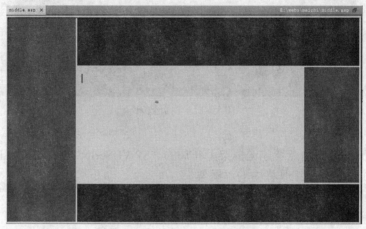

图 10-19　设置框架的页面效果

（2）根据需要向各框架页面中添加内容。

（3）框架链接目标设置，在此以"交流区"为例进行介绍。选择 top 页中的"交流区"字样，在 HTML 属性检查器的"链接"栏中设置链接目标为 01.html，设置"目标：mainFrame"如图 10-20 所示。

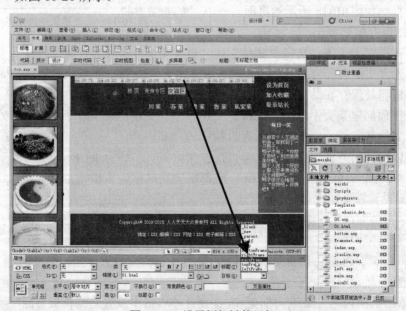

图 10-20　设置框架链接目标

（4）　选择"文件"|"保存全部"命令，保存所有文件。

10.8　上机练习与习题

10.8.1　选择题

（1）　要在文档窗口中选择一个框架，应在按住_____键的同时单击框架内部。

    A. Shift+Alt

    B. Alt

    C. 空格

    D. Ctrl

（2）　在框架名称中允许使用_____。

    A. 连字符（-）

    B. 句点（.）

    C. 下画线（_）

    D. 空格

（3）　要使用链接控制框架内容，若要在当前浏览器窗口中打开链接的文档，同时替换所有框架，应在属性检查器中的"目标"下拉列表框中选择_____选项。

    A. _blank

    B. _parent

    C. _self

    D. _top

（4）　在框架集面板或文档窗口中选择框架集后，选择_____命令可保存框架集文件。

    A. "文件"|"保存"

    B. "文件"|"保存框架"

    C. "文件"|"保存所有框架"

    D. "文件"|"框架集另存为"

（5）　若要在"代码"视频标签中设置不支持框架的浏览器添加说明内容，应在标签_____中进行设置。

    A. frames

    B. noframes

    C. frame

    D. noframe

10.8.2　填空题

（1）　使用框架最常见的情况是，一个框架显示包含_____的文档，而另一个框架显示包含_____的文档。

（2）　如果一个页面在浏览器中显示为包含 3 个框架的单个页面，则它实际上至少由_____个文档组成。

（3）　为框架命名时，应注意框架名称必须以_____开始。

（4）设置目标框架时，要在视图中选择文本或对象，在属性检查器中的_____选项中设置链接文件。

（5）如果在其他框架页中选择对象，并为其设置链接目标时要求必须在主框架页中显示链接对象，则应在属性检查器中设置_____为链接目标。

10.8.3　问答题

（1）什么是框架和框架集？

（2）怎样保存框架文件？

（3）怎样保存框架集文件？

（4）如何选择框架集？

（5）如何解决浏览器无法显示框架的问题？

10.8.4　上机练习

（1）制作一个顶部和左侧框架布局的网页，并设置各框架的背景颜色。

（2）在主框架中打开一个已有的文档，并保存框架集。

第 11 章 生 成 表 单

本章要点

- 创建表单
- 插入与设置文本域和文本区域
- 插入与设置复选框、单选按钮和单选按钮组
- 插入与设置列表框和弹出菜单
- 插入与设置跳转菜单
- 插入与设置文件域
- 插入与设置表单按钮
- 验证表单

本章导读

- 基础内容：创建表单标签。
- 重点掌握：向表单中添加各种表单对象并设置其属性，如文本域、单选按钮、复选框、弹出菜单、列表框、跳转菜单、文件域和按钮；并学会为表单添加行为，检查用户向表单中输入的各项内容是否正确。
- 一般了解：隐藏域、单选按钮组和复选框组只需了解即可。

课 堂 讲 解

　　表单在网页中的作用不可小视，主要负责数据采集的功能，比如你可以采集访问者的名字和 E-mail 地址、调查表、留言簿等。表单是网站设计者与浏览者沟通的桥梁。设计者可以设计表单来让访问者填写，以便收集自己所需的信息。使用 Dreamweaver 不但可以创建表单，还可以通过使用行为来验证用户输入信息的正确性。

　　本章介绍表单的制作与使用，主要包括表单与表单对象的基本概念、表单的创建、表单对象的插入和设置方法，以及检查表单以验证表单对象正确性等内容。

11.1　认识表单和表单对象

在很多网站上都可以看到诸如注册表格、搜索栏、论坛、订单等内容，我们将其称为表单。表单又是由多种类型的表单对象组成，如文本框、单选按钮、复选框、列表框、按钮等，网站设计者通过不同的表单对象收集浏览者填写或反馈的信息。

11.1.1　认识表单

网站设计者可以通过表单与访问者进行交互，或者从网站收集有关信息。表单支持客户端-服务器关系中的客户端，当访问者在客户端的 Web 浏览器中显示的表单中输入信息并单击"提交"按钮提交表单时，这些信息将被发送到服务器，服务器中的服务器端脚本或应用程序会对这些信息进行处理。服务器向用户（客户端）返回所请求的信息或基于该表单内容执行某些操作来进行响应。通常，服务器通过通用网关接口（GGI）脚本、ColdFusion 页、Java Server Page（JSP）或 ASP 来处理信息。

一般情况下，每个表单都由 3 个基本部分组成：表单标签、表单域和表单按钮。其中表单标签包含了处理表单数据所用 CGI 程序的 URL 以及数据提交到服务器的方法，其标签为<form></form>，主要用于申明表单，定义采集数据的范围。表单域即表单对象，包含文本框、密码框、隐藏域、多行文本框、复选框、单选框、下拉选择框和文件上传框等。表单按钮包括提交按钮、复位按钮和一般按钮；用于将数据传送到服务器上的 CGI 脚本或者取消输入，还可以用表单按钮来控制其他定义了处理脚本的处理工作。

用户可以使用 Dreamweaver 创建包含文本域、密码域、单选按钮、复选框、弹出菜单、可单击按钮及其他表单对象的表单。此外还可以编写用于验证访问者所提供的信息的代码，例如，可以检查用户输入的电子邮件地址是否包含"@"符号，或者某个必须填写的文本域是否包含值。

11.1.2　认识表单对象

访问者提供的表单数据都是在具体的表单对象中进行输入的。表单中可以包含以下几类表单对象。

（1）文本域：接受任何类型的字母、数字、文本输入内容。文本可以单行或多行显示，或者以密码方式显示。在密码域中，输入的文本将被替换为星号或项目符号，以免旁观者看到这些文本。

（2）隐藏域：存储用户输入的信息，如姓名、电子邮件地址或偏爱的查看方式，并在该用户下次访问此站点时使用这些数据。

（3）按钮：用于在单击时执行操作。设计者可以为按钮添加自定义名称或标签，或者使用预定义的"提交"或"重置"标签。使用按钮可将表单数据提交到服务器，或者重置表单数据。还可以指定其他已在脚本中定义的处理任务，例如，在购物网站中可能会使用按钮根据指定的值计算所选商品的总价。

（4）复选框：允许用户在一组选项中选择多个选项。访问者可以选择任意多个适用的选项。例如，用户在选择兴趣爱好时可能会同时选择"读书"、"写作"和"旅游"。

（5）单选按钮：代表互相排斥的选择。在某单选按钮组（由两个或多个共享同一名称的按钮组成）中选择一个按钮，就会取消选择该组中的其他按钮。例如，用户在选择性别时，如果选择了"男性"，即会自动取消"女性"按钮的选择。

（6）列表菜单：在一个滚动列表中显示选项值，便于访问者选择。可以在只有有限的空间但必须显示多个内容项或者要控制返回给服务器的值时使用列表菜单。菜单与文本域不同，在文本域中用户可以随心所欲地输入任何信息，可以包括无效的数据，而菜单设计者可以具体设置某个菜单返回的确切值。HTML 表单上的弹出菜单与图形弹出菜单不同。

（7）跳转菜单：是一种可导航的列表或弹出菜单，其中的每个选项都链接到某个文档或文件。

（8）文件域：将计算机上的某个文件作为表单数据上传。

（9）图像域：使设计者在表单中插入一个图像。使用图像可生成图形化按钮，例如"提交"或"重置"按钮。如果使用图像来执行任务而不是提交数据，则需要将某种行为附加到表单对象。

11.2　创建与设置表单

在 Dreamweaver 中，表单标签<form></form>被称为表单，确切的说这只能算得上是空白表单。创建表单的方法有两种，一种方法是手动创建空白表单，另一种方法是创建其他表单域时 Dreamweaver 为用户添加表单标签。本节介绍手动创建空白表单的方法。

11.2.1　创建表单

若要创建表单，应先将插入点置于要插入表单的位置，然后单击"表单"工具栏中的"表单"按钮，或选择"插入"|"表单"|"表单"命令，即可在插入点位置插入一个空白表单。在设计视图中，表单以红色虚轮廓线表示，如图 11-1 所示。如果未显示红色轮廓线，可选择"查看"|"可视化助理"|"不可见元素"命令，显示不可见元素。

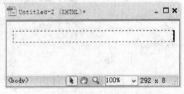

图 11-1　插入的空白表单

11.2.2　设置表单属性

要设置表单属性，应先选择该表单，然后从属性检查器中进行所需的设置，如图 11-2 所示。通用的表单选择的方法有两种：单击表单的轮廓，或者从文档窗口左下角的标记选择器中选择<form>标记即可选中表单。

图 11-2　表单的属性检查器

表单属性检查器中各选项的功能如下。

（1）"表单 ID"：设置标识表单的唯一名称。命名表单后，可以使用脚本语言（如 JavaScript 或 VBScript）引用或控制该表单。如果不命名表单，Dreamweaver 将使用语法

formn 生成一个名称（n 为从 1 开始的自然数），并为添加到页面中的每个表单递增 n 值。

（2）"动作"：指定处理该表单的动态页或脚本的路径。可在文本框中输入路径，也可通过单击文件夹图标定位到相应的页面或脚本，以指定将处理表单数据的页面或脚本。

（3）"方法"：选择将表单数据传输到服务器的方法，有 GET 和 POST 2 种。"默认"方法为 GET 方法，即将值附加到请求该页的 URL 中；POST 指在 HTTP 请求中嵌入表单数据。

（4）"编码类型"：指定提交给服务器进行处理的数据使用的编码类型。默认设置 application/x-www-form-urlencode 通常与 POST 方法一同使用。如果要创建文件上传域，应指定 multipart/form-data 编码类型。

（5）"目标"：指定一个窗口显示被调用程序所返回的数据。如果命名的窗口尚未打开，则打开一个具有该名称的新窗口。包含有 4 个选项：_blank 、_parent 、_self 和_top。

11.2.3　实例——创建空白表单

前面介绍了表单标签的创建及属性设置方法，下面通过实例进一步巩固所学知识。在 011 文件夹中创建文件名为 001 的 HTML 文件，在该文件中创建空白表单，并设置表单名称为 exa，方法为 POST，动作链接为 http://localhost/script/Source/01/processorder.php，编码类型为 application/x-www-form-urlencode，如图 11-3 所示。

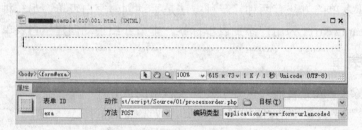

图 11-3　设置属性的空白表单

（1）创建 HMTL 文件，并将其保存在 example 站点 011 文件夹中，文件名为 001.html。

（2）选择"插入"|"表单"|"表单"命令，创建一个空白表单。

（3）在属性检查器"表单 ID"文本框中输入 exa，在"动作"文本框中输入 http://localhost/script/Source/01/processorder.php，打开"方法"下拉列表框从中选择 POST，从"编码类型"下拉列表框中选择 a0pplication/x-www-form-urlencode。

（4）按 Ctrl+S 组合键保存文件。

11.3　文本域、文本区域和隐藏域

表单中可用于输入文本的对象统称为表单域，Dreamweaver 中提供了 3 种类型的表单域：文本域、文本区域和隐藏域。

11.3.1 插入文本域

文本域是一个接受文本信息的文本框。在文本域中几乎可以容纳任何类型的文本数据。网页中常见的文本域有以下 3 种类型。

（1） 单行文本域：只能输入一行的信息，通常提供单字或短语响应，如姓名或地址。

（2） 多行文本域：可以输入多行信息，为访问者提供一个较大的输入区域。设计者可以指定访问者最多可输入的行数及对象的字符宽度，如果输入的文本超过这些设置，则该域将按照换行属性中指定的设置进行滚动。

（3） 密码文本域：该类型比较特殊，当用户在域中输入时，所输入的文本被替换为星号（*）或项目符号，以隐藏该文本，保护这些信息。

1. 插入文本域

要插入文本域，可将插入点置于表单内，然后单击"表单"工具栏中的"文本字段"按钮□，或选择"插入"|"表单"|"文本域"命令，打开"输入标签辅助功能属性"对话框，完成设置单击"确定"按钮。

"输入标签辅助功能属性"对话框主要用于辅助完成表单项标签，为简化操作，可在该对话框中直接单击"取消"按钮，省略该步骤。或者也可以在"首选参数"对话框（"编辑"|"首选参数"命令）中的"辅助功能"选项卡中取消"表单对象"复选框。

2. 设置文本域的属性

用户可通过单击的方式选择文本框，刚插入到页面中的文本域自动处于选择状态，属性检查器中显示文本域的相关属性，可通过"类型"选项组指定当前文本域的类型，如图 11-4 所示。

图 11-4 文本域的属性检查器

单行文本域和密码文本域的属性选项相同，只是在输入数据时显示状态不同。单行文本域中直接显示用户输入的文本，如图 11-5 所示；而密码文本域中则在输入时显示项目符号●，如图 11-6 所示。

图 11-5 单行文本域　　　　　　　　　　　图 11-6 密码文本域

对于单行文本域和密码文本域，可设置的属性有以下几项。

（1） "文本域"：为文本域指定一个名称，所输入的文本域名称必须是该表单内唯一的。表单对象名称不能包含空格或特殊字符，可以使用字母数字字符和下画线的任意组合。

（2） "字符宽度"：指定单行文本域中最多可输入的字符数。

（3） "最多字符数"：指定单行文本域中最多可输入的字符数。例如，将邮政编码限制为 6 位数，将密码限制为 12 个字符等。如果文本超过域的字符宽度，文本将滚动显示；如果用户的输入超过了最多字符数，则表单会发出警告声。

（4）"初始值"：指定首次载入表单时文本框中显示的值。例如，通过包含说明或示例值，可以指示用户在域中输入信息。

（5）"禁用"：禁用文本区域，即文本域灰色显示。

（6）"只读"：使文本区域成为只读文本区域。

如果选择的文本域类型是多行文本域，属性检查器中会显示一些不同的设置"行数"，如图 11-7 所示。"行数"选项可设置多行文本域的高度，即可输入字段的行数。

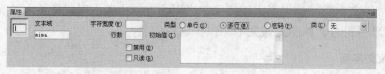

图 11-7 多行文本域的属性

11.3.2 插入文本区域

文本区域与文本域属性设置相同，外观相似。插入时文本域默认以单行显示，而文本区域默认以多行显示（5 行）。

将插入点置于表单内，单击"表单"工具栏中的"文本区域"按钮 ，或者选择"插入"|"表单"|"文本区域"命令，即可插入一个文本区域，如图 11-8 所示。

图 11-8 文本区域

11.3.3 插入隐藏域

设计者可以使用隐藏域存储并提交非用户输入信息，该信息对用户而言是隐藏的。要在表单内创建隐藏域，可单击"表单"工具栏中的"隐藏域"按钮 ，或者选择"插入"|"表单"|"隐藏域"命令。

如果启用了显示不可见元素，插入隐藏域后会显示一个图标 ，选择该图标可在属性检查器中显示隐藏域的属性。隐藏域的属性选项只有两个：一个是"隐藏区域"文本框，用于设置隐藏域的名称；一个是"值"文本框，用于输入为该域指定的值，如图 11-9 所示。

图 11-9 隐藏域的属性检查器

11.3.4 实例——创建用户注册页

前面介绍了文本域、文本区域和隐藏域的创建及属性设置方法，下面通过实例进一步巩固所学知识。打开 example 站点 011 文件夹中的 001.html 网页，将其保存在相同路径下，名为 002.html 的网页，创建如图 11-10 所示的表单。

（1）　打开 example 站点 1 文件夹中的 001.html 网页，将其另存为 002.html。

（2）　在表单内插入宽为 300 像素边框值为 0 的 4 行 3 列表格，按个人喜好设置表格属性，再添加所需文本并设置文本格式，得到如图 11-11 所示的效果。

图 11-10　注册信息

图 11-11　登录信息

（3）　将插入点置于"用户名："右侧单元格，单击"表单"工具栏中的"文本字段"按钮，插入一个文本域。

（4）　在文本域属性检查器中的"类型"选项组中选择"单行"单选按钮，在"字符宽度"文本框中输入 28，在"最多字符数"文本框中输入 20，在"初始值"文本框中输入"请输入您要申请的用户名称"。

（5）　在"设置密码："右侧单元格中插入文本域，设置"类型"为"密码"选项，设置"字符宽度"为 30，"最多字符数"为 16，"初始值"为 16 个 0。

（6）　将插入点置于"联系方式："右侧单元格中，单击"表单"工具栏中的"文本区域"按钮，插入一个文本区域，设置"字符宽度"为 23，"行数"为 5，"初始值"为"请留下您的手机、E_Mail 或其他联系方式"。

（7）　按 Ctrl+S 组合键保存文件，按 F12 键进行浏览。

11.4　复选框、单选按钮和复选框组、单选按钮组

复选框是指要求读者从给出的 N 个可选项中根据情况选择一个或一个以上的多个选项；单选按钮则要求读者从给出的 N 个可选项中根据情况选择一个且只能选择一个选项。单选按钮组与单选按钮类似，只是操作向导化。

11.4.1　插入单选按钮

要插入单选按钮首先应定位插入点，然后单击"表单"工具栏中的"单选按钮"按钮，或选择"插入"｜"表单"｜"单选按钮"命令，即可插入一个单选按钮○。选择插入的单选按钮，在属性检查器中显示相关选项设置，如图 11-12 所示。

图 11-12　单选按钮的属性检查器

单选按钮的各选项的功能如下。

（1）　"单选按钮"：为单选按钮命名。值得注意的是同一组单选按钮名称必须相同。

（2）"选定值"：设置被选中时的值，同组中的每个单选按钮应赋于不同的值。

（3）"初始状态"：首次载入表单时处于何种状态，是"已勾选"还是"未选中"。

（4）"类"：用于设置单选按钮对象的文本样式。

11.4.2 插入单选按钮组

要插入一个单选按钮组，可单击"表单"工具栏中的"单选按钮组"按钮圖，或选择"插入"|"表单"|"单选按钮组"命令，打开"单选按钮组"对话框，在其中进行所需设置，如图 11-13 所示。"单选按钮组"对话框中各选项功能如下。

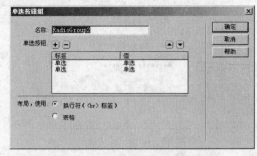

图 11-13 "单选按钮组"对话框

（1）"名称"：为单选按钮组命名。

（2）添加按钮➕：向单选按钮组中添加一个单选按钮。

（3）删除按钮➖：从单选按钮组中删除选定的单选按钮。

（4）上移按钮▲、下移按钮▼：向上或向下移动选定的单选按钮。

（5）"布局，使用"：用于指定布局按钮组中的各个按钮的方法。

（6）"标签"和"值"：单击这两栏中任意选项，可更改按钮的文本标签和值。

11.4.3 插入复选框和复选框组

定位插入点后，单击"表单"工具栏中的"复选框"按钮☑，或者选择"插入"|"表单"|"复选框"命令，即可插入一个复选框。

要插入一个单选按钮组，可单击"表单"工具栏中的"单选按钮组"按钮圖，或选择"插入"|"表单"|"复选框组"命令，打开"复选框组"对话框，在其中设置单选按钮组的名称、组中包含的单选按钮个数、各按钮的文本标签及按钮布局方式等。

11.4.4 实例——创建登陆设置

前面介绍了单选按钮、单选按钮组和复选框、复选框组的创建及属性设置方法，下面通过实例进一步巩固所学知识。在 example 站点 011 文件夹中创建 HTML 页面，保存文件名为 003，制作如图 11-14 所示的表单。

（1）在 example 站点 011 文件夹中创建 HTML 页面，保存文件名为 003。

（2）应用以前所学知识，插入表单标签、表格和文本，并进行相关属性设置，得到如图 11-15 所示的效果。

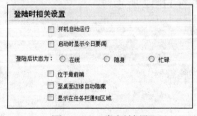

图 11-14 实例效果

图 11-15 添加表单及表格

（3）　在 2 行 2 列单元格中单击，单击"表单"工具栏中的"复选框"按钮，并在其右侧的单元格中输入文本"开机自动运行"。

（4）　以同样的方式在 3 行 2 列单元格插入复选框，并在其后的单元格中输入文本"启动时显示今日要闻"，得到如图 11-16 所示的效果。

（5）　将插入点置于 4 行 3 列单元格中，单击"表单"工具栏中的"单选按钮"按钮，并在其右侧的单元格中输入文本"在线"。

（6）　以同样的方式在其右侧两个单元格中插入单选按钮，并添加提示文本"隐身"和"忙碌"，如图 11-17 所示。

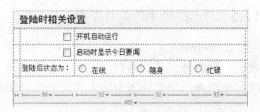

<table>
<tr><td>图 11-16　插入复选框</td><td>图 11-17　插入单选按钮</td></tr>
</table>

（7）　将插入点置于最后单元格，单击"表单"工具栏中的"复选框组"按钮，打开"复选框组"对话框，设置"标签"和"值"，第一复选框"标签：位于最前端"、"值：Checkbox3"第二复选框"标签：至桌面边缘自动隐藏"、"值：Checkbox4"，如图 11-18 所示。

（8）　单击添加按钮 ➕ ，在第二复选框下方新增复选框，并修改"标签"为"显示在任务栏通知区域"、"值"为"Checkbox5"。

（9）　选择"布局，使用"选项组中的"表格"单选按钮，如图 11-19 所示。

<table>
<tr><td>图 11-18　插入复选框</td><td>图 11-19　插入单选按钮</td></tr>
</table>

（10）　单击"确定"按钮，得到如图 11-20 所示的效果。

（11）　设置表格"填充"、"间距"值为 0，并在左侧添加空列、调整列宽及表格宽度，得到如图 11-21 所示的效果。

（12）选择 2 行 2 列单元格中的复选框，在属性检查器中设置"选项值"为 Checkbox1；选择 3 行 2 列单元格中的复选框，设置"选项值"为 Checkbox2。

（13）　选择 4 行 3 列单元格中的单选按钮，设置"选项值"为 radio1。其他两个单选按钮保持默认设置。

（14）　按 Ctrl+S 组合键保存文件，按 F12 键浏览表单。

图 11-20 插入复选框　　　　　　　　　图 11-21 插入单选按钮

11.5 列表框和弹出菜单

Dreamweaver 允许在表单中插入两种类型的菜单：一种是弹出式下拉菜单，一种是列表框。这两种菜单均可使浏览者从一个列表中选择一个或多个项目。当空间有限且比较小时可使用弹出菜单，当空间允许时则可使用列表框。

11.5.1 插入列表框与弹出菜单

单击"表单"工具栏中的"选择（列表/菜单）"按钮，或选择"插入"|"表单"|"列表/菜单"命令，可在表单中插入一个弹出菜单。如果要插入列表框，可选择插入的弹出菜单，然后在属性检查器中选择"类型"选项组中的"列表"单选按钮，如图 11-22 所示。

图 11-22 "单选按钮组"对话框

默认插入的列表框与弹出菜单下拉列表框中不包括任何选项，必须手动添加可供浏览者选择的内容。选择列表/菜单后，单击属性检查器中的"列表值"按钮，打开"列表值"对话框，即可设置可选择内容，如图 11-23 所示。

"列表值"对话框中各选项的功能说明如下。

（1）"项目标签"：输入每个菜单项的标签文本。该标签将作为列表/菜单中的显示项。

（2）"值"：输入每个菜单项的可选值，该值为发送给处理应用程序的值。

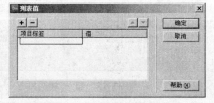

（3）"添加" ➕ 与"删除" ➖：向列表框中添加项目或删除列表框中的选项。

图 11-23 "列表值"对话框

（4）"上移" 🔼 与"下移" 🔽：重新排列列表中的项。

11.5.2 设置列表/菜单属性

添加列表/菜单后，可根据需要更改其属性。列表与菜单选项内容相同，只是列表"高度"与"选定范围"两个选项灰色显示。图 11-24 中显示的是菜单的属性检查器，如果是列表，则属性检查器中的所有选项均会被激活。

图 11-24　菜单的属性检查器

列表/菜单的属性检查器中各选项的功能如下。

（1）"列表/菜单"：为列表/菜单输入一个唯一名称。

（2）"类型"：设置表单对象的表现形式，即列表还是菜单。

（3）"高度"：指定该列表将显示的行（或项目）数。如果指定的数字小于该列表包含的选项数，会出现滚动条。

（4）"选定范围"：指定用户在列表中的选定范围。如果允许用户选择该列表中的多个选项，可选中此复选框。

（5）"初始化时选定"：输入首次载入列表时出现的值。

（6）"列表值"：打开"列表值"对话框，修改列表项及其值。

11.5.3　实例——创建公司信息页

前面介绍了列表框与弹出菜单的创建及属性设置方法，下面将以实例的形式在 example 站点 011 文件夹中创建 HTML 页面，制作如图 11-25 所示的表单。

（1）在 example 站点 011 文件夹中创建 HTML 页面，保存文件名为 004。

（2）在文档中插入表单标签、表格和文本并进行相关属性设置，如图 11-26 所示。

图 11-25　实例效果

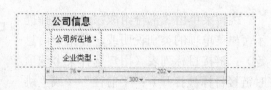

图 11-26　添加表单及表格

（3）将插入点置于"公司所在地："右侧单元格中，单击"表单"工具栏中的"选择（列表/菜单）"按钮，插入一个弹出菜单框架。

（4）在属性检查器上单击"列表值"按钮，打开"列表值"对话框，选择"请选择省份"选项，然后单击"添加"按钮添加项目，并设置标签和值，如图 11-27 所示。

（5）完成设置，单击"确定"按钮，得到如图 11-28 所示的效果。

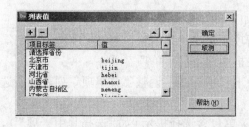

图 11-27　设置弹出菜单列表值

图 11-28　设置弹出菜单的列表值

（6）将插入点置于"企业类型"单元格右侧，插入一个弹出菜单框架。

（7）在属性检查器上的"类型"选项组中选择"列表"单选按钮，然后在"高度"文本框中输入 4。

（8）单击"列表值"按钮，打开"列表值"对话框，在此设置所有选项标签和值，如图 11-29 所示。设置完毕单击"确定"按钮，得到如图 11-30 所示的效果。

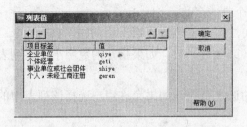

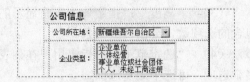

图 11-29　设置列表值　　　　　　　　　　图 11-30　列表效果

（9）按 Ctrl+S 组合键保存文件，按 F12 键浏览网页效果。

11.6　跳转菜单

跳转菜单中允许用户列出链接目标，便于访问者选择并进行跳转操作。用户可以在跳转菜单中放置可在浏览器中打开的任何文件类型的链接。

11.6.1　插入跳转菜单

跳转菜单由 3 部分组成：菜单选择提示（如菜单项的类别说明或一些指导信息等）；链接目标列表（用户选择某个选项时链接目标被打开）；"前往"（或"跳转"）按钮。

定位插入点后，单击"表单"工具栏中的"跳转菜单"按钮 ，或选择"插入"|"表单"|"跳转菜单"命令，打开如图 11-31 所示的"插入跳转菜单"对话框，进行所需的设置后单击"确定"按钮，即可在表单中插入跳转菜单。

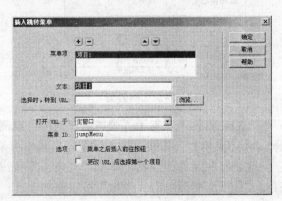

图 11-31　"插入跳转菜单"对话框

"插入跳转菜单"对话框中各选项的功能如下。

（1）"添加项" ：添加一个菜单项，新项显示在"菜单项"列表框中。

（2）"移除项" ：删除"菜单项"列表框中选定的菜单项。

（3）"在列表中上移项" 和"在列表中下移项" ：调整"菜单项"列表中所选的菜单项的位置。

（4）"文本"：设置未命名项目名称。如果菜单包含选择提示（如"选择其中一项"），在此处键入该提示作为第一个菜单项时，还必须选择"更改 URL 后选择第一个项目"。

（5）　"选择时，转到 URL"：浏览目标文件或键入路径。

（6）　"打开 URL 于"：指定文件的打开位置。如果选择"主窗口"选项，将在同一窗口中打开文件；如果选择"框架"选项，则在所选框架中打开文件。

（7）　"菜单 ID"：设置菜单项的名称。

（8）　"菜单之后插入前往按钮"：添加一个"前往"按钮，而非菜单选择提示。

（9）　"更改 URL 后选择第一个项目"：指定使用菜单选择提示。

11.6.2　实例——制作跳转菜单

前面介绍了跳转菜单的创建及属性设置方法，下面通过实例进一步巩固所学知识。在 example 站点 011 文件夹中创建 HTML 页面，保存文件名为 005，制作如图 11-32 所示的表单。

（1）　在 example 站点 011 文件夹中创建 HTML 页面，保存文件名为 005。

（2）　应用以前所学知识，插入表单标签。

（3）　将插入点置于表单内，单击"表单"工具栏中的"跳转菜单"按钮，打开"插入跳转菜单"对话框。

（4）　在"文本"文本框中输入"选择其中一项"，并选择下方的"更改 URL 后选择第一个项目"复选框。

（5）　单击"添加项"按钮，在"文本"文本框中输入"会员基本信息"，在"选择时，转到 URL"文本框中输入"002.html"

（6）　以同样的方式添加两个项目，修改第一个项目"文本"为"个人信息"、"选择时，转到 URL"为 003.html，修改第二个项目"文本"为"企业信息"、"选择时，转到 URL"为 004.html，如图 11-33 所示。

图 11-32　跳转菜单

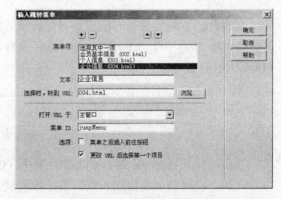

图 11-33　设置中转菜单

（7）　选择"菜单之后插入前往按钮"复选框，然后单击"确定"按钮在表单中插入跳转菜单及"前往"按钮，如图 11-34 所示。

（8）　按 Ctrl+S 组合键保存文件，按 F12 键浏览并测试网页。

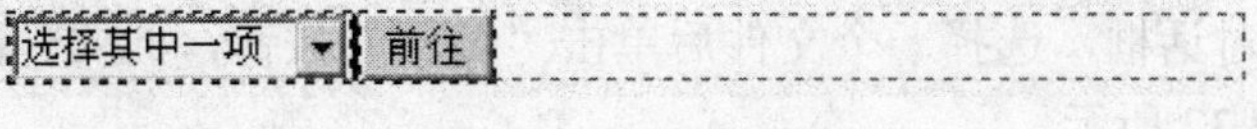

图 11-34　跳转菜单

11.7 文件域

文件域允许用户将其计算机上的文件（如字处理文档或图形文件等）上传到服务器。文件域与文本域的区别在于文件域右侧添加了一个"浏览"按钮。用户可以手动输入要上传的文件的路径，也可以使用"浏览"按钮定位和选择文件。

11.7.1 插入文件域

文件域要求使用 POST 方法将文件从浏览器传输到服务器，因此在插入文件域前应先设置表单属性：选择"方法"下拉列表框中的"POST"选项，从"MIME 类型"下拉列表框中选择"multipart/form-data"选项。如果用户不进行该操作，在插入文件域时 Dreamweaver 也会自动为表单附加该属性。

插入文件域的方法很简单，只需单击"表单"工具栏中的"文件域"按钮，或选择"插入"|"表单"|"文件域"命令即可插入文件域。选择插入的文件域即可在属性检查器中设置其属性，如图 11-35 所示。

图 11-35　文件域的属性检查器

如果用户通过浏览来定位文件，在文本域中输入的文件名和路径可超过指定的"最大字符数"的值。但是，如果用户尝试输入文件名和路径，则文件域仅允许输入"最大字符数"值所指定的字符数。

11.7.2 实例——制作文件上传按钮

前面介绍了跳转菜单的创建及属性设置方法，下面通过实例进一步巩固所学知识。打开 example 站点 011 文件夹中 005.html 文件，新建表单并在其中添加文件域，制作如图 11-36 所示的表单。

图 11-36　插入表单中的文件域

（1）打开 example 站点 011 文件夹中 005.html 文件。

（2）在网页中定位插入点，然后按两次 Enter 键插入一空行，单击"表单"工具栏中的"表单"按钮插入表单。

（3）将插入点置于表单内，输入"选择要上传的文件："。

（4）将插入点放在文本之后，单击"表单"工具栏中的"文件域"按钮插入一个文件域。

（5）按 Ctrl+S 组合键保存文件，按 F12 键浏览并测试网页。单击"浏览"按钮时，打开"选择文件"对话框，选择一个文件后单击"打开"按钮，此文件的路径即会显示在文本框中，如图 11-37 所示。

图 11-37　文件域效果

11.8　表单按钮

一般情况下，作为表单发送的最后一道程序，按钮通常被放在表单底部。Dreamweaver 中按功能可将按钮分为 3 类，提交、重置和普通，这 3 类按钮的作用如下。

（1）提交：用于可提交表单，即将表单内容发送到表单的 action 参数指定的地址。

（2）重置：用于使表单恢复刚载入时的状态，以便重新填写表单。

（3）普通：用于根据处理脚本激活一种操作。要指定某种操作，可在状态栏中单击 <form> 标签以选择该表单，然后在表单的属性检查器中通过设置"动作"选项来选择处理该表单的脚本或页面。该按钮没有内在行为，但可用 JavaScript 等脚本语言指定动作。

11.8.1　插入表单按钮

要在表单中插入表单按钮，可在定位插入点后，单击"表单"工具栏中的"按钮"按钮 ，或者选择"插入"|"表单"|"按钮"命令。

默认创建的按钮为"提交"按钮，如果要创建"重置"或"发送"按钮，须从按钮的属性检查器中选择"动作"选项组中的"重设表单"或"无"单选按钮。按钮的属性检查器如图 11-38 所示。

图 11-38　按钮的属性检查器

11.8.2　实例——插入按钮

前面介绍了按钮的创建及属性设置方法，下面通过实例进一步巩固所学知识。打开 example 站点 011 文件夹中的 005.html，将其另存为 006.html，并向其中添加两个按钮分别为"提交"与"重置"，得到如图 11-39 所示的表单。

（1）打开 example 站点 011 文件夹中的 005.html，将其另存为 006.html，如图 11-40 所示的编辑表格。

图 11-39　实例效果

图 11-40　编辑表格

（2）　将插入点置于空行中，单击"表单"工具栏中的"按钮"按钮插入一个按钮。

（3）　选择按钮，从属性检查器中选择"动作"选项组中的"重设表单"单选按钮。

（4）　在"重置"按钮右侧单击，再插入一个默认的"提交"按钮。

（5）　将插入点置于"重置"与"提交"按钮中间，在"代码"视图中插入 6 个" "。

（6）　按 Ctrl+S 组合键保存文件，按 F12 键浏览网页。

11.9　检查表单

Dreamweaver 提供了检查表单对象正确性的功能——检查表单。用户可使用 onBlur 事件将此动作附加到单个文本域，以便在用户填写表单时对单个域进行检查；也可使用 onSubmit 事件将其附加到表单，以便在用户单击"提交"按钮的同时对多个文本域进行检查。若有无效数据服务器会给予提示，要求用户重新填写，直到不包含无效数时才会接收。

11.9.1　检查表单

要验证表单对象的正确性，首先要在表单中选择所需的域。若要在用户提交表单时检查多个域，可选择表单对象。在"行为"面板中单击"添加行为"按钮，从弹出的菜单中选择"检查表单"命令，打开"检查表单"对话框，从中进行相关设置，如图 11-41 所示。

"检查表单"对话框中各选项的功能如下。

（1）　"域"：如果要检查多个域，须从该列表框中选择要验证的域；如果检查单个域，则系统会自动选择该域，只须进行相关设置即可。

（2）　"值"：如果必须包含某种数据，则应在此选项组中选中"必需的"复选框。

（3）　"可接受"：指定表单对象所能接受的值。

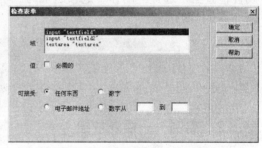

图 11-41　"检查表单"对话框

在检查单个域时，应检查一下默认事件是不是 onBlur 或 onChange。如果在用户提交表单时检查多个域，则 onSubmit 事件自动出现在"事件"弹出菜单中；如果不是，应从弹出的菜单中选择 onBlur 或 onChange。它们之间的区别是，onBlur 不管用户是否在该域中输入内容都会发生，而 onChange 只有在用户更改了该域的内容时才发生。若用户指定域为 Required 时，最好使用 onBlur 事件。

设置了检查表单选项后，用户可打开浏览器，向表单中输入指定的内容，以便对表单进行验证。如果输入的数据不正确，则会弹出提示对话框提示用户进行更改。

11.9.2　实例——为"提交"按钮添加检查表单行为

前面介绍了检查表单的设置方法，下面通过实例进一步巩固所学知识。打开 example 站点 011 文件夹中的 006.html，将其另存为 007.html，并向其中添加"重置"和"提交"两个按钮，然后添加检查表单行为。

（1）　打开 example 站点 011 文件夹中的 006.html，将其另存为 007.html。

（2）选择"窗口"｜"行为"命令，在右侧显示"行为"面板。

（3）选择"提交"按钮，单击"添加行为"按钮，从中选择"检查表单"命令，打开"检查表单"对话框。

（4）选择"域"列表框中的 imput"textfield"选项，再选择"值：必需的"复选框。

（5）选择"域"列表框中的 imput"textfield2"选项，再选择"值：必需的"复选框，"可接受"组中的"数字"单选按钮。

图 11-42　弹出的提示对话框

（6）完成设置后单击"确定"按钮，按 Ctrl+S 组合键保存网页。

（7）当用户在密码区域输入英文字符或其他非数值字符，单击"提交"按钮时会弹出如图 11-42 所示的提示对话框，要求用户更改 textfield2 的内容。

11.10　动手实践——制作表单页

为 meishi 站点制作一个简单的意见与建议表单，以便收集浏览者的反馈信息，如图 11-43 所示。

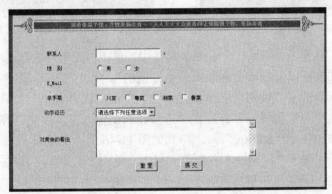

图 11-43　表单页

1.　准备工作

（1）打开 meishi 站点中的 jiaoliu.asp 网页，制作如图 11-44 所示的页面。

（2）将插入点置于 apDiv5 元素内，单击"常用"工具栏中的"表格"按钮，打开"表格"对话框，设定行数为 2，列数为 3，表格宽度为 100%，边框宽度为 0，单击"确定"按钮插入表格。

（3）设置 1 行 1 列单元格"高：40px"、"高：45px"、"插入图像（并不是背景图像）：jiaoliu/fuzhu1.gif"。

（4）设置 1 行 3 列单元格"高：40px"、"插入图像（并不是背景图像）：jiaoliu/fuzhu3.gif"。

（5）将插入点置于 1 行 2 列单元格中，在"拆分"模式左侧"代码"区域设置<td>标签，并添加文本，得到如下代码：

<td height="40" align="center" valign="middle"style="color: #C90; font-size: 12px; font-family: '宋体'; background-image:url（jiaoliu/fuzhu2.gif）; font-weight: bold;">美食张显个性，个性张扬美食——人人天天大众美食网让你展现个性、张扬美食</td>。

2. 插入表单及表单元素

（1）合并第 2 行所有单元格，将插入点置于表格第 2 行的单元格中，单击"表单"工具栏中的"表单"按钮，插入表单。

（2）插入 7 行 2 列，边框宽度为 0，表格宽度为 100%的表格，输入所需的文本，并设置单元格对齐方式。

（3）合并第 7 行两个单元格，得到如图 11-45 所示的效果。

图 11-44 搭建网页框架

图 11-45 插入表单

（4）将插入点置于"联系人"右侧单元格中，单击"表单"工具栏中的"文本字段"按钮，插入单行文本字段，在其右侧添加一个红色的*。

（5）将插入点置于"性别"右侧单元格中，单击两次"表单"工具栏中的"单选按钮"按钮，插入两个单选按钮，并分别在单选按钮右侧输入文本"男"和"女"（男与第二个单选按钮间添加 4 个" "），得到如图 11-46 所示的效果。

（6）将插入点置于"E_Mail"右侧单元格中，单击"表单"工具栏中的"文本字段"按钮，插入单行文本字段，并在其右侧添加一个红色的*。

（7）将插入点置于"拿手菜"右侧单元格中，单击 4 次"表单"工具栏中的"复选框"按钮，并分别为每个复选框添加标签（标签与右侧的复选框间添加两个" "），得到如图 11-47 所示的效果。

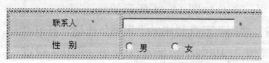

图 11-46 插入文本框与单选按钮

图 11-47 插入文本框与复选框

（8）将插入点置于"动手经历"右侧单元格中，单击"表单"工具栏中的"选择（列表/菜单）"按钮，然后单击属性检查器中的"列表值"按钮，在"列表值"中进行如下设置，如图 14-48 所示，完成设置单击"确定"按钮。

（9）　将插入点置于"对美食的看法"右侧单元格中，单击"表单"工具栏中的"文本框"按钮，得到如图 11-49 所示的效果。

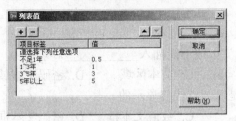

图 11-48　设置"列表值"

图 11-49　添加的文本区域

（10）　将插入点置于第 7 行中，单击"表单"工具栏中的"按钮"按钮，插入一个表单按钮。

（11）　选择此按钮，在属性检查器中的"动作"选项组中选择"重设表单"单选按钮，在"值"文本框中的"重置"两字之间添加 1 个空格。

（12）　将插入点置于"重置"按钮后，再次单击"表单"工具栏中的"按钮"按钮，插入一个提交按钮，并在其属性检查器上的"值"文本框中的"提交"两字之间添加 1 个空格。

（13）　在按钮所在行中的空白处单击，取消对按钮的选择。将插入点置于两个按钮中间，在"代码"区域插入 8 个" "。

3.　添加检查表单行为

（1）　选择"提交"按钮，单击"行为"面板中的"添加行为"按钮，从弹出的菜单中选择"检查表单"命令，打开"检查表单"对话框。

（2）　在"域"列表框中选择"input 'textfield'"选项，然后选中"必需的"复选框。

（3）　选择"input 'textfield2'"选项，选中"必需的"复选框，再选择"电子邮件地址"单选按钮，如图 11-50 所示。

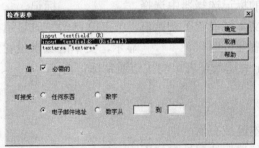

图 11-50　设置检查表单选项

（4）　单击"确定"按钮完成设置。

（5）　保存文件，按 F12 键浏览网页，并在文本区域中输入文字后单击"重置"及"提交"按钮进行测试。

11.11 上机练习与习题

11.11.1 选择题

(1) 单击"表单"工具栏中的"文本字段"按钮不能插入_____。
　　A. 单行文本域　　　B. 多行文本域　　　　C. 文本区域　　　D. 密码文本域
(2) 在_____文本框中输入的信息是以圆点代替显示的。
　　A. 单行文本框　　　B. 多行文本框　　　　C. 数值文本框　　D. 密码文本框
(3) 插入一个包含 4 个单选按钮的单选按钮组，以下命名正确的一组是_____。
　　A. radiobut1　　　　　radiobut2　　　　　radiobut3　　　　　radiobut4
　　B. radiobut　　　　　radiobutton　　　　radiobutton　　　　radiobutton
　　C. radiobutton　　　　radiobuttno　　　　radiobutton　　　　radiobutton
　　D. RadioGroup1　　　RadioGroup1　　　RadioGroup1　　　RadioGroup1
(4) 在检查表单时，通过"可接受"选项组为表单对象设置可接受的值。下面各选项中_____不属于"可接受"选项组中的选项。
　　　　A. 任何东西　　　B. 值　　　　C. 数字　　　　D. 电子邮件地址
(5) 自动添加至表单中的按钮具有将表单重新还原至载入时状态的按钮为_____。
　　　　A. 重置　　　　　B. 提交　　　C. 无　　　　D. 任意

11.11.2 填空题

(1) 默认情况下，插入的空白表单会以红色虚轮廓线表示，如果该红色轮廓线未显示，可选择"查看"|"可视化助理"下的_____命令。
(2) 选择表单的方法有两种：一种是通过单击该表单_____选中表单；另一种是从文档窗口左下角的标记选择器中选择_____标记。
(3) 如果为密码文本域设置了初始值，按 F12 键浏览时显示为_____。
(4) 文本域未设置属性时以_____显示，文本区域未设置属性前以_____显示。
(5) Dreamweaver 中插入至表单的按钮通常标记为_____、_____或_____。

11.11.3 问答题

(1) 文本域和文本区域有何区别？
(2) 单选按钮与复选框的属性有何不同之处？
(3) 如何插入跳转菜单？
(4) 表单按钮有什么作用？
(5) 如何验证表单对象的正确性？

11.11.4 上机练习

(1) 设计并创建一个表单。
(2) 为表单添加验证行为。

第 12 章　使用 HTML/XHTML 代码

本章导读

● 基础内容：HTML 与 XHTML 的中文名称及文件基本结构。

● 重点掌握：HTML 的基本语法，XHTML 与 HTML 的不同之处是如何在 HTML 中插入代码，以及如何清理网页中的多余代码。

● 一般了解：设置 HTML 代码颜色、格式、提示及改写参数只需了解即可，不进行这些内容设置，同样可在 Dreamwevaer 中编写代码。

课堂讲解

　　HTML 是一种用来制作超文本文档的超文本标记语言，是网络的通用语言，一种简单、通用的标签语言。它允许网页设计者建立文本与图像相结合的页面，且无论使用何种类型的电脑或浏览器都可以被网络中的浏览者浏览到。

　　本章主要介绍 XHTML 的相关知识，包括什么是 HTML 及其基本语法、如何定制及清理多余的 HTML 代码，以及在各种环境中编辑 HTML 代码的方法。

12.1 认识 HTML

HTML（HyperText Markup Language，超文本标记语言）是一种用来制作网页的语言。所谓超文本，是指可以在文档中加入图片、声音、动画、影视等内容。而用 HTML 编写的超文本文档（文件）称为 HTML 文档（网页），它兼容于各种操作系统平台，如 UNIX、Windows 等，并且可以通知浏览器应该显示什么内容。

12.1.1 HTML 概述

HTML 与普通文本的区别在于，HTML 是由一系列的标签及英文词汇所组成的。例如 <P>标签代表段落，<blockquote>代表块引用。一般情况下，标签都是成双成对出现的，例如前面出现<P>标签，则后面一定存在</P>标签。但是也有一些标签例外，例如<input>标签。

HTML 文档制作不是很复杂，且功能强大，支持不同数据格式的文件镶入，这也是 WWW 盛行的原因之一，HTML 主要有以下特点。

（1）简易性。HTML 版本升级采用超集方式，从而更加灵活方便。

（2）可扩展性。HTML 语言的广泛应用带来了加强功能，增加标识符等要求，HTML 采取子类元素的方式，为系统扩展带来保证。

（3）平台无关性。虽然 PC 机大行其道，但使用 MAC 等其他机器的大有人在，HTML 可以使用在广泛的平台上，这也是 WWW 盛行的另一个原因。

HTML 其实就是文本，编写环境可根据情况选择，一般情况下可使用 Windows 自带的记事本或写字板编写，也可以使用所见即所得软件提高开发效率（如 Hotdog 和网页作坊），还可以使用所见即所得软件进行编辑（如 Frontpage，Dreamweaver）。

12.1.2 HTML 的基本语法

HTML 实质上是一个基于文本的编码标准，用于指示 Web 浏览器以什么方式显示信息。HTML 是由一系列标签组成的，每组标签都用单括号（< 和 >）括起。

1. 文件基本结构

HTML 文档有其自身的结构，每一个 HTML 文档都必须包含 html、head 和 body 等标签，结构如下：

```
<html>
    <head>
        <title>...</title>
    </head>
    <body>
    ... ... ...
    </body>
</html>
```

以 html 标签开头是表示该文件为 html 文件；head 表示头文件，其中可包含文档的标签（如 title）、脚本和样式定义等内容；title 表示文件的标题，该标题出现在浏览器标题栏中；body 表示文件的主体，用于放置浏览器中显示信息的所有标志和属性，该部分内容会显示在浏览器中。我们把这类标签称为文件结构标签。此类标签的目的是标示出文件的结构。

（1） <html>...</html>：标示 html 文件的起始和终止。

（2） <head>...</head>：标示出文件头区域。

（3） <title>...</title>：标示出文件标题区。

（4） <body>...</body>：标示出文件主体区。

2. 常用标签语法

一般情况下标签是成对出现的，每对标签都含有起始标签和结束标签，其语法为：

<x>受控文本</x>

其中，x 代表标签名称。<x>为起始标签，</x>为结束标签（/为结束标记），受控文本放在两标签之间。

在标签之间还可以附加一些属性，用来完成某些特殊效果或功能。例如：

<x a1="v1",a2="v2", ..., an="vn">受控文字</x>

其中，a1，a2，...，an 为属性名称，而 v1，v2，...，vn 则是其所对应的属性值。

HTML 标签并没有大小写之分，即<BODY>和<body>是相同的。

3. 特殊标签——空标签

大部分的标签是成对出现的，但也有一些是单独存在的，这些标签称为空标签，其语法为：<x>。常见的空标签有<hr>、
等。与常用标签一样，空标签也可以附带一些属性，用来设置特殊效果或实现某些特殊功能，例如：

<x a1="v1", a2="v2", ..., an="vn">

W3C 定义的新标准（XHTML1.0/HTML12.0）建议：空标签应以/结尾，即：<X />；如果附加属性则为：

<x a1="v1", a2="v2", ..., an="vn" />

HTML 语法对于空标签后面是否要加"/"并没有严格要求，即在空标签最后加"/"和没有加"/"不影响其功能。但是如果希望你的文件能满足最新标准，那么最好加上"/"。

12.1.3 HTML 中的常用标签

本节主要介绍 HTML 中常用的标签。

1. 字符格式标签

用来改变 HTML 文件中文本的外观，增加文件的美观程度。

（1） `<b>...</b>`：粗体字。

（2） `<i>...</i>`：斜体字。

（3） `<tt>...</tt>`：打字体。

（4） `<font>...</font>`：改变字体设置。

（5） `<center>...</center>`：居中对齐。

（6） `<blink>...</blink>`：文字闪烁。

（7） `<big>...</big>`：加大字号。

（8） `<small>...</small>`：缩小字号。

（9） `<cite>...</cite>`：参照。

2. 区段格式标签

此类标签的主要用途是将 HTML 文件中的某个区段文字以特定格式显示，以增加文件的易读性。

（1） `<title>...</title>`：文件题目。

（2） `<hi>...</hi>`：1~6 级网页标题。其中`<h1>`到`<h6>`字号顺序减小，重要性也逐渐降低。通常浏览器将在标题的上面和下面自动各空出一行距离。

（3） `<hr>`：产生水平线。

（4） `<br>`：强制换行。

（5） `<p>...</p>`：文件段落。

（6） `<pre>...</pre>`：以原始格式显示。

（7） `<address>...</address>`：标注联络人姓名、电话、地址等信息。

（8） `<blockquote>...</blockquote>`：区段引用标签。

3. 列表标签

此类标签用于定义项目符号列表、数字编号列表及定义列表。

（1） `<ul>...</ul>`：无编号列表。

（2） `<ol>...</ol>`：有编号列表。

（3） `<li>...</li>`：列表项目。

（4） `<dl>...</dl>`：定义式列表。

（5） `<dd>...</dd>`：定义项目。

（6） `<dt>...</dt>`：定义项目。

（7） `<dir>...</dir>`：目录式列表。

（8） `<menu>...</menu>`：菜单式列表。

4. 超链接标签

超链接标签`<a>...</a>`的主要用途为定义超链接。

5. 表格标签

此类标签用于制作表格。

（1） `<table>...</table>`：定义表格区段。

（2） `<caption>...</caption>`：表格标题。

（3）　<th>...</th>：表头。

（4）　<tr>...</tr>：表格列。

（5）　<td>...</td>：表格单元格。

6. 多媒体标签

此类标签用来显示图像数据。

（1）　<img>：嵌入图像。

（2）　<embed>：嵌入多媒体对象。

（3）　<bgsound>：背景音乐。

7. 表单标签

此类标签用来制作交互式表单。

（1）　<form>...</form>：表明表单区段的开始与结束。

（2）　<input>：定义单行文本框、单选按钮、复选框等。

（3）　<textarea>...</textarea>：产生多行输入文本框。

（4）　<select>...</select>：标明下拉列表的开始与结束。

（5）　<option>...</option>：在下拉列表中定义一个选择项目。

12.2　认识 XHTML

XHTML（eXtensible HyperText Markup Language，可扩展超文本置标语言）是一种标签语言，表现方式与超文本标记语言（HTML）类似，不过语法上更加严格。从继承关系上讲，HTML 是一种基于标准通用标签语言（SGML）的应用，是一种非常灵活的置标语言，而 XHTML 则基于可扩展标签语言（XML）。

12.2.1　XHTML 概述

XHTML 中的 X 是可扩展的意思，它是 HTML 与 XML（扩展标签语言）的结合物，与 HTML 没有本质意义上的区别，但比 HTML 有更严格的要求。假如我们把 HTML 比作是汉语，那么 XHTML 就是标准普通话。对于现在才刚刚开始学习网页设计的朋友，直接学习 XHTML 是最佳的选择。事实上它也属于 HTML 家族，并且是基于 XML，对比以前各个版本的 HTML，它具有更严格的书写标准、更好的跨平台能力。

XHTML 是当前 HTML 版的继承者。HTML 语法要求比较松散，虽然这对网页设计者来说编写代码比较方便，但对于机器来说，语法越松散处理起来就越困难。对于传统的计算机来说还有能力兼容松散语法，但对于许多其他设备（如手机）难度就比较大。因此产生了由 DTD 定义规则，语法要求更加严格的 XHTML。

大部分常见的浏览器都可以正确地解析 XHTML，即使老一点的浏览器，XHTML 作为 HTML 的一个子集，许多也可以解析。也就是说，几乎所有的网页浏览器在正确解析 HTML 的同时可兼容 XHTML。尤其是和 CSS（Cascading Style Sheets，层叠式样式表）结合后，XHTML 能发挥真正的威力，从而在实现样式跟内容的分离的同时，又能有机地组合网页代码，在另外的单独文件中，还可以混合各种 XML 应用，比如 MathML、SVG。

XHTML 将以前版本的 HTML 能够实现的一些功能交给了 CSS，这意味着在学习 Dreamweaver 的同时还要了解 XHTML 和 CSS 两种技术。上一节介绍 HTML 的基本语法，本节主要介绍 XHTML 与 HTML 的区别，方便读者掌握 XHTML。

12.2.2　XHTML 文件结构

XHTML 文档必须拥有根元素。所有的 XHTML 元素必须被嵌套于<html>根元素中。其余所有的元素均可有子元素。子元素必须是成对的且被嵌套在其父元素之中。XHTML 文档基本结构如下。

```
<!DOCTYPE  html  PUBLIC  "-//W3C//DTD  XHTML  1.0  Transitional//EN"
"http://www.w3.org/TR/xhtml1/DTD/xhtml1-transitional.dtd">
<html xmlns="http://www.w3.org/1999/xhtml">
   <head>
      <meta http-equiv="Content-Type" content="text/html; charset=utf-8" />
      <title>...</title>
   </head>
   <body>
   ... ... ...
   </body>
</html>
```

XHTML 文档基本结构与 HTML 文档相同部分可参看 12.1.2 节，下面就 XHTML 特殊部分进行说明。

（1）XHTML 文档中的首行代码，是 XHTML 的 DTD，即网页声明，该语句上方不允许有空行，左侧不能有空格。http 后面的网址是 w3c 的 dtd 页面地址；而该段代码的作用是声明网页是使用 w3c 的 xhtml1-strict.dtd。

（2）在<html>标签里添加了属性：xmlns="http://www.w3.org/1999/xhtml"，这个叫做命名空间属性，属于 XML 范畴。该段代码的意思是：XHTML 符合 http://www.w3.org/1999/xhtml 制定的标准，而不是其他的标准。

（3）<meta>语句。meta 是 html 中的元标签，其中包含了对应 html 的相关信息，客户端浏览器或服务器端的程序会根据这些信息进行处理。其中的 http 表示网页是表现内容用的；content 表示网页的格式是文本的；charset 表示网页使用的是编码 utf-8，需要注意的是这个是网页内容的编码，而不是文件本身的。

12.2.3　XHTML 与 HTML 的不同之处

通常 XHTML 与 HTML 4.01 标准没有太多的不同，通过编写严格的 HTML，同样可以为学习或编写 XHTML 做好准备。从 HTML 到 XHTML 过渡的变化比较小，最大的变化在于结构。下面介绍 XHTML 与 HTML 的不同之处。

1．结束标签不可少

XHTML 中所有的标签都必须要有一个相应的结束标签。在 HTML 中可以打开许多标签，例如和<li>而不一定写对应的和</li>来关闭它们。但在 XHTML 中这是不合法的。XHTML 要求有严谨的结构，所有标签必须关闭。如果是单独不成对的标签（空标签），在标签最后应先加入空格再添加一个"/"来关闭它。例如：

```
<img height="80" alt="网页设计师" src="../images/logo03.gif" width="200" />
```

2.　必须使用小写

与 HTML 不一样，XHTML 对大小写非常敏感，<title>和<TITLE>是不同的标签。XHTML 要求所有的标签和属性的名字都必须使用小写。例如：<BODY>必须写成<body>。大小写夹杂也是不被认可的，通常 dreamweaver 自动生成的属性名字"onMouseOver"也必须修改成"onmouseover"。

3.　使用合理嵌套

因为 XHTML 要求有严谨的结构，因此所有的嵌套都必须按顺序，即一层一层的嵌套必须是严格对称。以前在 HTML 中这样写的代码：

```
<p><b></p></b>
```

在 XHTML 中必须修改为：

```
<p><b></b></p>
```

4.　属性必须使用引号

在 HTML 中，可以不需要给属性值加引号，但是在 XHTML 中，属性值必须使用引号""括起来。例如，在 HTML 中表示高度 80 可写成：

```
<height=80>
```

但在 XHTML 中必须修改为：

```
<height="80">
```

特殊情况，若需要在属性值里使用双引号，可以用"，单引号可以使用'，例如：

```
<alt="say&apos;hello&apos;">
```

5.　特殊符号使用编码表示

在某些情况下，若要用到小于号（<）和大于号（>），而小于号与大与号正好是标签的一部分，如<P>。当小于号（<）不再表示标签的一部分时，必须使用编码"<"代替；大于号（>）必须使用编码">"代替。同样，一些特殊符号也要用编码表示，例如"&"不表示实体的一部分时，应使用编码代替"&"。

6.　属性必须赋值

XHTML 规定所有属性都必须有一个值，没有值的就重复本身，不能简写。例如，HTML 中的语句：

```
<input type="checkbox" name="shirt" value="medium" checked>
```

在 XHTML 中必须修改为：

```
<input type="checkbox" name="shirt" value="medium" checked="checked">
```

这么做的目的是使一个 XHTML 网页能够被网页浏览器正确及较快地编译。表 12-1 列出了在 HTML 中可简写，但在 XHTML 中没有值时必须重复其本身的属性。

表 12-1 在 XHTML 中必须赋值的属性

HTML	XHTML	HTML	XHTML
compact	compact="compact"	checked	checked="checked"
declare	declare="declare"	readonly	readonly="readonly"
disabled	disabled="disabled"	selected	selected="selected"
defer	defer="defer"	ismap	ismap="ismap"
nohref	nohref="nohref"	noshade	noshade="noshade"
nowrap	nowrap="nowrap"	multiple	multiple="multiple"
oresize	noresize="noresize"		

7. 在注释内容中不能使用 "--"

"--" 只能发生在 XHTML 注释的开头和结束，也就是说，在内容中它们不再有效。例如下面代码在 XHTML 中是无效的：

```
<!--这里是注释-----------这里是注释-->
```

如果要想使用该注释内容，可用等号或者空格替换内部的虚线，例如：

```
<!--这里是注释===========这里是注释-->
```

8. 使用 id 代替 name 属性

在 XHTML 中，必须使用 id 属性代替 HTML 中的 name 属性，如果想兼容较低版本的浏览器，可同时使用 name 和 id 属性（两属性值相同），例如：

```
<img src="picture.gif" id="picture1" name="picture1" />
```

12.3 插入 HTML/XHTML 代码

Dreamweaver 提供了代码、设计和拆分 3 种视图模式，通过单击"文档"工具栏中的相应按钮即可在不同视图模式之间切换。

12.3.1 在"代码"模式下插入 XHTML 代码

单击"文档"工具栏中的"代码"按钮 代码，切换至"代码"视图，确定插入点在代码中的位置，或选择一个代码块，单击"编码"工具栏中的一个按钮，或者从工具栏的弹出菜单中选择一个菜单项。

1. "编码"工具栏

"编码"工具栏中各按钮的功能如下。

（1）　"打开的文档"：列出所有打开文档的绝对路径。选择一个文档后，它将显示在"文档"窗口中。单击按钮右下角的小三角可以显示出当前文档的绝对路径。

（2）　"显示代码浏览器"：以小窗口的方式显示当前插入点位置所应用的样式。将指针移至含虚线的代码上方（如 bddy,td,th）时，会显示样式属性；按住 Alt 键单击虚线代码时，"代码"视图自动跳转并显示样式属性。

（3）　"折叠整个标签"：折叠插入点所在标签中的内容。若要折叠外部标签，可按住 Alt 键单击该按钮。

（4）　"折叠所选"：折叠所选代码行。

（5）　"扩展全部"：展开所有折叠的代码。

（6）　"选择父标签"：选择当前插入点的上一级标签。

（7）　"选择当前代码段"：选择放置了插入点的那一行的内容及其两侧的圆括号、大括弧或方括号。

（8）　"行号"：在每个代码行的行首隐藏或显示数字。

（9）　"高亮显示无效代码"：以黄色高亮显示无效代码。

（10）　"自动换行"：代码区域内容自动换行。

（11）　"信息栏中的语法错误警告"：启用或禁用页面顶部提示您出现语法错误的信息栏。当 Dreamweaver 检测到语法错误时，语法错误信息栏会指定代码中发生错误的那一行。此外，Dreamweaver 会在"代码"视图中文档的左侧突出显示出现错误的行号。默认情况下，信息栏处于启用状态，但仅当 Dreamweaver 检测到页面中的语法错误时才显示。

（12）　"应用注释"：在所选代码两侧添加注释标签或创建新的注释标签。

（13）　"删除注释"：删除所选代码的注释标签。如果所选内容包含嵌套注释，则只会删除外部注释标签。

（14）　"环绕标签"：在所选代码两侧添加选自"快速标签编辑器"的标签。

（15）　"最近的代码片断"：从"代码片断"面板中插入最近使用过的代码片断。

（16）　"移动或转换 CSS"：用于将 CSS 移动到另一个位置，或者将内联 CSS 转换为 CSS 规则。

（17）　"缩进代码"：将选定内容向右移动。

（18）　"凸出代码"：将选定内容向左移动。

（19）　"格式化源代码"：将先前指定的代码格式应用于所选代码。

2. 使用"拆分"模式编辑 HTML

Dreamwever CS5 默认情况下，使用的是"拆分"模式，用户可根据情况选择是使用右侧的"设计"区域还是选择左侧"代码"区域设计网页。

例如，在网页中插入表格。插入过程可在右侧"设计"区域进行；向单元格中插入背景图像该操作可在左侧"设计"区域进行，直接在 <tr> 标签中输入代码 style="background-image:url（../011/bg01.JPG）"，如图 12-1 所示。完成代码输入后，单击属性面板中的"刷新"按钮

刷新 或按 F5 键即可。

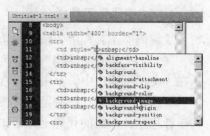

图 12-1 在左侧代码区域输入代码

12.3.2 使用代码检查器

单击"文档"工具栏中的"代码"按钮，切换至"代码"编辑模式下，直接在代码模式下插入代码。代码输入完成后，单击属性面板中的"刷新"按钮。

除此之外，用户也可选择"窗口" | "代码检查器"命令或按 F10 键都可以打开"代码检查器"面板，如图 12-2 所示。"代码检查器"可以显示当前文档的源代码，并按照 HTML 颜色参数中的设置显示各种标签的颜色。若修改了页面内容，则"代码检查器"面板中的代码也会相应地发生改变。

若要添加 HTML 代码，确定插入点所在位置，直接输入所需代码即可。如果要编辑代码格式，可单击"代码检查器"面板中的"选项菜单"按钮，打开如图 12-3 所示的下拉菜单，从该菜单中选择不同的命令，进行代码设置。例如，若要使代码能够自动换行，可选择"选项菜单" | "自动换行"命令；若要隐藏行号，可选择"选项菜单" | "行数"命令。

图 12-2 代码检查器

图 12-3 "选项菜单"下拉菜单

12.3.3 实例——合理应用代码创建表格

前面介绍了如何向页面中添加代码，下面通过实例进一步巩固所学知识。在 example 站点 012 文件夹中创建名为 001 的 HTML 文件，切换至"代码"编辑模式，向其中添加一个 5 行 3 列的黑色细线边框且无边距的表格。

（1）创建 HTML 文件，保存在 example 站点 012 文件夹中，文件名为 001.html。

（2）在"拆分"视图左侧<body> </body>间单击，按 Enter 键，插入一空行。

（3）单击"常用"工具栏中的"表格"按钮，打开"表格"对话框，设置"行数：5"、"列数：7"、"表格宽度：400 像素"、"边框粗细：1"，然后单击"确定"按钮插入 5 行 3 列表格。

（4）将插入点移至头文件<title>无标题文档</title>右侧，按 Enter 键插入空行，输入如下代码设置文档字体样式。

```
<style type="text/css">
body,td,th {
    font-family: "宋体";
```

```
    font-size: 12px;
}
</style>
```

代码说明：其中首行代码表示文档内文本使用宋体，第二行代码表示表格字体大小为12px。

（5）为了设置黑色细线边框且无边距表格，还应在<style>标签中加入 table 样式，代码如下：

```
table,tr,td {
    border-collapse:collapse;
    border-color:#000000;
    }
```

代码说明：其中首行代码表示单元格边框与表格边框间无间距，第二行代码表示表格边框颜色为黑色。

（6）完成代码输入，单击属性面板中的"刷新"按钮，在右侧"设计"视图得到如图 12-4 所示的表格效果。

（7）按 Ctrl+S 组合键保存文件，按 F12 键预览得到如图 12-5 所示的表格效果。

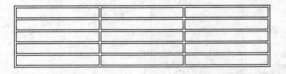

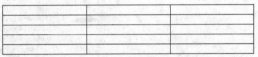

图 12-4　"设计"视力中的表格效果　　　　图 12-5　预览表格效果

12.4　设置 HTML 代码参数

在 Dreamweaver 中，用户可以设置代码颜色、代码格式及代码改写等参数。打开 HTML 文档时，Dreamweaver 的代码改写功能可以重新编写原有的 HTML 代码。

12.4.1　设置代码颜色

默认情况下，代码视图和代码检查器背景颜色为白色（#FFFFFF）。更改背景颜色的方法是：选择"编辑"|"首选参数"命令，打开"首选参数"对话框，在"分类"列表框中选择"代码颜色"选项，如图 12-6 所示。

"代码颜色"选项页中各选项的功能如下。

（1）"默认背景"：设置"代码"视图和代码检查器的默认背景颜色。

（2）"隐藏字符"：设置隐藏字符的颜色。

（3）"实时代码背景"：设置实时"代码"视图的背景颜色。此默认颜色为黄色。

（4）"代码更改"：设置实时"代码"视图中发生更改的代码的高亮颜色。此默认颜色为粉红色。

（5）"只读背景"：设置只读文本的背景颜色。

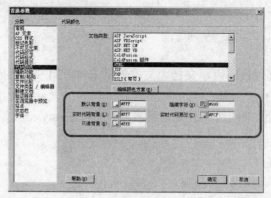

图 12-6 "代码颜色"选项页

12.4.2 设置代码格式

用户可根据情况设置 HTML 代码的格式，如缩进、行长度及标签和属性名称的大小写等，方法是：选择"编辑"|"首选参数"命令，打开"首选参数"对话框，在"分类"列表框中选择"代码格式"选项，如图 12-7 所示。

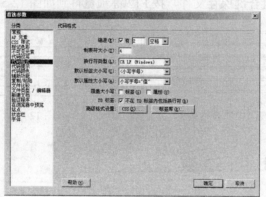

图 12-7 "代码格式"选项页

"代码格式"选项页中各选项的功能如下。

（1） "缩进"：设置代码是否缩进。若选择"有"复选框，用户可在其后的文本框和下拉列表框选择缩进大小值及缩进方式。缩进值默认值为 2，缩进方式默认使用空格，也可将其设置为制表符。

（2） "制表符大小"：确定制表符显示的字符宽度，默认值为 4。

（3）. "换行符类型"：选择换行符类型。

（4） "默认标签大小写"和"默认属性大小写"：控制标签和属性名称的大小写。

（5） "覆盖大小写"选项组：指定强制"标签"和"属性"使用指定的大小写选项。

（6） "TD 标签"：不在 TD 标签内包括换行符"：解决当<td>标签之后或</td>标签之前紧跟有空白或换行符时某些较早浏览器中发生的呈现问题。选择此选项后，即使标签库中的格式设置指示应在<td>之后或</td>之前插入换行符，Dreamweaver 也不会在这些地方写入换行符。

（7） "高级格式设置"：用来为层叠样式表（CSS）代码和标签库编辑器中的单个

标签和属性设置格式设置选项。

12.4.3　设置代码提示

用户可以更改代码提示的默认首选参数。例如，如果不想显示 CSS 属性名或 Spry 代码提示，则可以在代码提示首选参数中取消选择它们。还可以设置代码提示延迟时间和结束标记的首选参数。操作方法是：选择"编辑"|"首选参数"命令，打开"首选参数"对话框，在"分类"列表框中选择"代码提示"选项，如图 12-8 所示。

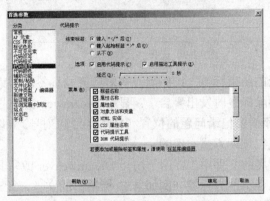

图 12-8　"代码提示"选项页

"代码提示"选项页中各选项的功能如下。

（1）"结束标签"：指定希望 Dreamweaver 插入结束标签的方式。默认情况下，Dreamweaver 会自动插入结束标签（在"键入字符</之后"）。可以更改此默认行为，以便在键入开始标签的最后尖括号（>）之后插入结束标签，或者不插入结束标签。

（2）"启用代码提示"：在"代码"视图中输入代码时显示代码提示。用户可通过拖动"延迟"滑块设置在显示适当的提示之前经过的时间（以秒为单位）。选择"启用描述工具提示"表示如果选择的代码有扩展描述，则显示该代码提示的扩展描述。

（3）"菜单"：设置在输入代码时具体要显示哪种类型的代码提示。用户可根据需要从列表框中选择全部或部分菜单。

12.4.4　设置代码改写参数

选择"编辑"|"首选参数"命令，打开"首选参数"对话框，在"分类"列表框中选择"代码改写"选项，如图 12-9 所示。

"代码改写"允许用户指定首选参数，以确定在打开文档、复制和粘贴表单元素或在使用 Dreamweaver 工具（例如属性检查器）输入属性值和 URL 时，是否要修改代码，以及如何修改。"代码改写"选项页中各选项的功能如下。

（1）"修正非法嵌套标签或未结束标签"：自动修正代码中的非法嵌套标签或未成对出现的标签。例如，将text 改写为 text；如果缺少右引号或右括号，则此选项还将插入右引号或右括号。

（2）"粘贴时重命名表单项"：确保表单对象不具有重复的名称，默认情况下选中该复选框。

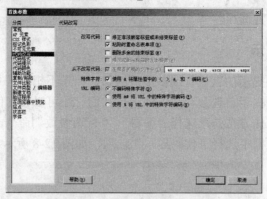

图 12-9　选择"代码改写"选项

（3）　"删除多余的结束标签"：删除没有对应开始标签的结束标签。

（4）　"修正或删除标签时发出警告"：显示 Dreamweaver 试图更正的在技术上无效的 HTML 代码的摘要和摘要记录问题的位置（使用行号和列号），以便用户可以找到问题代码以更正并确保它是按预期方式实现的。

（5）　"在带有扩展的文件中"：用于防止 Dreamweaver 改写具有指定文件扩展名的文件中的代码。对于包含第三方标签（例如 ASP 标签）的文件，此选项特别有用。

（6）　"使用&将属性值中的<，>，&，和"编码"：用于确保 HTML 代码中只包含合法的字符，除非文件中含有某些第三方标签，通常不选择此项。

（7）　"不编码特殊字符"：防止 Dreamweaver 更改 URL 从而仅使用合法字符。

（8）　"使用&# 将 URL 中的特殊字符编码"：确保当用户使用 Dreamweaver 工具（如属性检查器）输入或编辑 URL 时，这些 URL 只包含合法的字符。默认情况下选中该选项。

（9）　"使用%将 URL 中的特殊字符编码"：与前一选项的操作方式相同，但是使用另一方法编码特殊字符。

12.4.5　实例——设置代码参数

前面介绍了代码颜色、格式、提示及改写参数的设置方法，下面通过实例进一步巩固所学知识。将"代码检查器"面板的背景色设为淡蓝色（#39F），设置缩进值为 1 个制表符，制表符大小为 2 字符。

（1）　选择"编辑"|"首选参数"命令，打开"首选参数"对话框。

（2）　选择"分类"列表框中的"代码颜色"选项，在"文档类型"列表框中选择"HTML"选项。单击"默认背景"拾色器从弹出的调色板中选择淡蓝色，或在其后的文本框中直接输入"#39F"。

（3）　选择"分类"列表框中的"代码格式"选项。打开"缩进"右侧的下拉列表框从中选择"Tab 键"选项，在中间的文本框中输入数值 1，在"制表符大小"文本框中输入数值 2。

（4）　完成设置，单击"确定"按钮。

12.5　清理 HTML 代码

使用清理 HTML 功能可以删除空标签，合并嵌入<font>标签，改善杂乱无章的 HTML 代码，使代码更加有条理性。

12.5.1　消除多余的 HTML 代码

在代码视图或代码检查器中经常会看到一些多余的代码，这些代码不仅影响 XHTML 文档的运行，而且造成阅读不便。

打开 HTML 文档，选择"命令"|"清理 XHTML"命令，打开"清理 HTML/XHTML"对话框，如图 12-10 所示。选择所需选项，单击"确定"按钮，即可清除多余的代码。

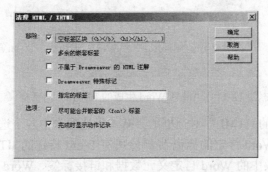

图 12-10　"清理 HTML/XHTML"对话框

"清理 HTML/XHTML"对话框中各选项的功能如下。

（1）　"空标签区块"：删除中间没有内容的所有标签。例如，<b></b>和<font color="#FF0000"></font>都是空标签。

（2）　"多余的嵌套标签"：删除所有多余的标签。例如，在代码"<b>平步<b>青云</b></b>"中包围"青云"的<b>标签是多余的，可以删除之而变为"<b>平步青云</b>"。

（3）　"不属于 Dreamweaver 的 HTML 注解"：删除所有非 Dreamweaver 插入的注解。例如，<!--begin body text-->注解会被删除，但<!-- #BeginEditable "doctitle" -->注解不会被删除，因为此批注是由 Dreamweaver 添加的，表示模板中编辑区域的开始。

（4）　"Dreamweaver 特殊标签"：删除所有 Dreamweaver 插入的特殊标签。

（5）　"指定的标签"：用于删除其后文本框中指定的标签，如可视化编辑器插入的自定义标签和一些不想出现在站点中的标签。标签之间使用半角逗号分隔。

（6）　"尽可能合并嵌套的<font>标签"：合并两个或多个控制相同范围文本的 font 标签。

（7）　"完成后显示记录"：确定是否在清理完毕立即显示警告框。

12.5.2　清除多余的 Word 代码

应用 Dreamweaver 可以打开用 Word 编辑的 HTML 文件，或直接将 Word 文档导入到 Dreamweaver，然后应用"清除多余的 Word 代码"功能删除由 Word 生成的无关的 HTML

代码。

要清除多余的 Word 代码，应在 Dreamweaver 中打开一个在 Microsoft Word 中保存为 HTML 文件的文档，然后选择"命令"|"清理 Word 生成的 HTML"命令，打开如图 12-11 所示的"清理 Word 生成的 HTML"对话框，设置完成后单击"确定"按钮。

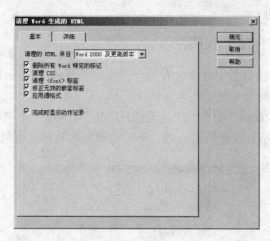

图 12-11   "清理 Word 生成的 HTML"对话框

"清理 Word 生成的 HTML"对话框的"基本"选项卡中各个选项的功能如下。

（1）"删除所有 Word 特定的标记"：删除所有 Word 特定的 HTML 标签，包括<html>标签中的 XML、文档头中的 Word 自定义元数据和链接标签、Word XML 标签、条件标签及其内容，以及样式中的空段落和边距。

（2）　"清理 CSS"：删除所有 Word 特定的 CSS（AP 元素叠样式表），包括尽可能移除内联 CSS 样式、非 CSS 样式声明、表格中的 CSS 样式属性及文件头中所有未使用的样式。

（3）"清理<font>标签"：删除<font>标签，将默认的正文文本转换成 2 号字的 HTML 文本。

（4）　"修正无效的嵌套标签"：删除 Word 在段落和标题标签外部插入的<font>标签。

（5）　"应用源格式"：将 HTML 格式参数选择和 SourceFormat.txt 中指定的源格式选项应用于文档。

（6）　"完成时显示动作记录"：与"清理 HTML"命令类似，清理完成时显示一个警告对话框，其中包含有关文档改动的详细信息。

用户还可以切换至"详细"选项卡中设置清理内容，如 Word 特定标记和 CSS 样式等。

12.5.3   实例——清理 Word 网页中的多余代码

前面介绍了清理代码的方法，下面通过实例进一步巩固所学知识。打开 example 站点 012 文件夹中的由 Word 生成的 word.htm 网页，对其中的 HTML 代码进行优化并另存为 002.html。

（1）　打开 example 站点 012 文件夹中的 002.html 网页。

（2）选择"命令"|"清理 Word 生成的 HTML"命令，打开"清理 Word 生成的 HTML"

对话框。

（3）确定"基本"选项卡中已选择所有选项，"详细"选项卡中已选择所有选项，单击"确定"按钮。

（4）弹出如图 12-12 所示的对话框，单击"确定"按钮，完成 HTML 代码清理。

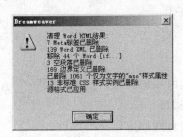

图 12-12　提示对话框

（5）选择"文件"|"另存为"命令，将文件保存在相同路径下，文件名为 002.html。

12.6　实例——应用代码编辑网页

下面应用本章介绍的代码知识，在 Dreamweaver 的"代码"窗口中编写一段 XHTML 代码，得到如图 12-13 所示的网页。

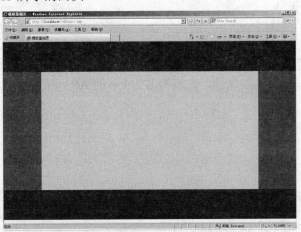

图 12-13　由 XHTML 代码制作的网页

步骤 1：创建空文档。

（1）选择"文件"|"新建"命令，打开"新建文档"对话框。

（2）单击"空白页"选项，选择"页面类型"列表框中的"ASP VBScript"选项，选择"布局"列表框中的"<无>"选项。

（3）单击"创建"按钮，按 Ctrl+S 组合键保存文件为 mbasic.asp。

步骤 2：编写主体代码。

（1）在"拆分"模式下，选择<title>标签中的"无标题文档"字样，将其更改为"模板基础页"。

（2）将插入点置于<body>右侧按 Enter 键，插入新行。在主体中插入 AP 元素，AP

元素的标签为<div>，接下来在主体处添加如下代码：

```
<body>
  <div id="top"></div>
  <div id="left"></div>
  <div id="middle"></div>
  <div id="right"></div>
  <div id="bottom"></div>
</body>
```

（3） 如果要在 AP 元素内添加内容，例如在第一个 AP 元素内添加文本，可将插入点置于<div></div>之间，代码为：

<div id="top">欢迎访问美食网</div>

至于 AP 元素内要插入什么内容可根据实际需要而定，在此就不介绍了。

步骤 3：编写文档内联样式。

（1） 为了统一文档的字体格式，接下来应在头文件中添加样式，将插入点置于</title>标签右侧，按 Enter 键，插入新行，然后添加如下代码：

```
<style type="text/css">
 body,td.th{
font-family: "宋体";
font-size: 12px;
  }
</style>
```

（2） 在正文内插入 5 个 AP 元素，同样需要 CSS 进行控制，接下来在头文件<style>标签中分别定义这些 AP 元素属性，先编写名为 top 的 AP 元素属性代码：

```
#top{
position:absolute;
left:0px;
top:0px;
width:100%;
height:100px;
z-index:1;
background-image: url（image/bg002.jpg）;
         }
```

（3） 编写名为 left、middle、right 和 bottom 等 AP 元素属性代码。

```
#left{
    position:absolute;
    left:0px;
    top:100px;
    width:13%;
    height:400px;
    z-index:1;
    background-image: url（image/bg003.jpg）;
    }
```

```
#middle{
    position:absolute;
    left:13%;
    top:100px;
    width:74%;
    height:400px;
    z-index:1;
background-image: url (image/bg001.jpg);
    }

#right{
    position:absolute;
    left:87%;
    top:100px;
    width:13%;
    height:400px;
    z-index:1;
    background-image: url (image/bg003.jpg);
    }
#bottom{
    position:absolute;
    left:0px;
    top:500px;
    width:100%;
    height:100px;
    z-index:1;
    background-image: url (image/bg002.jpg);
    }
```

步骤 4：保存并预览文件。

（1）　单击属性检查器中的"刷新"按钮在"设计"区域预览应用代码编写的网页。

（2）　按 Ctrl+S 组合键，保存网页。

（3）　按 F12 键预览网页效果。

12.7　上机练习与习题

12.7.1　选择题

（1）　下列标签中_____必须嵌套于<head>标签之中。

A. body

B. title

C. image

D. html

（2）　显示在网页文件中的所有内容必须包含在_____标签内。

A. body

B. title

      C. image

      D. html

（3）以<tr>标签为例，关于 HTML 中的代码下列说法正确的是_____。

      A. HTML 中只能出现一次<tr>标签

      B. Dreamweaver 中所有的标签都必须成对出现

      C. <tr>为起始标签，</tr>为结束标签

      D. <tr>为添加图像的标签

（4）关于 XHTML 和 HTML 下列说话正确的是_____。

      A. XHTML 代码不区分大小写，而 HTML 代码区分大小写

      B. 使用 XHTML 代码编写的网页首行可直接书写<html>无需加以声明

      C. XHTML 是可扩展性超文本标记语言，所以它的容错能力更强，不要求用户
使用严谨的嵌套结构

      D. HTML 允许只有起始标签，而 XHTML 则不允许

（5）使用清理 HTML 功能可以删除_____。

      A. 成对出现无内容的空标签

      B. <font>标签

      C. 所有标签

      D. 所有 HTML 代码

12.7.2　填空题

（1）Dreamweaver 为用户提供了 3 种不同的视图模式，允许用户在不同的模式下编辑文档，这 3 种模式分别为_____、_____和设计视图。

（2）HTML 是 Hyper Text Markup Language 的缩写，其中文全称为_____。

（3）应用 XHTML 编写网页，如果要为水平线添加颜色代码，应在"代码"中写代码_____。

（4）通过设置_____可以控制背景色、文本、标签和保留关键字等项目的颜色；通过设置_____，则可以控制 HTML 代码的格式，例如缩进、行长度及标签和属性名称的大小写等。

（5）若要清除多余的 HTML，可选择_____菜单下的"清理 XHTML"命令。

12.7.3　问答题

（1）如何在 Dreamweaver 中打开 Word 文件并清除其中多余的 Word 代码？

（2）如何使用外部代码编辑器来编辑当前文档的 HTML 代码？

12.7.4　上机练习

以 12.6 节中编写的网页为基础，试着改变网页效果。

（1）将文本字体设置为华文中宋、14 px，字体颜色为#A97DFF。

（2）调整 AP 元素属性，例如将背景图像列改为自己喜好的风格。

第 13 章　使用 JavaScript 行为

本章要点

- 了解行为和内置行为
- 了解事件
- 为对象附加行为

本章导读

- 基础内容：认识行为面板和常用事件。
- 重点掌握：应用 Dreamweaver CS5 如何为选择的对象添加动作，并设置调用动作的事件。
- 一般了解：Dreamweaver 中内置的行为已经足够使用，如何下载并安装第三方行为只需了解即可。

课堂讲解

　　行为是在网页中进行一系列动作，可以帮助用户构建页面中的交互行为，通过这些动作实现用户与页面的交互。Dreamweaver 内置了各种行为，设计者只须将其附加至对象即可，无须动手编写 JavaScript 代码。

　　本章主要介绍了行为的概念、Dreamweaver 内置行为以及行为的应用等知识。通过本章的学习，用户应了解如何应用 Dreamweaver 设置各种内置行为。

13.1 认识 JavaScript 行为

JavaScript 是一种"脚本"语言，它直接把代码写在 HTML 文档中，只有当浏览器读取它们时才能进行编译并加以执行，它没有独立的运行窗口，浏览器当前窗口就是它的运行窗口。JavaScript 使有规律地重复的 HTML 文段简化，减少下载时间。在网页中添加 JavaScript，可以使网页更具互动性。JavaScript 能及时响应用户的操作，对提交表单做即时的检查，无需浪费时间交由 CGI 验证。

行为是某个事件和由该事件触发的动作的组合。Dreamweaver CS5 行为将 JavaScript 代码放置到文档中，这样访问者就可以通过多种方式更改网页，或启动某些任务。除此之外，应用 Dreamweaver 软件不但可以自行编写 JavaScript 代码，还可以通过一些简单的操作添加 JavaScript 行为。

13.1.1 认识"行为"面板

为 Dreamweaver 中的对象添加行为，要应用到"行为"面板。默认情况下，"标签检查器"面板组中包含有两个按钮："属性"和"行为"。单击"行为"按钮，可显示"行为"面板，如图 13-1 所示。

若要为某元素添加行为，应先单击"行为"面板中的"添加行为"按钮 ＋，然后从打开的下拉菜单中选择行为。下面先认识一下"行为"面板中各按钮的功能。

图 13-1   "行为"面板

（1）"添加行为" ＋：打开"行为"下拉菜单，以便从中选择要添加的行为。

（2）"显示设置事件" ：显示附加事件。添加行为后，系统自动为行为添加各类事件，如 onMouseOut 或 onMouseOver 等。

（3）"显示所有事件" ：按字母顺序降序显示所有事件。例如，为图片设置"交换图像"行为，会显示 onMouseDown、onMouseOut、onMouseOver 和 onMouseUp 事件。

（4）"删除事件" －：删除选择的事件和动作。

（5）"增加事件值 ▲/降低事件值 ▼"：调整事件发生的顺序。在行为列表中上下移动特定事件的选定动作。只能更改特定事件的动作顺序，例如，可以更改 onLoad 事件中发生的几个动作的顺序，但是所有 onLoad 动作在行为列表中都会放置在一起。对于不能在列表中上下移动的动作，箭头按钮将处于禁用状态。

13.1.2 Dreamweaver 中的内置行为

动作是一段预先编写的 JavaScript 代码，可用于执行诸如以下的任务：打开浏览器窗口、显示或隐藏 AP 元素、播放声音或停止播放 Adobe Shockwave 影片等，我们称其为 Dreamweaver 内置行为。Dreamweaver 的"行为"面板中预设有 10 多种可直接应用的行为，下面简单介绍一下各行为的功能。

（1）"交换图像"：该行为用于创建鼠标经过图像和其他图像效果（包括一次交换多个图像）。值得注意的是，交换图像尺寸应与原图像尺寸相同。

（2）"弹出信息"：创建进入某个网页前弹出提示对话框。例如，当访问者进入某个网站首页时，会自动弹出"欢迎访问本站"对话框。

（3）"恢复交换图像"：将最后一组交换的图像恢复为它们以前的源文件。

（4）"打开浏览器窗口"：打开一个具有特定属性（包括其大小）、特性（是否可以调整大小、是否具有菜单条等）和名称的窗口。

（5）"拖动 AP 元素"：允许访问者拖动 AP 元素。该行为可用于创建拼板游戏和随鼠标移动而发生位移的网页特效。

（6）"改变属性"：更改选择对象的属性值。如 AP 元素的背景颜色。

（7）"效果"：设置视觉增强效果，通常用于在一段时间内高亮显示信息，创建动画过渡或者以可视方式修改页面元素。

（8）"显示-隐藏元素"：显示、隐藏或恢复一个或多个 AP 元素的默认可见性，该行为用于在用户与网页进行交互时显示信息。

（9）"检查插件"：根据检查到的不同插件将当前网页引入不同的网页。

（10）"检查表单"：检查表单文本域中输入的数据类型是否正确。

（11）"设置文本"：设置 AP 元素文本、文本域文字、框架文本和状态栏文本。

（12）"调用 JavaScript"：用于指定当发生某事件时应执行的函数或 JavaScript 代码行。

（13）"跳转菜单"：若在表单中插入跳转菜单，则自动创建一个菜单对象并向其附加一个 JumpMenu（或 JumpMenuGo）行为。

（14）"跳转菜单开始"：允许用户将一个"转到"按钮和一个跳转菜单关联起来。注意，在使用该行为前，必须已存在一个跳转菜单。

（15）"转到 URL"：在当前窗口或指定的框架中打开一个新 URL。常用于刚刚更改网址的网站，单击旧网址显示"网址变更为×××"等消息，然后自动链接到新网址。

（16）"预先载入图像"：将不立即显示在网页中的图像载入浏览器缓存中，可用于防止当图像应该显示时却由于下载速度慢导致延迟而无法显示。

13.1.3　常用事件

实际上，事件是浏览器生成的消息，它指示该页的访问者已执行了某种操作。例如，当访问者将鼠标指针移到某个链接上时，浏览器将为该链接生成一个 onMouseOver 事件；然后浏览器检查是否应该调用某段 JavaScript 代码进行响应。不同的页元素定义了不同的事件；例如，在大多数浏览器中，onMouseOver 和 onClick 是与链接关联的事件，而 onLoad 是与图像和文档的 body 部分关联的事件。

在将 Dreamweaver 行为附加到某个页面元素之后，它会自动显示在行为列表中，并按事件以字母顺序列出。如果行为列表中没有显示任何行为，则表示没有行为附加到当前所选的页面元素；如果针对同一个事件列有多个动作，则会按在列表中出现的顺序执行这些动作，如图 13-2 所示。

如果需要更改触发一系统动画的事件，可以单击左侧的下拉箭头，从弹出的菜单中选择事件，如图 13-3 所示。值得注意的是，该菜单中显示的事件，会因选择的对象不同而发生改变。

图 13-2　添加事件的"行为"面板　　　　　图 13-3　事件弹出菜单

下面认识一下 Dreamweaver CS5 中的所有事件。

（1）　onBlur：元素失去焦点。

（2）　onClick：单击某对象时调用动作。

（3）　onDblClick：双击某对象时调用动作。

（4）　onError：出现错误时调用动作。

（5）　onFocus：元素获得焦点。

（6）　onKeyDowm：按下某键时调用动作。

（7）　onKeyPress：按下并释放某键时调用动作。

（8）　onKeyUP：释放某键时调用动作。

（9）　onLoad：在页面加载完成后立即调用动作。

（10）　onMouseDown：按下鼠标左键时调用动作。

（11）　onMouseMove：移动鼠标指针时调用动作。

（12）　onMouseOut：将鼠标指针从某对象上移开时调用动作。

（13）　onMouseOver：将鼠标指针移至某对象上时调用动作。

（14）　onMouseUp：释放鼠标左键时调用动作。

（15）　onUnload：与 onLoad 事件相对，当关闭页面时调用动作。

13.2　几种常用行为

Dreamweaver 内置的行为，都是经过开发人员精心编写的，它们都最大程度地跨浏览器兼容性。建议用户最好不要手动删除 Dreamweaver 动作代码，或是使用自己编写的代码进行替换，否则可能会推动跨浏览器兼容的特性。

13.2.1　为对象附加行为

Dreamweaver 中的行为可以附加到整个文档，也可以附加到链接、图像、表单元素或多种 HTML 元素。在为对象附加行为时，主要用到一些简单的事件（如按下、移入、移出等）和一些超链接（如文字或图片）的应用。

一般情况下，用户无法为普通文本（即未设置超链接的文本）设置行为，若要为文本附加行为，用户必须先为其添加一个空链接。为普通文本添加空链接有以下两种方法。

（1）　直接在属性检查器中的"链接"文本框中输入"javascript:;"或"#"。

（2）　在代码视图模式，为文本添加 herf="javascript:;"或 herf="#"代码。

如果要为选择的对象添加选择，首先应选择该对象，然后单击"行为"面板中的"添加行为"按钮；其次从弹出菜单中选择要添加的动作，并在弹出的设置对话框中进行设置；最后在"行为"面板中设置激活动作的事件即可。

13.2.2　应用交换图像行为

"交换图像"行为通过更改<img>标签的 src 属性将一个图像和另一个图像进行交换。使用此行为可创建鼠标经过按钮的效果以及其他图像效果。值得注意的是：因为只有 src 属性受到此行为的影响，所以要求原始图像尺寸（高度和宽度）应与效果图像尺寸相同。

下面以 anu01.jpg 和 anu02.jpg 两个图像为例，介绍为图像添加交换行为的方法：先将原始图片插入到页面（如 anu01.jpg），然后选择该图片，切换至"行为"面板，单击"添加行为"按钮，从弹出的菜单中选择"交换图像"命令，打开"交换图像"对话框，如图 13-4 所示。

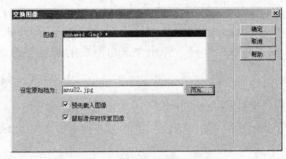

图 13-4　"交换图像"对话框

确定已经选择了"预先载入图像"和"鼠标滑开时恢复图像"复选框，然后单击"设定原始当为"右侧的"浏览"按钮，设置效果图像为 anu02.jpg。完成设置，单击"确定"按钮。保存文档，按 F12 键预览效果。浏览网页时预先载入图像 anu01.jpg（灰色文本按钮），当鼠标移至按钮时变为 anu02.jpg（红色文本按钮），如图 13-5 所示。

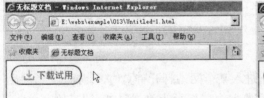 

图 13-5　"交换图像"效果

不仔细分析操作过程的话，可能会认为只添加了一个行为"交换图像"，其实一共添加了 3 个行为："预先载入图像"、"交换图像"和"恢复交换图像"，如图 13-6 所示。其中"预先载入图像"和"恢复交换图像"行为是通过选择"交换图像"对话框中的两个复选框自动生成的，这样就省去手动设置的过程。

图 13-6　为图像添加的 3 个行为

13.2.3　单击文本弹出信息

若想创建单击某文本时弹出提示窗口，应先为该文本添加空链接。接下来以为"进入"文本添加弹出"欢迎光临 XXX 网站"字样为例，介绍单击文本弹出信息行为的操作方法。先选择"进入"字样，在属性检查器"链接"对话框中输入英文状态的#号。然后单击"行为"面板中的"添加行为"按钮，从弹出的菜单中选择"弹出信息"命令，打开"弹出信息"对话框，在文本框中输入"欢迎光临 XXX 网站"，如图 13-7 所示。单击"确定"按钮，完成设置。

Dreamweaver 自动为该行为添加了 onClick 事件，保存网页并按 F12 键预览网页，单击"进入"字样，弹出"来自网页的消息"对话框，如图 13-8 所示。

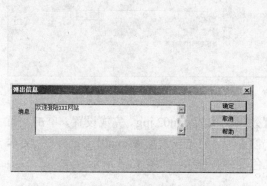

图 13-7　"弹出信息"对话框

图 13-8　弹出的信息对话框

13.2.4　载入网页时打开浏览器窗口

在浏览网页时经常能遇到这种情况，在进入某个网站打开首页时，会打开一个小窗口，给用户一些小提示。在为网页添加"打开浏览器窗口"行为前，要求应先制作一个打开的小窗口。然后在网页的任意空白位置处单击，打开"行为"面板"添加行为"弹出菜单，从中选择"打开浏览器窗口"命令，打开如图 13-9 所示的"打开浏览器窗口"对话框。在该对话框中对弹出窗口中要显示的链接文件、窗口宽高、界面设置和窗口名称等选项设置后，单击"确定"按钮。

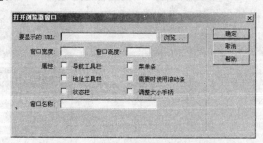

图 13-9　"打开浏览器窗口"对话框

"打开浏览器窗口"对话框中各选项的功能如下。

（1）"要显示的 URL"：选择要打开的网页。

（2）"窗口宽度"、"窗口高度"：设置弹出窗口的宽度和高度。

（3）"属性"：设置弹出窗口的参数，如是否包含导航工具栏、地址工具栏、状态栏、菜单栏、需要时使用滚动条和调整大小控制柄等。

（4）"窗口名称"：设置弹出窗口的名字。如果只弹出一个窗口，此选择可忽略；如果同时弹出多个窗口，则应为每个窗口设置名称。在为窗口命名时建议使用英文名称，且不能包含空格或特殊字符。

13.2.5　应用设置状态栏文本行为

"设置状态栏文本"行为可在浏览器窗口左下角处的状态栏中显示消息。例如，您可以使用此行为在状态栏中说明链接的目标，而不是显示与之关联的 URL。访问者常常会忽略或注意不到状态栏中的消息，除此之外并不是所有的浏览器都提供设置状态栏文本的完全支持，所以建议最好不要把重要的信息放在此处显示。

若要在状态栏中设置个性文本，应先在网页的任意空白位置处单击，打开"行为"面板"添加行为"弹出菜单，从中选择"设置文本"|"设置状态栏文本"命令，打开"设置状态栏文本"对话框，在文本框中输入文本，如图 13-10 所示。单击"确定"按钮，完成设置。

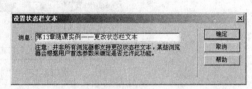

图 13-10　"设置状态栏文本"对话框

保存网页并按 F12 键预览网页，在浏览器状态栏左下角自动显示用户指定的文本，如图 13-11 所示。

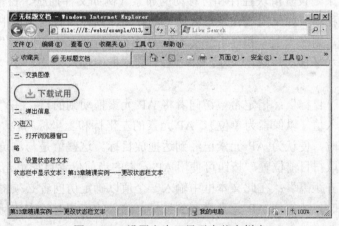

图 13-11　设置文本已显示在状态栏中

13.2.6　应用拖动 AP 元素行为

"拖动 AP 元素"行为可让访问者拖动绝对定位的（AP）元素。设计者可以指定以下内容：访问者向哪个方向拖动 AP 元素（水平、垂直或任意方向），访问者应将 AP 元素拖动到的目标，当 AP 元素距离目标在一定数目的像素范围内时是否将 AP 元素靠齐到目标，当 AP 元素命中目标时应执行的操作等。使用此行为可创建拼板游戏、滑块控件和其他可移动的界面元素。

若要允许访问者拖动 AP 元素,则应先将"拖动 AP 元素"附加到 body 对象(使用 onLoad 事件)。下面介绍应用拖动 AP 元素行为的操作方法。

(1) 选择"插入"｜"布局对象"｜"AP Div"命令或单击"插入"面板上的"绘制 APDiv"按钮,在"文档"窗口的"设计"视图中绘制一个 AP Div。

(2) 单击"文档"窗口左下角的标签选择器中的<body>标签,打开"行为"面板的"添加行为"弹出菜单,从中选择"拖动 AP 元素"命令,打开"拖动 AP 元素"对话框,如图 13-12 所示。

(3) 在该对话框中进行 AP 元素、移动、放下目标、集齐距离等选项设置后,单击"确定"按钮。

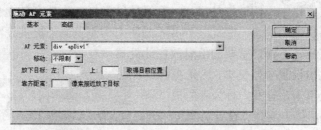

图 13-12 "拖动 AP 元素"对话框

"拖动 AP 元素"对话框中各选项的功能如下。

(1) "AP 元素":选择 AP 元素。

(2) "移动":选择"限制"或"不限制"。"不限制"移动适用于拼板游戏和其他拖放游戏。如果是设置滑块控件和可移动的布景(例如文件抽屉、窗帘和小百叶窗),应选择"限制"移动,如果限制在矩形区域中的移动,则在所有四个框中都输入正值。若只允许垂直移动,则在"上"和"下"文本框中输入正值,在"左"和"右"文本框中输入 0;若只允许水平移动,则在"左"和"右"文本框中输入正值,在"上"和"下"文本框中输入 0。

(3) "放下目标":指定希望访问者将 AP 元素拖动到的点。在"左"和"上"框中为拖放目标输入值(以像素为单位)。AP 元素的左坐标和上坐标与在"左"和"上"框中输入的值匹配时,便认为 AP 元素已经到达拖放目标。这些值是与浏览器窗口左上角的相对值。单击"取得目前位置"按钮可使用 AP 元素的当前位置自动填充这些文本框。

(4) "靠齐距离":在此文本框中输入一个值以确定访问者必须将 AP 元素拖到距离拖放目标多近时,才能使 AP 元素靠齐到目标。输入的值相对较大访问者就越容易找到拖放目标。

对于简单的拼板游戏和布景处理,完成以上设置,单击"确定"按钮即可。若要定义 AP 元素的拖动控制点、在 AP 元素时跟踪其移动以及在放下 AP 元素时触发一个动作,应切换至"高级"选项卡,如图 13-13 所示。

"拖动 AP 元素"对话框"高级"选项卡中各选项的功能如下。

(1) "拖动控制点":默认选择"整个元素"选项。若要指定访问者必须单击 AP 元素的特定区域才能拖动 AP 元素,应从右侧下拉菜单中选择"元素内的区域";然后输入左坐标和上坐标以及拖动控制点的宽度和高度。如果希望访问者可以通过单击 AP 元素中的任意位置拖动 AP 元素，则无需设置此选项。

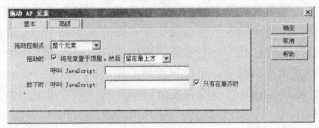

图 13-13　"高级"选项卡

（2）"拖动时"：如果 AP 元素在拖动时应该移动到堆叠顺序的最前面，则选择"将元素置于顶层"复选框。然后从后面的下拉菜单中选择是将 AP 元素保留在最前面（"留在最上方"）或将其恢复到它在堆叠顺序中的原位置（"恢复 Z 轴"）。

（3）第一个"呼叫 JavaScript"：在此输入 JavaScript 代码或函数名称（例如 monitorAPelement()）以便在拖动 AP 元素时反复执行该代码或函数。

（4）第二个"呼叫 JavaScript"：在输入 JavaScript 代码或函数名称（例如 evaluateAPelementPos()）可以在放下 AP 元素时执行该代码或函数。

13.2.7　应用显示-隐藏元素行为

"显示-隐藏元素"行为可显示/隐藏、恢复一个或多个页面元素的默认可见性。下面以实例的方式介绍该行为的操作方法。

若要显示/隐藏某元素，首先选择该元素，切换至"行为"面板，打开"添加行为"弹出菜单，从中选择"显示-隐藏元素"命令，打开"显示-隐藏元素"对话框，如图 13-14 所示。在对话框中设置元素显示/隐藏后，单击"确定"按钮。最后返回"行为"面板设置调用显示/隐藏元素的事件即可。

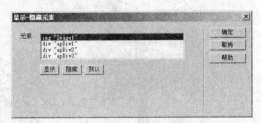

图 13-14　"显示-隐藏元素"对话框

13.2.8　添加检查插件行为

使用"检查插件"行为可根据访问者是否安装了指定的插件而跳转到不同的页面（例如，Shockwave）。若要添加检查插件行为，可先选择一个对象，然后从"行为"面板的"添加行为"菜单中选择"检查插件"命令，打开"检查插件"对话框，如图 13-15 所示。在该对话框中设置检查的插件及跳转的页面后，单击"确定"按钮。

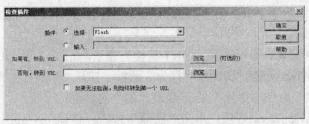

图 13-15　"检查插件"对话框

"检查插件"对话框中各选项的功能如下。

（1）"插件"：设置要检查的插件，可以选择"选择"单选按钮后从右侧下拉列表框中选择插件，也可以选择"输入"单选按钮在右侧的文本框中输入插件名称。

（2）"如果有，转到 URL"：为安装了该插件的访问者指定一个 URL。如果不进行设置，表示希望访问者留在当前页，不进行跳转操作。

（3）"否则，转到 URL"：为没有安装该插件的访问者指定一个替代 URL。如果留白，表示不进行跳转。

（4）"如果无法检测，则始终转到第一个 URL"：选择此选项表示"除非浏览器明确指示该插件不存在，否则假定访问者安装了该插件"。一般情况下，如果插件内容对页面来说是必需的，则应选择。值得注意的是：该选项只适用于 Internet Explorer。

13.2.9　实例——显示/隐藏元素

前面介绍了几种常用行为的设置方法，下面通过实例进一步巩固所学知识，以调用"显示-隐藏元素"行为为例，在 apDiv1 内插入图片 001.jpg，内部包含嵌套 apDiv2（图片 002.jpg）和 apDiv3（含文本）。当鼠标指针移至 apDiv1 时显示 apDiv3，看到提示文本时点击提示，此时隐藏 apDiv3，显示 apDiv2，如图 13-16 所示。

图 13-16　显示-隐藏元素效果

（1）根据以前所学知识，创建 apDiv1 元素、嵌套 apDiv2 和 apDiv3，并在不同元素内插入指定内容。

（2）在"AP 元素"面板设置 apDiv1 属性为显示，apDiv2 和 apDiv3 属性为隐藏。

（3）选择 apDiv1 元素，切换至"行为"面板，打开"添加行为"弹出菜单，从中选择"显示-隐藏元素"命令，打开"显示-隐藏元素"对话框。

（4）选择 div"apDiv2"选项，单击"隐藏"按钮；选择 div"apDiv3"选项，单击"显示"按钮，如图 13-17 所示，然后单击"确定"按钮。

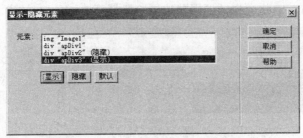

图 13-17　"显示-隐藏元素"对话框

（5）　在"行为"面板中更改该动作的事件为 onMouseOver。

（6）　以同样方式，为 apDiv1 再添加一个"显示-隐藏元素"行为，事件为 onMouseOut，属性为隐藏 div"apDiv2"和 div"apDiv3"。

（7）　选择 apDiv3 元素，为其添加一个"显示-隐藏元素"行为，事件为 onClick，属性为显示 div"apDiv2"和隐藏 div"apDiv3"。

（8）　保存文件，按 F12 键预览效果。

13.3　更改或删除行为

在附加了行为之后，还可以根据实际需要更改触发动作的事件、添加或删除多余的动作以及更改动作的参数。若要进行更改或删除行为操作，应先选择一个附加有行为的对象，显示"行为"面板，然后视更改或删除进行不同操作。

（1）　如果要更改行为，可双击"行为"面板中的动作名称，从弹出的对话框中修改参数，然后单击"确定"按钮即可。

（2）　如果要更改激发动作的事件，可打开事件右侧的下三角按钮，从弹出的菜单中选择新事件。

（3）　若要更改给定事件的多个动作的顺序，可先选择某个动作，然后单击"增加事件值 ▲/降低事件值 ▼"按钮（或选择该动作将其剪切并粘贴到其他动作之间的合适位置）。

（4）　若要删除某个行为，选择后单击"删除事件" ▬ 按钮或按 Delete 键。

> 更新行为与修改行为操作相同，先选择一个附加有行为的元素，然后双击"行为"面板中的动作名称，在该行为的对话框中进行所需要进行的更改后，单击"确定"按钮。该行为在此页面中所出现的每一处都将进行更新。如果站点中的其他页面上也包含该行为，则必须逐页更新。

13.4　第三方行为

Exchange for Dreamweaver Web 站点（www.adobe.com/go/dreamweaver_exchange_cn）

上提供了许多扩展功能。显示"行为"面板，然后从"添加行为"菜单中选择"获取更多行为"命令。Dreamweaver 会自动调用默认浏览器打开 Exchange 站点，如图 13-18 所示。

图 13-18　打开 Exchange 站点

浏览或搜索到扩展包，然后下载并进行安装。在此过程中浏览器可能会提示选择直接从站点打开并安装扩展，还是将扩展保存到磁盘。如果直接从站点打开扩展功能，则功能扩展管理器将自动处理安装；如果要将扩展功能保存到磁盘，最好将扩展功能包文件（.mxp 或.mxi）保存到计算机 Dreamweaver 应用程序文件夹内的 Downloaded Extensions 文件夹中。然后双击功能扩展包文件，或者打开扩展管理器并选择"文件"｜"安装功能扩展"命令，根据提示一步步进行安装操作。

13.5　动手实践——载入网页时打开浏览器窗口

打开 meishi 站点新创建一个名为 window.html 的网页，在网页中插入 main\jr3701.swf，得到如图 13-19 所示效果，然后打开 index.asp 网页为其添加"打开浏览器窗口"行为。

步骤 1：制作要打开的网页。

（1）展开 meishi 站点，在站点根目录下新建 window.htm 文件。

（2）展开"文件"面板，将站点根目录 main 文件夹中的 jr3701.swf 文件拖动至文档中，系统自动弹出如图 13-20 所示的"对象标签辅助功能属性"对话框，单击"确定"按钮。

（3）在页面空白位置处单击，单击属性检查器中的"页面属性"按钮，打开"页面属性"对话框，在"分类"列表框中选择"外观（CSS）"选项，设置"左边距：0"、"右边距：0"、"上边距：0"、"下边距：0"，单击"确定"按钮。

（4）保存新建的 window.html。

图 13-19　弹出的浏览器窗口

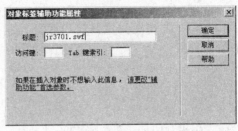

图 13-20　"对象标签辅助功能属性"对话框

步骤 2：添加打开浏览器窗口行为。

（1）　打开 index.asp 文件。

（2）　单击"行为"面板中的"添加行为"按钮，从打开的菜单中选择"打开浏览器窗口"命令，打开"打开浏览器窗口"对话框。

（3）　单击"浏览"按钮，从打开的对话框中选择 meishi 站点根目录下的 windows.html文件，单击"确定"按钮，返回"打开浏览器窗口"对话框。

（4）　在"窗口宽度"文本框中输入 400，在"窗口高度"文本框中输入 300，选择"属性"选项组中的"菜单条"和"状态栏"复选框，如图 13-21 所示。

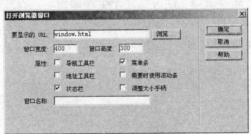

图 13-21　设置"打开浏览器窗口"对话框

（5）　单击"确定"按钮，保存文件。

（6）　按 F12 键，打开 IE 浏览器载入 index.asp 网页的同时弹出动画窗口。

13.6　习题练习

13.6.1　选择题

（1）　在 Dreamwevaer CS5 中为图像应用交换图像行为时，下列_____个动作在操作过程中不会生成。

　　　　A. 交换图像　　　　　　B. 恢复交换图像

　　　　C. 添加导航栏　　　　　D. 预先载入图像

（2）　若要设置打开某网页时自动弹出窗口特效，应使用的事件是_____。

A. onClick　　　　B. onLoad　　　　C. onMouseOver　　　　D. onMouseOut

（3）若要为对象添加行为，应单击"行为"面板中的_____按钮。

A. ▢　　　　　　　　　　　B. ▾

C. ▢　　　　　　　　　　　D. ✚

（4）要想在浏览器窗口底部显示文本消息，应在"添加行为"|"设置文本"子菜单中选择_____命令。

A. 设置框架文本　　　　　　B. 设置 AP 元素文本

C. 设置状态栏文本　　　　　D. 设置文本域文本

（5）要使指针移过一段文本或图片上时自动打开一个含有"确定"按钮的信息提示窗口，应为其附加_____行为。

A. 弹出信息　　　　　　　　B. 打开浏览器窗口

C. 显示弹出式菜单　　　　　D. 设置文本

13.6.2　填空题

（1）Dreamweaver 中的行为是由 _____和_____组成的。

（2）若要获取 Dreamweaver 内置行为之外的更多行为，可选择"添加行为"下拉菜单中的_____命令。

（3）为某网页添加载入时打开窗口行为时，触发该动作的默认事件是_____。

（4）应用"打开浏览器窗口"行为设计一个弹出窗口，若要使弹出窗口可改变大小，应选择"打开浏览器窗口"对话框中"属性"选项组中的_____选项。

（5）为 AP 元素添加显示/隐藏行为后，若要设置单击时调用该动作，应将事件更改为_____。

13.6.3　问答题

（1）简述 Dreamweaver 内置行为的种类。

（2）简述改变 AP 元素属性的方法。

（3）简述单击图像弹出提示信息的设置方法。

（4）简述交换图像的设置方法。

（5）简述更改状态栏文本的设置方法。

13.6.4　上机练习

（1）应用拖动 AP 元素行为设计一个简单的拼板游戏。

（2）应用检查插件行为设置跳转网页。

第 14 章　添加 Spry 构件和 Spry 效果

本章导读

- 基础内容：Dreamweaver 中包含的 Spry 构件及效果种类。
- 重点掌握：如何插入 Spry 构件（如菜单栏、选项卡面板）并为构件不同部分添加 Spry 效果。
- 一般了解：Spry 显示数据、Spry 折叠式构件、可折叠式面板构件、工具提示构件。

课堂讲解

　　Spry 构件是预置的一组用户界面组件，用户可以在网页中添加 XML 驱动的列表和表格、折叠构件、选项卡式界面和具有验证功能的表单元素,而 Spry 效果具有增强视觉效果的功能，可用于提高网站外观吸引力。

　　本章主要介绍了 Spry 构件的应用，介绍了为页面元素添加各种 Spry 效果的方法，如"增大/收缩"效果、"晃动"效果等。通过本章的学习，用户应能够根据需要向页面中添加各种 Spry 构件，及为对象设置 Spry 效果的方法。

14.1 关于 Spry 构件

Spry 框架是一个 JavaScript 库，Web 设计人员使用它可以构建能够向站点访问者提供更丰富体验的网页。有了 Spry，就可以使用 HTML、CSS 和极少量的 JavaScript 将 XML 数据合并到 HTML 文档中，创建如折叠 Widget 和菜单栏等 Widget（即构件），向各种页面元素中添加不同种类的效果。

Spry 构件是一个页面元素，是由标准 HTML、CSS 和 JavaScript 编写的可重用 Widget，Spry 框架中的每个构件都与唯一的 CSS 和 JavaScript 文件相关联。它主要由 3 部分组成。

(1) 构件结构：定义构件结构组成的 HMTL 代码块。

(2) 构件行为：控制构件如何响应用户启动事件的 JavaScript。

(3) 构件样式：指定构件外观的 CSS。

Spry 构件允许用户显示或隐藏页面上的内容、更改页面的外观（如颜色）、与菜单项交互、添加 Spry 效果等操作。Spry 效果具有增强视觉效果的功能，可用于提高网站外观吸引力。当用户单击应用了 Spry 效果的对象时，系统会动态更新该对象，但不会刷新整个 HTML 页面。Dreamweaver 中可添加到网页元素的行为效果有增大/收缩、挤压、显示/渐隐、晃动、滑动、遮帘、高亮颜色等。

14.2 添加 Spry 构件

可添加到网页中的 Spry 构件包括 Spry 数据集、Spry 区域、Spry 重复项、Spry 重复列表、Spry 验证文本域、Spry 验证文本区域、Spry 验证复选框、Spry 验证选择、Spry 验证密码、Spry 验证确认、Spry 验证单选按钮组、Spry 菜单栏、Spry 选项卡式面板、Spry 折叠式、Spry 可折叠面板和 Spry 工具提示。

14.2.1 插入 Spry 构件

要向网页中插入 Spry 构件，可选择"插入"|"Spry"子菜单中要插入的 Spry 构件名称，如图 14-1 所示。此外，还可以通过单击"Spry"工具栏中各 Spry 按钮插入 Spry 构件，如图 14-2 所示。

图 14-1 Spry 子菜单

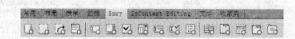

图 14-2 Spry 工具栏

14.2.2   使用 Spry 显示数据

使用 Spry 框架可以插入数据对象，允许用户从浏览窗口中动态地与页面快速交互。例如，在网页中插入一个可排序的表格，则无须刷新整页就可重新排列表格中的数据，或在表格中包括 Spry 动态表格对象来触发页面上其他位置的数据更新。

为此，用户需要首先在 Dreamweaver 中标识一个或多个包含用户的数据的 XML 源文件即 Spry 数据集。然后插入一个或多个 Spry 数据对象以显示此数据。当用户在浏览器中打开该页面时，该数据集会作为 XML 数据的一个数组加载，该数组就像一个包含行和列的标准表格。

1.   Spry 数据集

确定要处理的数据后，选择“插入”|“Spry”|“Spry 数据集”命令，打开“Spry 数据集”对话框，根据向导提示进行一步步操作。该向导共分为 3 部分：指定数据源、设置数据选项和设置插入选项。

在“指定数据源”对话框中可指定数据类型、定义数据集名称、检测对象等一系列内容。Spry 数据集类型分为两类：XTML 和 XML。如果从“选择数据源类型”下拉列表框中选择 XTML 选项，则表示指定的是 Spry HTML 数据集，如图 14-3 所示。

“Spry 数据集–指定数据源”对话框中各选项的功能如下。

（1）   “选择数据类型”：指定数据类型为 HTML 或 XML。

（2）   “数据集名称”：为新数据集指定名称。第一次创建数据集时，默认名称为 ds1。数据集名称可以包含字母、数字和下画线，但不能以数字开头。

（3）   “检测”：选择检测的元素，如表格、DIV、列表。

（4）   “指定数据文件”：指定包含 HTML 数据源的文件的路径。此路径可以是指向站点中本地文件的相对路径（例如 data/html_data.html），也可以是指向现用网页的绝对 URL（使用 HTTP 或 HTTPS）。

提示   Dreamweaver 将在“数据选择”窗口中呈现 HTML 数据源，并显示可用作数据集容器的元素的可视标记。希望使用的元素必须已分配有唯一 ID。如果未分配，Dreamweaver 将显示错误消息。

（5）   “数据选择”：该部分会显示黄色箭头，单击即可选择数据；或从“数据容器”下拉列表框中选择一个 ID，为数据容器选择元素。如果文件过长，可以单击“数据选择”窗口底部的“展开/折叠”箭头查看更多数据。

（6）   “数据预览”：为数据集选择容器元素后，会在此处显示数据集预览。

（7）   “高级数据选择”：如果希望为数据集指定 CSS 数据选择器，可单击此按钮。

如果从“选择数据源类型”下拉列表框中选择 XML 选项，则表示指定的是 Spry XML 数据集，如图 14-4 所示。该对话框的设置方法与图 14-3 所示对话框的设置方式相同。

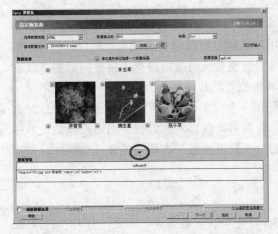 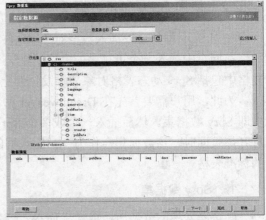

图 14-3 "Spry HTML 数据集"对话框　　　　图 14-4 "Spry XML 数据集"对话框

单击"完成"按钮，完成指定数据源操作，数据集将出现在"绑定"面板中。用户也可以单击"下一步"按钮，转到"设置数据选项"对话框，如图 14-5 所示。

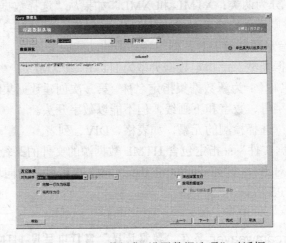

图 14-5 "Spry 数据集-设置数据选项"对话框

"Spry 数据集-设置数据选项"对话框中各选项的功能如下。

（1）"列名称"：从列表框中选择列；也可使用"列名称"左侧的左右箭头导航到要选择的列。

（2）"类型"：设置数据集的列类型，可使用选项有：字符串、数字、日期和 html。

（3）"对列排序"：选择要用作排序依据的列，选择列后可指定升/降序排列。

（4）"将第一行作为标题"：如果希望使用通用列名，即 column0、column1、column2 等，而不使用 HTML 数据源中指定的列名，则应取消该项选择。值得注意的是，该项仅限表格，如果所选数据集容器元素不是表格（即不是基于表格的数据集），Dreamweaver 自动使用 column0、column1、column2 等作为列名。

（5）"将列作为行"：选择该选项可以反转数据集中数据的水平方向与垂直方向。值得注意的是，该项仅限表格，如果选择该选项，列将被用作行。

（6）"筛选掉重复行"：排除数据集中重复的数据行。

（7）"禁用数据缓存"：始终能够访问数据集中最近使用的数据。如果希望自动刷新数据，应选择"自动刷新数据"复选框，并以"毫秒"为单位指定刷新时间。

完成"设置数据选项"屏幕中的操作时，单击"完成"按钮可立即创建数据集，数据集将出现在"绑定"面板中。也可以单击"下一步"按钮，转到"选择插入选项"对话框，如图 14-6 所示。

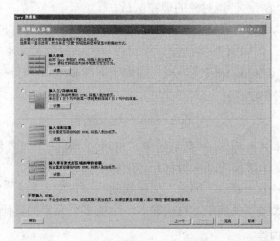

图 14-6 "Spry 数据集−选择插入选项"对话框

"选择插入选项"对话框上会显示每种布局的缩略图表示。Dreamweaver 允许用户使用动态 Spry 表格、主/详细布局、堆积容器（单列）布局或带有聚光灯区域的堆积容器（两列）布局来显示数据。选择不同布局选项，单击各选项下方的"设置"按钮，可进行详细布局设置。

2. Spry 区域构件

Spry 框架使用两种类型的区域：一种是围绕数据对象（如表格和重复列表）的 Spry 区域；另一种是 Spry 详细区域，该区域与主表格对象一起使用时，可允许对 Dreamweaver 页面上的数据进行动态更新。

所有的 Spry 数据对象都必须包含在 Spry 区域中。默认情况下，Spry 区域位于 HTML<div>容器中。用户可以在添加表格之前添加 Spry 区域，在插入重复列表时由系统自动添加 Spry 区域，或者在现有的表格对象或重复列表对象周围环绕 Spry 区域。

若要插入 Spry 区域构件，可选择"插入"|"Spry"|"Spry 区域"命令，打开如图 14-7 所示的"插入 Spry 区域"对话框。

"插入 Spry 区域"对话框中各选项的功能如下。

（1）"容器"：选择<DIV>或<SPAN>作为容器。

（2）"类型"：若要创建 Spry 区域，可选择"区域"作为要插入的区域类型；若要创建 Spry 详细区域，

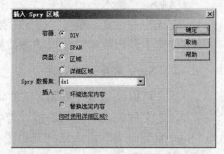

图 14-7 "插入 Spry 区域"对话框

可选择"详细区域"选项，该选项只有当用户希望绑定动态数据时才应用。当另一个 Spry 区域中的数据发生变化时，动态数据将随之更新。

（3）"Spry 数据集"选择用户所需的 Spry 数据集。

（4）"插入"：如果要创建或者更改为某个对象定义的区域，可选择该对象，并在此选项组中选择下列选项。

● "环绕选定内容"：将新区域放在对象周围。

● "替换选定内容"：替换对象的现在区域。

完成设置，单击"确定"按钮，在页面中添加一个 Spry 区域占位符，并显示文本"此处为 Spry 区域的内容"，如图 14-8 所示。用户可以将该占位符文本替换为 Spry 数据对象（如表格或重复列表）或者替换为"绑定"面板中的动态数据。

此处为 Spry 区域的内容

图 14-8　Spry 区域占位符

若要将占位符文本替换为 Spry 数据对象，可单击"Spry"工具栏中的 Spry 数据对象按钮。若要将占位符文本替换为动态数据，可选择下列方法之一。

（1）将一个或多个元素从"绑定"面板拖动到选定文本的上方。

（2）切换至"代码"视图中，直接输入一个或多个元素的代码。

3．Spry 重复项构件

用户可以应用重复区域来显示数据。重复区域是一个简单数据结构，用户可以根据需要设置它的格式以显示数据。若要插入 Spry 重复项构件，选择"插入" | "Spry" | "Spry 重复项"命令，打开如图 14-9 所示的"插入 Spry 重复项"对话框。

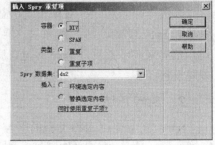

图 14-9　"插入 Spry 重复项"对话框

"插入 Spry 重复项"对话框中各选项的功能如下。

（1）"容器"：选择<DIV>或<SPAN>作为容器。

（2）"类型"：如果用户选择"重复"选项，系统将在<ul>级别检查数据；如果希望提高灵活性，则需要使用"重复子项"选项，对子级别列表中的每一行执行数据验证。

（3）"Spry 数据集"：选择所需的 Spry 数据集。

（4）"插入"：如果已经选择了文本或元素，即可被环绕或替换。

完成相关设置，单击"确定"按钮。在页面中显示与 Spry 区域构件相似的占位符，向该占位符中添加数据对象或动态数据的方法与 Srpy 区域构件相同。

4．Spry 重复列表构件

用户可以添加重复列表，以便将数据显示为经过排序的列表、未经排序的（项目符号）列表、定义列表或下拉列表框。若要插入 Spry 重复列表构件，可选择"插入" | "Spry" | "Spry 重复列表"命令，打开如图 14-10 所示的"插入 Spry 重复列表"对话框。

完成设置，单击"确定"按钮，将得到如图 14-11 所示的 Spry 重复列表构件，此时即可在页面上显示重复列表区域。

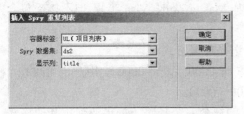

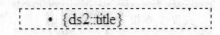

图 14-10　"插入 Spry 重复列表"对话框　　　　图 14-11　插入 Spry 重复列表

14.2.3　使用 Spry 验证构件

Dreamweaver 中允许使用的验证构件包括：Spry 验证文本域、Spry 验证文本区域、Spry 验证选择、Spry 验证复选框、Spry 验证密码、Spry 验证确认、Spry 验证单选按钮等。创建 Spry 验证构件的方法有两种：一是新建构件、二是为表单对象添加验证。

1.　使用 Spry 验证文本域构件

Spry 验证文本域构件是一个文本域，该域用于在站点访问者输入文本时显示文本的状态（有效或无效）。选择表单中的文本域或什么都不选择，然后单击"Spry"工具栏中的"Spry 验证文本域"按钮 或选择"插入"|"Spry"|"Spry 验证文本域"命令，插入 Spry 验证文本域构件，如图 14-12 所示。

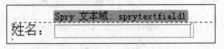

图 14-12　Spry 验证文本域构件

选择表单中的验证文本域构件后，属性检查器如图 14-13 所示。使用其中的各选项可设置不同的验证值。

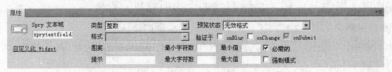

图 14-13　Spry 文本域属性检查器

Spry 文本域属性检查器中各选项功能如下。

（1）"类型"与"格式"：在"类型"下拉列表框中 Dreamwever 为用户提供了 14 种可使用选项，用户可根据选择的类型在"格式"中选择或设置其格式。

- 无：无需特殊格式。
- 整数：文本域仅接受数字。
- 电子邮件地址：文本域接受包含@和英文句号（.）的电子邮件地址，而且@和句点的前面和后面都必须至少有一个字母。
- 日期：可从"格式"下拉列表框中选择日期格式。
- 时间：可从"格式"下拉列表框中选择时间格式（"tt"表示 am/pm 格式，"t"表示 a/p 格式）。
- 信用卡：可从"格式"下拉列表框中选择信用卡格式。用户可选取接受所有信用卡，或者指定某种特殊类型的信用卡（如 MasterCard、Visa 等），但不接受包含空格的信用卡号（如 4321 3456 4567 4567）。

- 邮政编码：可从"格式"下拉列表框中选择邮编格式。
- 电话号码：接受美国和加拿大电话格式（即（000）000-0000），用户也可以在"模式"文本框中自定义电话号码（如 000.00（00））。
- 社会安全号码：接受 000-00-0000 格式的社会安全号码。如果要使用其他格式，可选择"自定义"作为验证类型，然后指定其模式。
- 货币：文本域接受 1 000 000.00 或 1.000.000 00 格式的货币。
- 实数/科学记数法：验证各种数字，例如数字（如 1）、浮点值（如 12.123）、以科学记数法表示的浮点值（如 1.212e+12、1.221e-12，其中 e 用作 10 的幂）。
- IP 地址：可从"格式"下拉列表框中选择 IP 格式。
- URL：接受 http://xxx.xxx.xxx 或 ftp://xxx.xxx.xxx 格式的 URL。
- 自定义：自定义验证类型和格式。在属性检查器中设置格式模式并输入所需提示。

（2）"预览状态"：设置构件显示状态，如图 14-14 所示。

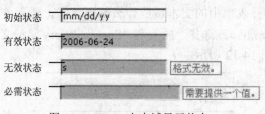

图 14-14　Spry 文本域显示状态

（3）"验证于"：设置验证发生的时间，包括站点访问者在构件外部单击时、键入内容时或尝试提交表单时。

- "onBlur（模糊）"：在文本域的外部单击时验证。
- "onChange（更改）"：更改文本域中的文本时验证。
- "onSubmit（提交）"：尝试提交表单时进行验证。提交选项是默认选中的，无法取消选择。

（4）"最大字符数"和"最小字符数"：在文本框中输入一个数值，此选项仅适用于"无"、"整数"、"电子邮件地址"和"URL"验证类型。例如，在"最小字符数"框中输入 3，那么，只有当用户输入 3 个或更多个字符时才通过验证。

（5）"最小值"和"最大值"：在文本框中输入一个数值，此选项仅适用于"整数"、"时间"、"货币"和"实数/科学记数法"验证类型。

（6）"必需的"：设置验证文本域构件是否必须填写。默认情况下，用 Dreamweaver 插入的所有验证文本域构件都要求用户在将构件发布到网页之前输入内容。

（7）"提示"：输入格式提示访问者。例如，验证类型设置为"电话号码"中输入（000）000-0000 形式作为提示。

（8）"强制模式"：禁止用户在验证文本域构件中输入无效字符。例如，在设置"整数"验证类型的构件中键入字母时，文本域中将不显示任何内容。

验证文本域构件具有多种状态，用户可以根据所需的验证结果，使用属性检查器来修改这些状态的属性。验证文本域构件可以在不同的时间点进行验证，例如当访问者在构件外部单击时、键入内容时或尝试提交表单时。

（1）初始状态：在浏览器中加载页面或用户重置表单时构件的状态。

（2）焦点状态：当用户在构件中放置插入点时构件的状态。

（3）有效状态：当用户正确地输入信息且表单可以提交时构件的状态。

（4）无效状态：当用户输入的文本的格式无效时构件的状态。

（5）必需状态：当用户在文本域中没有输入必需文本时构件的状态。

（6）最小字符数状态：输入的字符数少于文本域所要求的最小字符数时构件的状态。

（7）最大字符数状态：输入的字符数多于文本域所允许的最大字符数时构件的状态。

（8）最小值状态：输入的值小于文本域所允许的最小值时构件的状态。

（9）最大值状态：输入的值大于文本域所允许的最大值时构件的状态。

当验证文本域构件以用户交互方式进入其中一种状态时，Spry 框架逻辑会在运行时向该构件的 HTML 容器应用特定的 CSS 类。例如，用户尝试提交表单，但尚未在必填文本域中输入文本，Spry 会向该构件应用一个类，使其显示"需要提供一个值"的错误消息。

2．使用 Spry 验证文本区域构件

选择表单中的文本域或直接在空白位置单击，然后选择"插入"|"Spry"|"Spry 验证文本区域"命令或单击"Spry"工具栏中的"Spry 验证文本区域"按钮，插入如图 14-15 所示的 Spry 验证文本区域构件。

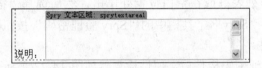

图 14-15　Spry 验证文本区域构件

选择验证文本区域构件后，属性检查器如图 14-16 所示，使用其中的各选项可设置不同的验证值。

图 14-16　Spry 文本区域属性检查器

3．使用 Spry 验证复选框构件

选择表单中的复选框或直接在空白位置处单击，然后选择"插入"|"Spry"|"Spry 验证复选框"命令或单击"Spry"工具栏中的"Spry 验证复选框"按钮，插入如图 14-17 所示的 Spry 验证复选框构件。

图 14-17　Spry 验证复选框构件

选择表单中的验证复选框构件后，属性检查器如图 14-18 所示，使用其中的各选项可

设置不同的验证值。

图 14-18　Spry 验证复选框属性检查器

4.　使用 Spry 验证选择构件

选择表单中的下拉列表框或在空白位置处单击，然后选择"插入"|"Spry"|"Spry 验证选择"命令或单击"Spry"工具栏中的"Spry 验证选择"按钮，插入如图 14-19 所示的 Spry 验证选择构件。

选择表单中的验证选择构件后，属性检查器如图 14-20 所示，使用其中的各选项可设置不同的验证值。

图 14-19　Spry 验证选择构件

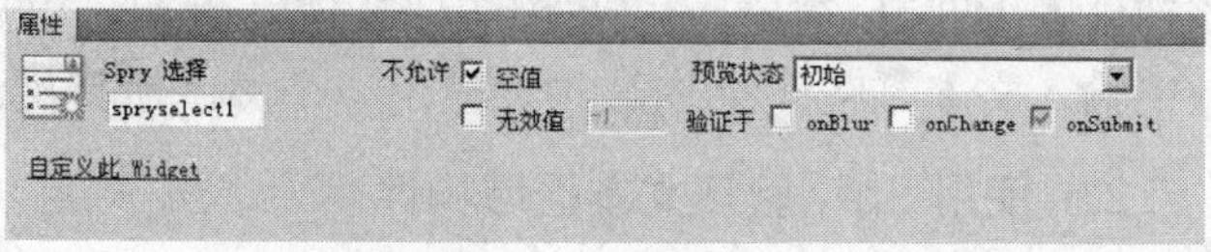

图 14-20　Spry 选择属性检查器

5.　使用 Spry 验证密码构件

选择表单中的下拉列表框或在空白位置处单击，然后选择"插入"|"Spry"|"Spry 验证密码"命令或单击"Spry"工具栏中的"Spry 验证密码"按钮，插入如图 14-21 所示的 Spry 验证选择构件。

选择表单中的内验证密码构件后，属性检查器如图 14-22 所示，使用其中的各选项可设置不同的验证值。

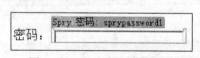

图 14-21　Spry 验证密码构件

图 14-22　Spry 密码属性检查器

6.　使用 Spry 验证确认构件

确认构件一般放在密码构件后，当用户输入密码后在确认密码文本框中要求用户再次输入密码进行确认。选择表单中的下拉列表框或在空白位置处单击，然后选择"插入"|"Spry"|"Spry 验证确认"命令或单击"Spry"工具栏中的"Spry 验证确认"按钮，插入如图 14-23 所示的 Spry 验证选择构件。

选择表单中的内验证确认构件后，属性检查器如图 14-24 所示，使用其中的各选项可设置不同的验证值。

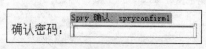

图 14-23　Spry 验证确认构件

图 14-24　Spry 确认属性检查器

7. 使用 Spry 单选按钮组构件

选择表单中的下拉列表框或在空白位置处单击，然后选择"插入"|"Spry"|"Spry 验证单选按钮组"命令或单击"Spry"工具栏中的"Spry 验证单选按钮组"按钮，插入如图 14-25 所示的 Spry 验证选择构件。

选择表单中的内验证单选按钮组构件后，属性检查器如图 14-26 所示，使用其中的各选项可设置不同的验证值。

图 14-25　Spry 验证单选按钮组构件　　　　图 14-26　Spry 单选按钮组属性检查器

14.2.4　使用 Spry 菜单栏构件

菜单栏构件是一组可导航的菜单按钮，当站点访问者将鼠标悬停在其中的某个菜单项上时，将显示相应的子菜单。使用菜单栏可在紧凑的空间中显示大量可导航信息，并使站点访问者无须深入浏览站点即可了解站点中提供的内容。Dreamweaver 允许用户插入两种菜单栏构件：水平和垂直菜单栏构件。

1. 插入 Spry 菜单栏构件

选择"插入"|"Spry"|"Spry 菜单栏"命令或单击"Spry"工具栏中的"Spry 菜单栏"按钮，打开如图 14-27 所示的"Spry 菜单栏"对话框。默认选择"水平"单选按钮，单击"确定"按钮，插入如图 14-28 所示的 Spry 水平菜单栏构件。

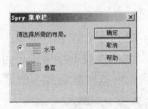

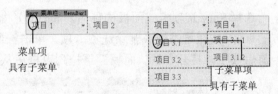

图 14-27　"Spry 菜单栏"对话框　　　　　图 14-28　Spry 水平菜单栏构件

如果选择"垂直"单选按钮，可插入如图 14-29 所示的 Spry 垂直菜单栏构件。

2. 编辑 Spry 菜单栏构件

选择 Spry 菜单栏构件后，属性检查器如图 14-30 所示，使用其中的各选项可设置不同的参数值。

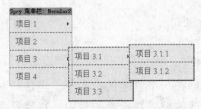

图 14-29　Spry 垂直菜单栏构件　　　　　图 14-30　Spry 菜单栏构件属性检查器

Spry 菜单栏构件属性检查器中各选项的功能如下。

（1）"主菜单"：显示所有主菜单项。单击上方的➕或➖按钮可添加或删除主菜单项，单击▲或▼按钮，可上移或下移所选项目改变菜单项前后顺序。

（2）"子菜单"：显示所选主菜单的子菜单项。

（3）"子菜单的子菜单"：显示所选择子菜单的所有子菜单项。

（4）"文本"：设置菜单项的名称。

（5）"链接"：可直接输入链接目标，或单击文件夹图标以浏览链接目标。

（6）"标题"：输入工具提示的文本。

（7）"目标"：指定要在何处打开所链接的页面。

14.2.5　使用 Spry 选项卡式面板构件

选项卡式面板构件是一组面板，用来将内容存储到紧凑空间中。站点访问者可通过单击他们要访问的面板上的选项卡来隐藏或显示存储在选项卡面板中的内容。当访问者单击不同的选项卡时，构件的面板会相应地打开。

1.　插入 Spry 选项卡式面板构件

选择"插入"|"Spry"|"Spry 选项卡式面板"命令或单击"Spry"工具栏中的"Spry 选项卡式面板"按钮📇，插入如图 14-31 所示的 Spry 选项卡式面板构件。

选项卡名称　　　　　　　　　　　　　　　　　　　　　　　选项卡内容

图 14-31　Spry 选项卡式面板构件

2.　编辑 Spry 选项卡式面板构件

选择 Spry 选项卡式面板构件后，属性检查器如图 14-32 所示。单击"面板"列表框上方的➕或➖按钮可添加或删除选项卡项，单击▲或▼按钮，可上移或下移所选项目改变选项卡前后顺序。打开"默认面板"下拉列表框可从中选择载入网页时默认显示的面板。

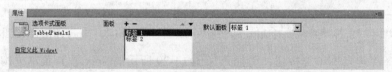

图 14-32　Spry 选项卡式面板构件属性检查器

若要更改选项卡面板标签名称，应在"代码"模式中找到如下代码：

```
<li class="TabbedPanelsTab" tabindex="0">标签 1</li>
```

将<li>标签中的"标签 1"字样更改为所需的标签名称即可。

14.2.6　使用 Spry 折叠式构件

折叠式构件是一组可折叠的面板，可以将大量内容存储在一个紧凑的空间中。当访问者单击不同的面板标签时，折叠构件的面板会相应地展开或收缩。在折叠构件中，每次只能有一个内容面板处于打开且可见的状态。

1.　插入 Spry 折叠式构件

选择"插入"|"Spry"|"Spry 折叠式"命令或单击"Spry"工具栏中的"Spry 折叠式"按钮，插入如图 14-33 所示的 Spry 折叠式构件。

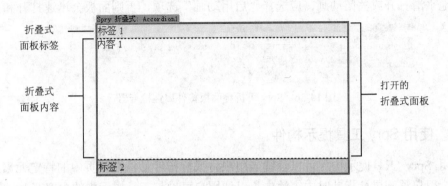

图 14-33　Spry 折叠式构件

2.　编辑 Spry 折叠式构件

选择 Spry 折叠式构件后，属性检查器如图 14-34 所示，使用其中的各选项可设置不同的参数值。单击"面板"列表框上方的➕或➖按钮可添加或删除面板项，单击▲或▼按钮，可上移或下移所选项目改变面板前后顺序。

图 14-34　Spry 折叠式构件属性检查器

若要更改选项卡面板标签名称，应在"代码"模式中找到如下代码：

```
<div class="AccordionPanelTab">标签 1</div>
```

将<div>标签中的"标签 1"字样更改为所需的标签名称即可。

14.2.7　使用 Spry 可折叠面板构件

可折叠面板构件是一个面板，可将内容存储到紧凑的空间中。用户单击构件的标签即可隐藏或显示存储在可折叠面板中的内容。

1.　插入 Spry 可折叠面板构件

选择"插入"|"Spry"|"Spry 可折叠面板"命令或单击"Spry"工具栏中的"Spry 可折叠式面板"按钮，插入如图 14-35 所示的 Spry 可折叠面板构件。

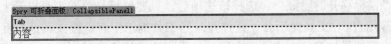

图 14-35　展开的 Spry 可折叠面板构件

2. 编辑 Spry 可折叠面板构件

选择 Spry 可折叠面板构件后，属性检查器如图 14-36 所示。若希望加载网页时可折叠面板显示为打开状态，则可使用默认值；如果希望加载网页时可折叠面板为隐藏状态，则应打开"打开"下拉列表框从中选择"已关闭"选项。除此之外，若要启用某可折叠式面板缓缓地平滑打开或关闭动画，应选择"启用动画"选项，否则面板会迅速打开和关闭。

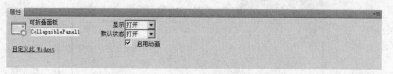

图 14-36　Spry 可折叠面板构件属性检查器

14.2.8　使用 Spry 工具提示构件

应用 Spry 工具提示构件可以设置当用户将鼠标指针悬停在网页中的特定元素上时显示信息，用户移开鼠标指针时内容消失，以便用户可以与工具提示中的内容交互。

选择"插入"|"Spry"|"Spry 工具提示"命令或单击"Spry"工具栏中的"Spry 工具提示"按钮，插入如图 14-37 所示的 Spry 可折叠面板构件。

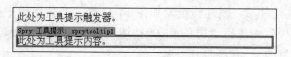

图 14-37　Spry 工具提示构件

Spry 工具提示构件主要包含 3 个元素：工具提示容器、激活工具提示的特定浏览器、构造函数脚本。选择 Spry 工具提示构件后，属性检查器如图 14-38 所示，使用其中的各选项可设置不同的参数值。

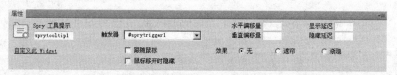

图 14-38　Spry 工具提示构件

Spry 工具提示构件属性检查器中各选项的功能如下。

（1）"Spry 工具提示"：工具提示容器的名称。该容器包含工具提示的内容。默认情况下，Dreamweaver 将 div 标签用作容器。

（2）"触发器"：页面上用于激活工具提示的元素。默认情况下，Dreamweaver 会插入 span 标签内的占位符句子作为触发器，但可以选择页面中具有唯一 ID 的任何元素。

（3）"跟随鼠标"：选择该选项后，当鼠标指针悬停在触发器元素上时，工具提示会跟随鼠标。

（4）"鼠标移开时隐藏"：选择该选项后，只要鼠标悬停在工具提示上（即使鼠标已离开触发器元素），工具提示会一直打开。当工具提示中有链接或其他交互式元素时，让工具提示始终处于打开状态将非常有用。如果未选择该选项，则当鼠标离开触发器区域时，工具提示元素会关闭。

（5）"水平偏移量"和"垂直偏移量"：设置提示与鼠标的水平/垂直相对位置，默认偏移量为 20 像素。

（6）"显示延迟"：设置提示进入触发器元素后在显示前的延迟，默认值为 0（以毫秒为单位）。

（7）"隐藏延迟"：设置提示离开触发器元素后在消失前的延迟，默认值为 0（以毫秒为单位）。

（8）"效果"：设置提示出现时使用的效果。默认值为 none。

14.2.9　实例——制作菜单栏

前面介绍了 Spry 构件的插入与编辑方法，下面通过实例进一步巩固所学知识。在 example 站点中新建文档 001.html，在其中添加菜单栏，主菜单栏为"主页"、"日志"、"相册"、"个人资料"；在"相册"菜单中包含"可爱花草"、"活泼动物"和"自然景观"3 个子菜单（各菜单的链接可随意设置或设置为空链接），效果如图 14-39 所示。

图 14-39　创建的 Spry 菜单栏

（1）选择"文件"|"新建"命令，打开"新建文档"对话框。在"页面类型"列表框中选择 HTML 选项，在"布局"列表框中选择"<无>"选项，单击"创建"按钮。

（2）选择"文件"|"保存"命令，将其保存在 example 站点，文件名为 001.html。

（3）选择"插入"|"Spry"|"Spry 菜单栏"命令，打开"Spry 菜单栏"对话框，选择"水平"单选按钮，单击"确定"按钮，得到如图 14-40 所示的 Spry 菜单栏构件。

图 14-40　创建的 Spry 菜单栏构件

（4）保持 Spry 菜单栏控件的选择状态，在属性检查器中的"主菜单"列表框中选择"项目 1"选项，设置"文本：主　页"，在"链接"文本框中输入"index.html"或"#"，如图 14-41 所示。

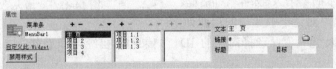

图 14-41　设置"主页"菜单项

（5）以同样的方式，设置"项目 2"、"项目 3"和"项目 4"的"文本"分别为"日志"、"相册"和"个人资料"；"链接"对象分别为"log.html"、"album.html"、"data.html"或全都设置为"#"。

（6）选择"主菜单"列表框中的"主页"菜单项，显示"主页"的所有子菜单。选择"项目 1.1"子菜单项，单击"子菜单"列表框上方的"删除菜单项"按钮。

（7）以同样的方式将"主页"子菜单列表框中的"项目 1.2"和"项目 1.3"子菜单项删除，得到如图 14-42 所示的 Spry 菜单栏构件。

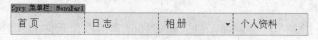

图 14-42　删除其他多余的子菜单项

（8）选择"主菜单"列表框中的"相册"菜单项，显示"相册"的所有子菜单。分别将"项目 3.1"、"项目 3.2"与"项目 3.3"子菜单项的"文本"设置为"可爱花草"、"活泼动物"和"自然景观"，"链接"对象为"#"。

（9）按 Ctrl+S 组合键保存文档，系统弹出"复制相关文件"对话框，提示用户使用的对象或行为已经复制到本地站点，单击"确定"按钮。

14.3　添加 Spry 效果

Spry 效果几乎可以将它们应用于使用 JavaScript 的 HTML 页面上所有的元素。它可以修改元素的不透明度、缩放比例、位置和样式属性（如背景颜色），可以组合两个或多个属性来创建有趣的视觉效果。由于这些效果都基于 Spry，因此在用户单击应用了效果的元素时，仅会动态更新该元素，不会刷新整个 HTML 页面。Dreamweaver 中的 Spry 效果包括 7 种：增大/收缩、挤压、显示/渐隐、晃动、滑动、遮帘和高亮颜色。

14.3.1　应用 Spry 效果

选择要应用 Spry 效果的对象，展开"行为"面板，单击"添加行为"按钮从弹出的菜单中选择"效果"选项，从"效果"子菜单中选择要应用的各种 Spry 效果。

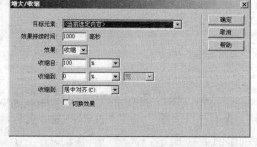

图 14-43　"增大/收缩"对话框

1．应用增大/收缩效果

选择要应用效果的内容或布局对象后，选择"效果"子菜单中的"增大/收缩"命令，打开如图 14-43 所示的"增大/收缩"对话框。

"增大/收缩"对话框中选项的功能如下。

（1）"目标元素"：选择对象的 ID。如果用户已经选择了对象，可选择"<当前选定内容>"选项。

（2）"效果持续时间"：定义效果持续的时间，默认单位是"毫秒"。

（3）"效果"：选择"增大"或"收缩"效果。

（4）"收缩自"：定义对象在效果开始时的大小。该值为百分比大小或像素值。

（5）"收缩到"：定义对象在效果结束时的大小。该值为百分比大小或像素值。

（6）"收缩到"：设置元素增大或收缩到页面的"左上角"还是页面的"中心"。

（7）"切换效果"：选择该选项则效果可逆，即连续单击可上下滚动。

完成设置，单击"确定"按钮，系统会自动为该行为添加 onClick 事件，即用户单击对象时，激活"增大/收缩"效果。

2. 应用挤压效果

选择要应用效果的内容或布局对象后，选择"效果"子菜单中的"挤压"命令，打开如图 14-44 所示的"挤压"对话框。选择某个对象的 ID，或选择"<当前选定内容>"选项，单击"确定"按钮，系统会自动为该行为添加 onClick 事件，即用户单击对象时，激活"挤压"效果。

3. 应用显示/渐隐效果

选择要应用效果的内容或布局对象后，选择"效果"子菜单中的"显示/渐隐"命令，打开如图 14-45 所示的"显示/渐隐"对话框。进行相关设置后，单击"确定"按钮，系统会自动为该行为添加 onClick 事件，即用户单击选择时，激活"显示/渐隐"效果。

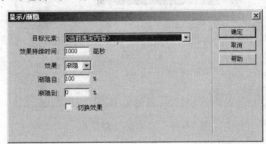

图 14-44　"挤压"对话框　　　　　　　图 14-45　"显示/渐隐"对话框

4. 应用晃动效果

选择要应用效果的内容或布局对象后，选择"效果"子菜单中的"挤压"命令，打开如图 14-46 所示的"挤压"对话框。选择某个对象的 ID，或选择"<当前选定内容>"选项，单击"确定"按钮，系统会自动为该行为添加 onClick 事件，即用户单击对象时，激活"晃动"效果。

5. 应用滑动效果

选择要应用效果的内容或布局对象后，选择"效果"子菜单中的"滑动"命令，打开如图 14-47 所示的"滑动"对话框。进行相关设置后，单击"确定"按钮，系统会自动为该行为添加 onClick 事件，即用户单击对象时，激活"滑动"效果。

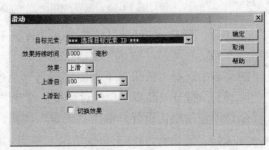

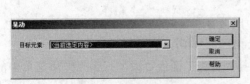

图 14-46　"晃动"对话框　　　　　　　图 14-47　"滑动"对话框

6. 应用遮帘效果

选择要应用效果的内容或布局对象后，选择"效果"子菜单中的"遮帘"命令，打开如图 14-48 所示的"遮帘"对话框。进行相关设置后，单击"确定"按钮，系统会自动为该行为添加 onClick 事件，即用户单击对象时，激活"遮帘"效果。

7. 应用高亮效果

选择要应用效果的内容或布局对象后，选择"效果"子菜单中的"高亮颜色"命令，打开如图 14-49 所示的"高亮颜色"对话框。进行相关设置后，单击"确定"按钮，系统会自动为该行为添加 onClick 事件，即用户单击对象时，激活"高亮"效果。

图 14-48　"遮帘"对话框

图 14-49　"高亮颜色"对话框

14.3.2　删除 Spry 效果

如果要删除某对象的 Spry 效果，可先选择该对象，然后打开"行为"面板，选择列表框中要删除的效果，单击"删除事件"按钮即可。

14.3.3　实例——设置 Spry 效果

前面介绍了 Spry 效果的应用方法，下面通过实例进一步巩固所学知识。打开 example 站点中 014 文件夹下的 002.html 文件，为其中的"产品概述"标签添加单击显示"高亮颜色"，为整个内容面板添加 "渐隐效果"，如图 14-50 所示。

图 14-50　预览应用"高亮颜色"及"渐隐效果"后的效果

（1）　双击 example 站点中 014 文件夹下的 002.html 文件。

（2）　在"产品概述"字样上单击，显示"行为"面板，单击"添加行为"按钮从弹出的菜单中选择"效果" |"高亮颜色"命令。

（3）　打开"高亮颜色"对话框，设置"应用效果后的效果"颜色代码为"#ff0000"，其余选项使用默认设置，单击"确定"按钮，如图 14-51 所示。

（4）　在 Spry 构件主面板边框上单击，选择"行为"面板"添加行为"弹出菜单中的"效果" |"显示/渐隐"命令。

（5）　选择"文件" |"另存为"命令，保存文件为 002-1.html。

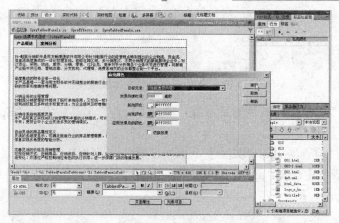

图 14-51　设置"高亮颜色"对话框

（6）　按 F12 键预览网页，单击"产品概述"标签，该标签底色会从白色变为红色，在选项卡面板区域内单击，面板自动隐藏。

14.4　动手实践——添加 Spry 验证构件

打开 meishi 站点中的 jiaoliu.asp 网页，将该网页另存为 jiaoliu.html，为表单中的文本域、文本区域、复选框和下拉列表框添加 Spry 验证构件，如图 14-52 所示。

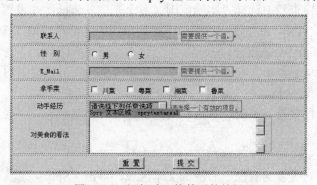

图 14-52　添加验证构件后的效果

步骤 1：另存文件。

（1）　进入 meishi 站点，打开站点根目录下的 jiaoliu.asp 网页。

（2）　选择"文件"|"另存为"命令，打开"另存为"对话框。

（3）　在"文件名"文本框中输入"jiaoliu.html"，单击"保存"按钮。

步骤 2：设置 Spry 验证文本域。

（1）　选择"联系人"右侧的文本域，单击"Spry"工具栏中的"Spry 验证文本域"按钮，添加 Spry 验证文本域。

（2）　在属性检查器中的"类型"下拉列表框中选择"无"选项，在"预览状态"下拉列表框中选择"必填"选项，在"提示"文本框中输入"spry_145"，如图 14-53 所示。

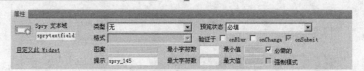

图 14-53　设置 Spry 验证文本域属性

（3）选择"E_Mail"右侧的文本域，单击"Spry"工具栏中的"Spry 验证文本域"按钮，添加 Spry 验证文本域。

（4）在属性检查器中的"类型"下拉列表框中选择"电子邮件地址"选项，在"预览状态"下拉列表框中选择"必填"选项，在"提示"文本框中输入"spry_145@spry.com"，效果如图 14-54 所示。

图 14-54　设置 Spry 验证文本域属性

步骤 3：设置 Spry 验证复选框。

（1）选择"川菜"左侧的复选框，单击"Spry"工具栏中的"Spry 验证复选框"按钮，添加 Spry 验证复选框。

（2）在属性检查器中选择"实施范围（多个）"复选框，并设置"最小选择数"为 1、"最大选择数"为 4，在"预览状态"下拉列表框中选择"初始"选项。

步骤 4：设置 Spry 验证选择。

（1）选择"动手经历"左侧的复选框，单击"Spry"工具栏中的"Spry 验证选择"按钮，添加 Spry 验证选择。

（2）选择属性检查器中的"空值"复选框，在"预览状态"下拉列表框中选择"有效"选项。

步骤 5：设置 Spry 验证文本区域。

（1）选择"对美食的看法"右侧的文本区域，单击"Spry"工具栏中的"Spry 验证文本区域"按钮，添加 Spry 验证文本区域。

（2）在属性检查器中的"最小字符数"文本框中输入 5，在"最大字符数"文本框中输入 450，在"预览状态"下拉列表框中选择"初始"选项，选择"计数器"选项组中的"字符计数"单选按钮，如图 14-55 所示。

图 14-55　Spry 验证文本区域属性

步骤 6：保存并预览。

（1）按 Ctrl+S 组合键保存文件，弹出"复制相关文件"对话框，单击"确定"按钮。

（2）按 F12 键预览网页。如果表单中的项目设置不正确，单击"提交"按钮，会显示各种提示，如图 14-56 左图所示；如果表单中的项目填写正确，则不会显示任务提示，如图 14-56 右图所示。

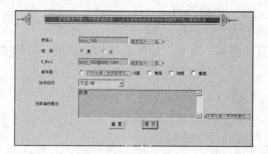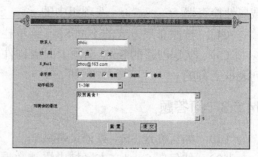

图 14-56　提示用户输入数值

14.5　上机练习与习题

14.5.1　选择题

（1）下列哪个选项不是构成 Spry 构件的组成部分＿＿＿＿＿＿＿＿。

　　A. HMTL 代码结构块　　　　　　B. 响应用户启动事件的 JavaScript

　　C. 外观 CSS　　　　　　　　　　D. 列表构件

（2）为 Spry 数据集指定数据源时，下列说法正确的是＿＿＿＿。

　　A. 可指定 HTML 或 XML 数据类型　　B. 只能指定 HTML 数据类型

　　C. 只能指定 XML 数据类型　　　　　D. 以上说法均不正确

（3）下列关于 Spry 效果的说法正确的是＿＿＿＿＿＿。

　　A. 单击 "CSS 样式" 面板中的 ╋. 可以添加行为效果。

　　B. Dreamweaver 只能为选择的对象添加 1 种行为效果。

　　C. 选择 "插入" | "行为" 命令，可从该子菜单中选择行为效果。

　　D. Spry 效果几乎可以应用于所有页面元素。

（4）对于默认创建的 Spry 菜单栏构件，每个菜单栏自动命名为＿＿＿＿加 "数字"。

　　A. Tab　　　　　　B. Label　　　　　　C. 项目　　　　　D. 菜单

（5）关于 Spry 菜单栏构件下列说法正确的是＿＿＿＿＿。

　　A. 默认创建的 Spry 菜单栏每项都含有子菜单

　　B. Spry 菜单栏构件分为水平和垂直两种布局

　　C. 用户只能为菜单栏设置一级子菜单

　　D. 默认创建的 Spry 菜单栏每项都不包含链接

14.5.2　填空题

（1）选择网页中图像，为其添加单击时图像不停摇动的效果，应选择 "添加行为" | "效果" 子菜单中的＿＿＿＿＿命令。

（2）设置验证文本区域只允许用户输入诸如 your1456@163.com 之类的电子邮件地

址格式，应从属性检查器中的"类型"下拉列表框中选择＿＿＿＿＿＿选项。

（3）要求向文本区域中输入内容的同时计算用户已输入字符数，应选择验证文本区域属性检查器＿＿＿＿＿＿选项组中的＿＿＿＿＿＿单选按钮。

（4）按照布局方式的不同 Spry 菜单栏可分为＿＿＿＿＿和＿＿＿＿＿两类。

（5）默认创建的 Spry 选项卡面板构件只含有两个面板，如果要添加新面板，应单击列表框上方的＿＿＿＿＿＿按钮。

14.5.3　问答题

（1）如何创建 Spry 验证文本域？

（2）如何向 Spry 文本区域中添加数据？

（3）如何添加挤压 Spry 效果？

（4）如何设置 Spry 验证复选框构件？

（5）如何创建 Spry 可折叠面板构件？

14.5.4　上机练习

（1）创建 Spry 选项卡式构件，要求更改选项卡标签名称及字号，选项卡面板中的内容可根据需要自行添加，如图 10-58 所示（提示：更改标签字号要应用到 CSS 样式，Spry 选项卡式构件的所有样式都包含在 SpryTabbedPanels.css 中，可通过更改该文件中 TabbedPanels 下的参数调整选项卡标签字号）。

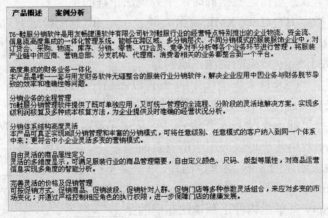

图 14-58　Spry 选项卡式面板构件示例

（2）新建文档并添加任意图像，为其添加"显示/渐隐"效果且双击时激活该效果。

第15章 库和模板

本章要点

- 创建库项目
- 利用库项目更新网站
- 创建模板
- 应用模板创建网页
- 导入导出 XML 内容

本章导读

- 基础内容：库和模板的功能。
- 重点掌握：如何创建库项目/模板，为模板创建可编辑区域、重复区域和可编辑标记属性，如何利用库项目/模板更新网站中内容。
- 一般了解：管理（如删除、重命名）库项目只需了解即可。

课堂讲解

在 Dreamweaver 中，可以利用库与模板创建出具有统一风格的网页，也能更加方便地维护网站。

本章的课堂讲解部分介绍了库与模板的基础知识和应用，即如何创建和设置库项目、为网页添加库项目和编辑库项目，如何创建模板、设置模板的网页属性，以及如何导入导出 XML 内容等。

15.1 关于库与模板

Dreamweaver 中的资源包括图像、影片、颜色、脚本和链接等,除此之外,还有两种比较特殊的类型:库和模板。

库是一种特殊的 Dreamweaver 文件,其中包含可放置到 Web 页中的一组资源或资源副本。库中的这些资源称为库项目。可在库中存储的项目包括图像、表格、声音和 Flash 文件。当用户更改某个库项目的内容时,系统会更新所有使用该项目的页面。

Dreamweaver 将库项目存储在每个站点的本地根文件夹中的 Library 文件夹中,且每个站点都有自己的库。在使用库项目时,系统将库项目链接插入到 Web 页中,而不是直接将库项目本身插入到 Web 页。换句话说,Dreamweaver 是向文档中插入项目的 HTML 源代码副本,并添加一个包含对原始外部项目的引用的 HTML 注释。自动更新过程就是通过这个外部引用来实现的。

模板是一种特殊类型的文档,可用于设计固定的页面布局。用户可基于该模板创建文档,创建的文档会自动继承模板的页面布局。设计模板时,用户可以指定在基于模板的文档中哪些内容是"可编辑的"。模板最强大的功能之一在于一次可更新多个页面,从模板创建的文档与该模板保持同步状态,因此修改模板即可立即更新基于该模板的所有文档中的设计。

15.2 使用库项目

库项目可以是网站中的各类元素,如文本、图像、表格、表单、插件和构件等。如果这些项目在网页制作的过程中重复使用,则更新某个网页元素后,若要打开每个网页修改这些元素,既浪费时间又浪费精力。如果将其创建为库项目后添加到网页中,则只需要修改库项目即可一次更新网站中的多个网页,既省时又省力。

15.2.1 认识"资源"面板中的库

在使用库项目前,选择"窗口"|"资源"命令,显示"资源"面板,或单击"文件"面板组中的"资源"标签,切换至"资源"面板。单击"资源"面板左下角中的"库"按钮 ，进入"库"类别,如图 15-1 所示。

"资源"面板左侧各工具按钮可以切换至不同的类别,下面主要介绍"资源"面板库类别下方各按钮选项功能。

(1) "插入" 插入 :单击左侧工具栏中各按钮(除颜色)后,从右侧列表框中选择任意选项,再单击此按钮,可将其插入到网页中。若选择颜色,则"插入"按钮变为"应

图 15-1 "资源"面板库类别

用"按钮,单击"应用"按钮,可将选择的颜色或模板应用于打开的文档。

(2) "刷新站点列表" ：重新刷新当前站点,将新建对象显示到列表框中。

(3) "新建库项目" ：创建一个新的库项目。

（4）"编辑" 和"删除" 🗑：编辑或删除选择的对象。

15.2.2 创建库项目

创建库项目的方法有两种：一是基于选定的内容创建库项目，另一个是新建空白库项目并向其中添加内容。

若要基于选定内容创建库项目，应先选择"文档"窗口中要另存为库项目的内容或对象，然后执行以下任一操作。

（1）将选择的内容拖动至"资源"面板的"库"类别中。

（2）单击"资源"面板的"库"类别下的"新建库项目"按钮 🖰。

（3）选择"修改"|"库"|"增加对象到库"命令。

（4）单击"资源"面板右上角的🗠图标，从弹出的菜单中选择"新建库项目"命令。

若要创建一个空白库项目，应先确认当前未选择任何内容，然后单击"资源"面板"库"类别下的"新建库项目"按钮，一个新的、无标题的库项目将被添加到面板中的列表。

如果不对新创建的库项目进行任何操作，它将处于选定状态。若库项目名称为UntitledX（X 为数字序列），此时可直接输入库项目名称，然后按 Enter 键创建库项目。

> **提示** 每个库项目都保存在 Library 文件中，且以独立文件的形式存在，文件扩展名为.lbi。例如，用户创建了一个名为 welcome 的图像库项目，则可在站点根目录下的 Library 文件夹中找到 welcome.lbi 文件。

15.2.3 将库项目添加到网页

用户可以直接将创建的库项目应用于文档。若要在文档中插入库项目，应先确定插入点位置，然后在"资源"面板中将一个库项目拖动到"文档"窗口中，或单击面板中的"插入"按钮。若希望插入到文档中的库项目不随项目的更新而更新，在将库类别面板中的库项目拖动至文档时，可按住 Ctrl 键。

15.2.4 实例——创建库项目

前面介绍了库项目的创建和应用方法，下面通过实例进一步巩固所学知识。在 example站点中新建库项目 table，将其添加至 015 文件夹中的新建网页 001.html 中。

（1）选择"文件"|"新建"命令，创建无布局 HTML 文件，并将其保存在 example站点 015 文件夹中，文件名为 001.html。

（2）展开"资源"面板，单击左侧工具栏中的"库"按钮，切换至库类别。

（3）单击库类别面板下方的"新建库项目"按钮，新建 Untitled 空白库项目，Untitled当前处于反选状态，用户只需直接输入 table，然后按 Enter 键即可更改文件名。

（4）单击库类别面板下方的"编辑"按钮，在其中创建一个 7 行 3 列无边框、无边距、无间距的表格，并分别设置宽、高值，如图 15-2 所示。

（5）按 Ctrl+S 组合键，保存 table.lbi 库项目。

（6）切换至 001.html，在文档区域内单击，然后单击库类别下方的"插入"按钮，得到如图 15-3 所示的效果。

（7） 按 Ctrl+S 组合键，保存文件 001.html。

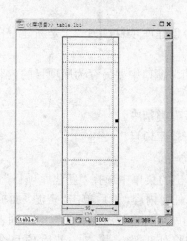

图 15-2　table 库项目

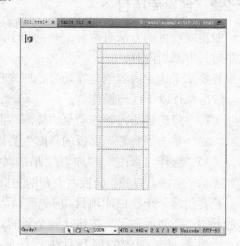

图 15-3　将库项目添加至文档

15.3　编辑与管理库项目

添加至库类别中的库项目，用户可根据实际需要进行编辑与管理，例如重命名库项目、断开库项目与文档的链接、删除库项目等。

15.3.1　库项目的属性检查器

选择插入到文档中的库项目时，显示如图 15-4 所示的属性检查器。应用该属性检查器可查看库项目的源文件所在位置，打开或分离选择的库项目，或者经过编辑后重新创建库项目。

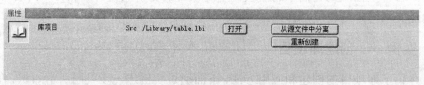

图 15-4　库项目的属性检查器

库项目的属性检查器中各选项的功能如下。

（1）　"Src"：显示选中的库项目的源文件的路径及文件名。

（2）　"打开"：打开当前选择的库项目源文件，可用于编辑库项目。用户也可单击"资源"面板右上角的 按钮，从弹出的菜单中选择"编辑"命令，或单击"资源"面板中的"编辑"按钮，打开源文件编辑库项目。

（3）　"从源文件中分离"：中断选择的库项目与源文件之间的链接。

（4）　"重新创建"：使用当前库项目覆盖初始库项目。

15.3.2　删除与重命名库项目

不断向库类别中添加库项目的同时，可以删除不再使用的库项目。若要删除一个库项目，应先在"资源"面板中选择要删除的库项目，然后执行以下任一操作。

（1）单击"资源"面板中的"删除"按钮。

（2）单击"资源"面板右上角的 按钮，从弹出的快捷菜单中选择"删除"命令。

（3）在选择的库项目名称上右击鼠标，从弹出的快捷菜单中选择"删除"命令。

执行删除操作时，会弹出提示对话框，进一步询问用户是否要删除库项目。如果确认要删除，单击"是"按钮；否则单击"否"按钮。值得注意的是：删除后的库项目，无法使用"撤销"命令将其找回，只能重新创建。

若要重新命名库项目，可在"资源"面板中选中需重命名的库项目，然后执行以下任一操作。

（1）在库项目的选择状态下单击，当库项目名称变为可编辑时输入新名称。

（2）单击面板右上角的 按钮，从弹出的快捷菜单中选择"重命名"命令，当库项目名称处于可编辑状态时输入新名称。

（3）右击库项目名称，从弹出的快捷菜单中选择"重命名"命令，当库项目名称处于可编辑状态时输入新名称。

输入新名称后按 Enter 键，或在其他位置单击即可完成重命名操作。在应用单击方式重命名库项目时，一定要注意在前后两次单击之间稍作暂停，不要双击名称，否则将会打开库项目窗口。

15.3.3　实例——编辑库项目

前面介绍了库项目的编辑方法，下面通过实例进一步巩固所学知识。打开 example 站点中的文件 001.html，将其另存为 002.html，向表格中添加水平线和图像、文本等内容，并将水平线保存为库项目，名称为 level。

（1）打开 example 站点中的文件 001.html，将其另存为 002.html。

（2）选择文件中的 table 库项目，单击属性检查器中的"从库文件中分离"按钮。

（3）在表格内插入文本（根据需要设置样式）、图像（015 文件夹中的 001.gif、005.gif 和 006.gif）。

（4）在图像 005.gif 上方插入空行，选择"插入"｜"HTML"｜"水平线"命令，插入水平线。

（5）选择水平线，在属性检查器中设置"宽：100%"、"对齐：居中对齐"，在"拆分"视图左侧代码区域找到<hr/>标签，在其中添加代码：color="#ffcc00"，得到代码行：<hr align="center" width="100%" color="#ffcc00">，效果如图 15-5 所示。

（6）刷新文档，单击"资源"面板库类别中的"新建库项目"按钮，并更改库项目名称为 level，如图 15-6 所示。

（7）按 Ctrl+S 组合键，保存文件。

图 15-5　向 table 中添加内容后的效果　　　　　图 15-6　新建 level 库项目

15.4　创建模板

应用 Dreamweaver 中的模板功能，将网页中相同部分定义为不可更改部分，可以保持站点风格的一致，减少站点制作过程中的工作量。创建模板的方法主要有两种：一种是将现有文档保存为模板，另一种是以新建的空白文档为基础创建模板。

15.4.1　将文档另存为模板

若要将已存在的文档另存为模板，可选择"文件"|"另存为模板"命令，打开如图 15-7 所示的"另存模板"对话框。在"站点"下拉列表框中选择模板保存在哪个站点中，在"现存的模板"列表框中会显示选择站点中所包含的所有模板，在"描述"文本框中输入模板的简要描述，在"另存为"文本框中输入模板名称。

设置完毕，单击"保存"按钮，弹出如图 15-8 所示的提示对话框，提示是否更新链接。单击"是"按钮，将文档另存为模板。

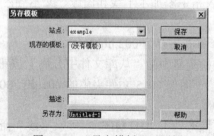

图 15-7　"另存模板"对话框

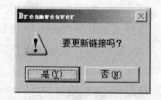

图 15-8　提示更新链接

创建模板的同时，系统自动在站点根目录下创建 Templates 文件夹，并将模板保存在该文件夹中，文件扩展名为.dwt。不要随意将模板移出 Templates 文件夹，或将非模板文件存放在 Templates 文件夹中，以免引用模板时出现路径错误。

15.4.2　创建可编辑区域

将文档另存为模板，应用该模板创建的文档是无法编辑的，即模板所有区域均为锁定状态。因此，必须在模板中添加可编辑区域，以方便生成不同的网页。

若要创建可编辑模板区域，应先选择要设为可编辑区域的文本或内容，或将插入点置于某区域内，然后选择"插入"|"模板对象"|"可编辑区域"命令，打开如图 15-9 所示的"新建可编辑区域"对话框。输入可编辑区域的名称，单击"确定"按钮即可。值得注意的是：在为同一文档中的不同可编辑区域命名时，不能使用相同的名称。

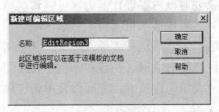

图 15-9　"新建可编辑区域"对话框

15.4.3　创建重复区域

重复区域通常用于表格，可用于控制页面中的重复布局或重复数据行。它是模板文档中所选区域的多个副本，属于不可编辑区域。若要编辑该区域，必须在重复区域中插入可编辑区域。

要创建重复区域，必须先选择对象，然后选择"插入"|"模板对象"|"重复区域"命令，打开如图 15-10 所示的"新建重复区域"对话框，在"名称"文本框中输入名称，单击"确定"按钮。

图 15-10　"新建重复区域"对话框

15.4.4　定义可选区域

Dreamweaver 中的可选区域可分为两类：不可编辑的可选区域和可编辑可选区域。

1.　插入不可编辑的可选区域

不可编辑可选区域使模板用户能够显示和隐藏特别标记的区域但却不允许编辑相应区域的内容。

若要插入不可编辑的可选区域，应先选择要设置为可选区域的元素，然后选择"插入"|"模板对象"|"可选区域"命令，打开"新建可选区域"对话框，如图 15-11 所示。在"名称"文本框中输入可选区域的名称，如果要设置可选区域的值，可切换至"高级"选项卡，如图 15-12 所示，完成设置单击"确定"按钮。

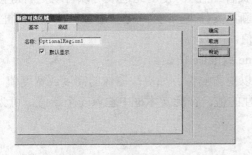

图 15-11　"基本"选项卡

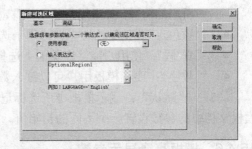

图 15-12　"高级"选项卡

2.　插入可编辑的可选区域

可编辑可选区域使模板用户能够设置是显示还是隐藏区域并能够编辑相应区域的内容。例如，如果可选区域中包括图像或文本，模板用户即可设置该内容是否显示，并根据需要对该内容进行编辑。可编辑区域是由条件语句控制的。

若要插入可编辑的可选区域，应先将插入点置于要插入可选区域的位置（不能选定内容），然后选择"插入" | "模板对象" | "可编辑的可选区域"命令，打开"新建可选区域"对话框。在该对话框中输入可选区域的名称，如果要设置可选区域的值，可切换至"高级"选项卡，完成设置单击"确定"按钮。

15.4.5　定义可编辑标记属性

Dreamweaver 允许模板用户在根据模板创建的文档中修改指定的标签属性。例如，设计者设置了模板的背景后，可将页面背景属性设置为可编辑，并允许模板用户为他们创建的页面设置不同的背景颜色。

要定义可编辑标记的属性，可先在文档窗口中选择想要为其设置可编辑标签属性的项目，然后选择"修改" | "模板" | "令属性可编辑"命令，打开"可编辑标签属性"对话框，如图 15-13 所示。在对话框中设置"属性"、"标签"、"类型"等内容，单击"确定"按钮。

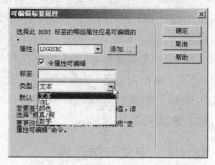

图 15-13　"可编辑标签属性"对话框

"可编辑标签属性"对话框中各选项的功能如下。

（1）"属性"：从下拉列表框中选择要编辑的属性。若要使用的属性未显示在下拉列表框中，可单击"添加"按钮，添加属性名称。

（2）"令属性可编辑"：选择该复选框，标记属性才能进行编辑；反之则不可编辑。

（3）"标签"：为属性输入唯一的名称。若要使以后标识特定的可编辑标签属性变得更加容易，可使用标识元素和属性的标签。例如，可以将具有可编辑源的图像标为 logoSrc，或将<body>标记的可编辑背景颜色标为 bodyBgcolor。

（4）"类型"：选择该属性所允许具有的值的类型。

- "文本"：让用户为属性输入文本值。例如，可以使用带有 align 属性的文本，然后用户就可以将该属性的值设置为左对齐、右对齐或居中对齐。
- "URL"：插入元素的链接（如图像的文件路径）。使用此选项可以自动更新链接中所用的路径；如果用户将图像移动到新的文件夹，则会弹出"更新链接"对话框。
- "颜色"：要使颜色选择器可用于选择值。
- "真/假"：使用户能够在页面上选择 true 或 false 值。
- "数字"：要让模板用户可以键入数值以更新属性。如更改图像的高度或宽度值。

（5）"默认"：显示模板中所选标记属性的值。在此文本框中输入一个新值，可为模板文档中的参数设置一个不同的初始值。

15.4.6　模板高亮显示参数

在 Dreamweaver 模板中的可编辑区域、重复区域等标记的边框颜色是可以根据个人喜好设置的。若要更改模板中各标记的色彩，选择"编辑" | "首选参数"命令，打开"首选参数"对话框。选择"分类"列表框中的"标记色彩"选项，切换到"标记色彩"选项页，如图 15-14 所示。用户可根据需要设置不同选项颜色，例如设置"可编辑区域"颜色。

若要以新建的空白文档为基础创建模板，应选择"文档"｜"新建"命令，在"新建文档"对话框的"页面类型"列表框中选择"HTML 模板"选项，单击"创建"按钮创建空白模板文档。保存文档系统会打开一个提示模板中不含任何可编辑区域的提示对话框，单击"确定"按钮。接下来只需向模板中添加可编辑区域、重复区域、可选区域等即可。

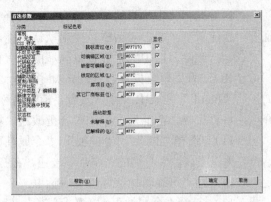

图 15-14 "标记色彩"选项页

15.4.7 实例——创建模板

前面介绍了模板的创建方法，下面通过实例进一步巩固所学知识。将 example 站点中如图 15-15 所示的 tsyem.html 网页另存为模板，并命名为 003，然后向模板中添加可编辑区域、可重复区域和可编辑标记属性，如图 15-16 所示。

图 15-15 tsyem.html 网页效果

图 15-16 模板效果

（1） 展开"文件"面板显示 example 站点，双击 tsyem.html 网页。

（2） 选择"文件"｜"另存为模板"命令，打开"另存模板"对话框。

（3） 在"站点"下拉列表框中选择 example 站点，在"描述"文本框中输入"分页模板"，在"另存为"文本框中输入模板名称"003"。

（4） 单击"保存"按钮，系统自动弹出提示框询问用户是否要更新链接，单击"是"按钮。

（5） 选择"冬凌草"标题，选择"插入"｜"模板对象"｜"可编辑区域"命令，打开"新建可编辑区域"对话框，在"名称"文本框中输入"biaoti"，单击"确定"按钮。

（6） 在水平线下方的正文部分三击，选择所有正文，然后右击从弹出的快捷菜单中选择"模板"｜"新建可编辑区域"命令，打开"新建可编辑区域"对话框。在"名称"文本框中输入"text"，单击"确定"按钮。

（7） 单击选择图片，切换至"常用"工具栏，单击"模板"按钮从弹出的菜单中选择"可编辑区域"选项，打开"新建可编辑区域"对话框，在"名称"文本框中输入"image"，单击"确定"按钮。

（8） 选择"生物学特征"所在行，选择"插入"|"模板对象"|"重复区域"命令，打开"新建重复区域"对话框，使用默认名称，单击"确定"按钮。

（9） 删除表格中除设置重复区域的所有行。

（10） 为了规范模板，让用户知道在什么地方添加什么内容，可进行提示更改，例如：将"biaoti"区域中内容更改为"植物名称"，将"text"区域中内容更改为"相关简介"，将"生物学特征"下方的内容更改为"特征说明"。

（11） 选择"修改"|"模板"|"令属性可编辑"命令，打开"可编辑标签属性"对话框，单击"属性"右侧的"添加"按钮，在打开的对话框中输入 bodybgimage，单击"确定"按钮返回"可编辑标签属性"对话框。

（12） 选择"令属性可编辑"复选框，在"标签"文本框中输入 bodybgimage，从"类型"下拉列表框中选择 URL 选项，单击"确定"按钮。

（13） 按 Ctrl+S 组合键保存模板。

15.5 基于模板创建文档

模板创建完毕，接下来只需要选择"文件"|"新建"命令，打开"新建文档"对话框，基于选择的模板创建文档。

15.5.1 基于模板创建文档

若要基于模板创建文档，应打开"新建文档"对话框切换至"模板中的页"选项页，从"站点"列表框中选择模板所在站点，从右侧列表框中选择所需的模板，如图 15-17 所示。完成设置后单击"确定"按钮。

基于模板创建文档时，建议用户选择"新建文档"中的"当模板改变时更改页面"复选框，有利于统一修改、调整各网页效果。

15.5.2 实例——基于模板创建文档

前面介绍了模板的创建方法，下面通过实例进一步巩固所学知识。应用 example 创建的 003.dwt 模板创建网页 004.html，并向其中添加内容，得到如图 15-18 所示的网页效果。

图 15-17 "新建文档"对话框

图 15-18 基于模板创建的网页

（1）　选择"文件"|"新建"命令，打开"新建文档"对话框，单击左侧"模板中的页"标签，切换至"模板"选项页。

（2）　在"站点"列表框中选择 example 站点，在"站点'example'的模板"列表框中选择 003，单击"创建"按钮。

（3）　在网页中输入内容，并单击重复标题右侧按钮 重复：RepeatRegion1 ＋－▼▲ 中的"添加记录"按钮 ＋，添加一条新记录

（4）　按 Ctrl+S 组合键，将新建文档保存在 015 文件夹中，文件名为 004.html。

> 单击"添加记录"按钮 ＋ 可以添加一条空记录，单击"删除记录"按钮 － 可删除插入点所在记录行，单击"上移记录"按钮 ▲ 可向上移动当前记录，单击"下移记录"按钮 ▼ 可向下移动当前记录。

15.6　利用库项目及模板更新网站

无论用户是更改库项目或模板名称，还是更改内容后保存库项目或模板时都会弹出自动更新提示对话框，以方便用户一次性更改网站中所有库项目及模板。Dreamweaver 中除了提供自动更新功能，还允许用户手动更新功能。

15.6.1　利用库项目更新网站

修改库项目或更改库项目名称后，选择"修改"|"库"|"更新页面"命令，或在选择的库项目上右击，从弹出的快捷菜单中选择"更新站点"命令，打开如图 15-19 所示的"更新页面"对话框。进行相关设置后，单击"开始"按钮即可更新网站。

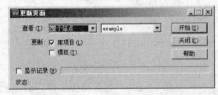

图 15-19　"更新页面"对话框

如果只更改当前页的库项目，在选择的库项目上右击，从弹出的快捷菜单中选择"更新当前页"命令。

"更新页面"对话框中各选项的功能如下。

（1）　"查看"选项组：用于选择要更新库项目的范围。

● "整个站点"：用于更新站点中的所有文件。可从"查看"下拉列表框右面的下拉列表框中选择要更新的站点。

● "文件使用"：用于根据特定模板更新文件。可从"查看"下拉列表框右面的下拉列表框中选择文件。

（2）　"更新"选项组：用于选择要更新的目标。

● "库项目"：用于指定更新的目标为库项目。

● "模板"：用于指定更新的目标为模板。

（3）　"显示记录"：用于展开"状态"文本框，显示 Dreamweaver 试图更新的文件的信息，包括它们是否成功更新的信息。

15.6.2 利用模板更新网站

利用模板更新网站的方法，与利用库项目更新网站的方法相同，用户只需在打开的"更改页面"对话框中选择"更新"选项组中的"模板"复选框，然后单击"开始"按钮即可更改网页中所有基于当前模板创建的网页。

15.6.3 实例——利用模板更新网站

前面介绍了利用库项目和模板更新网站的方法，下面通过实例进一步巩固所学知识。打开站点 example 中的模板 003.dwt，为重复区域添加可编辑区域使模板用户可编辑其内容，然后更新网站中所有基于该模板创建的网页。

（1） 展开"文件"面板，进入 example 站点，双击 Templates 文件夹中的 003.dwt 模板。

（2） 在重复区域单元格内单击，按 Ctrl+A 组合键选择所有内容。

（3） 选择"插入"|"模板对象"|"可编辑区域"命令，打开"新建可编辑区域"对话框，在"名称"文本框中输入"tabletext"，单击"确定"按钮。

（4） 按 Ctrl+S 组合键，系统弹出如图 15-20 所示的"更新模板文件"对话框。

（5） 单击"更新"按钮，打开如图 15-21 所示的"更新页面"对话框，显示完成更新，单击"关闭"按钮。

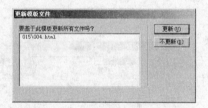

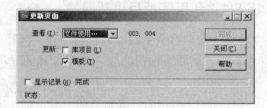

图 15-20 "更新模板文件"对话框　　　　　图 15-21 "更新页面"对话框

15.7 导入和导出模板为 XML

用户可以将基于模板创建的文档视为其中含有由成对"名称"与"值"表示的数据的模板，每一对由可编辑区域的名称及该区域的内容组成。

Dreamweaver 允许用户将"名称-值"导出到 XML 文件中，这样就可以在 Dreamweaver 外部使用数据了，如，在 XML 编辑器或文本编辑器中使用。反之，如果 XML 文档经过适当的组织，则可以将该文档中的数据导入到基于 Dreamweaver 模板的文档中。

15.7.1 导出可编辑区域内容

若要将基于模板创建的包含可编辑区域的文档导出为 XML，可选择"文件"|"导出"|"作为 XML 的数据模板"命令，打开"以 XML 形式导出模板数据"对话框，如图 15-22 所示。选择所需的选项后，单击"确定"按钮。打开"以 XML 形式导出模板数据"对话框，在其中输入 XML 文件的名称（扩展名为.xml），单击"保存"按钮，完成导出操作。

"以 XML 形式导出模板数据"对话框中各选项的功能如下。

（1）　"使用标准 Dreamweaver XML 标签"：如果文档中包含重复区域或模板参数，可选择此选项。

（2）　"使用可编辑区域名称作为 XML 标签"：对于不包含重复区域或模板参数的模板，可选择此选项。

完成导出后，Dreamweaver 生成一个 XML 文件，文档的内容来自文档的参数和可编辑区域，包括重复区域或可选区域中的可编辑区域。除此之外，XML 文件中还包括原始模板的名称及每个模板区域的名称和内容。值得注意的是：不可编辑区域中的内容不会导出到 XML 文件中。

15.7.2　导出不带模板标记的站点

Dreamwevaer 允许用户将基于模板的文档从一个站点导出到另一个站点，且不包含模板标记。操作方法为：选择"修改"｜"模板"｜"不带标记导出"命令，打开"导出为无模板标记的站点"对话框，如图 15-23 所示。在该对话框中进行相关设置后，单击"确定"按钮即可。

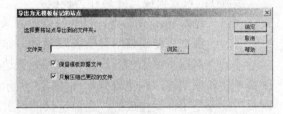

图 15-22　"以 XML 形式导出模板数据"对话框　　图 15-23　"导出为无模板标记的站点"对话框

"导出为无模板标记的站点"对话框中各选项功能说明如下。

（1）　"文件夹"：设置导出路径，用户可在文本框中输入要将文件导出到的文件夹的文件路径，或单击"浏览"按钮选择保存路径。值得注意的是选择的路径必须是当前站点以外的文件夹。

（2）　"保留模板数据文件"：保存已导出的基于模板的文档的 XML 版本。

（3）　"只解压缩已更改的文件"：将更改更新到以前导出的文件。

15.7.3　导入 XML 内容

导入 XML 内容不仅可基于 XML 文件中指定的模板创建一个新的文档,而且还可使用 XML 文件中的数据填充文档中每个可编辑区域的内容。若要导入 XML 内容，可选择"文件"｜"导入"｜"XML 到模板"命令，打开"导入 XML"对话框。选择要导入的 XML 文件，单击"打开"按钮。

如果 XML 文件并非完全按照 Dreamweaver 要求的方式设置，可能无法导入数据。解决此问题的方法是：从 Dreamweaver 导出一个空白 XML 文件，得到一个结构完全正确的 XML 文件。然后将原始 XML 文件中的数据复制到导出的 XML 文件中，这样就生成一个符合 Dreamweaver 格式的 XML 文件。

15.7.4 实例——导出基于模板创建的页面

前面介绍了模板的导入与导出方法，下面通过实例进一步巩固所学知识。打开 example 站点 015 文件夹中的 004.html 网页，将其导出为 XML 文件，名称为 005.xml。

（1）打开 example 站点 015 文件夹中的 004.html 文件。

（2）选择"文件"|"导出"|"作为 XML 的数据模板"命令，打开"以 XML 形式导出模板数据"对话框。

（3）选择"使用可编辑区域名称作为 XML 标签"单选按钮，单击"确定"按钮。

（4）打开"以 XML 形式导出模板数据"对话框，在"文件名"文本框中输入"005"，如图 15-24 所示。

（5）单击"保存"按钮。

15.8 实例——制作模板

打开 meishi 站点中已存在的 mbasic.asp 网页，向其中添加不变的内容，然后另存为模板，并定义文本区为可编辑区域。设置完毕用该模板创建新文档。

步骤 1：设置模板页并另存为模板。

（1）进入 meishi 站点，打开站点根目录下的 mbasic.asp 网页。

（2）根据需要调整网页中各项元素，如调整 left 层的大小及堆叠顺序。

（3）向网页中添加及设置内容，如无边框表格、文本、为文本设置链接、图像、水平菜单栏和框架等，预览得到如图 15-25 所示的效果。值得注意的是：网页中间"找不到网页"部分是用框架构成的，当前链接的网页不存在所以无法正常显示。

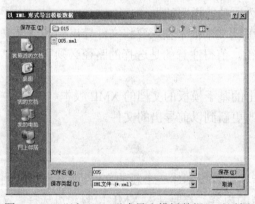
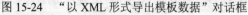

图 15-24 "以 XML 形式导出模板数据"对话框　　　　图 15-25 设置要另存为模板的网页

（4）选择"文件"|"另存为模板"命令，打开"另存模板"对话框。

（5）确认"站点"下拉列表框中显示的是 meishi 站点，在"另存为"文本框中输入"mbasic"。

（6）完成设置，单击"保存"按钮，系统弹出提示框询问用户是否要更新链接，单击"是"按钮。

步骤 2：设置可编辑区域。

（1）　单击框架，选择"插入"｜"模板对象"｜"可编辑区域"命令，打开"新建可编辑区域"对话框，在"名称"文本框中输入"frame"，单击"确定"按钮。

（2）　选择单元格中内容，选择"插入"｜"模板对象"｜"可编辑区域"命令，打开"新建可编辑区域"对话框，在"名称"文本框中输入"text"，单击"确定"按钮。

步骤 3：设置可编辑标记属性。

（1）　选择"修改"｜"模板"｜"令属性可编辑"命令，打开"可编辑标签属性"对话框，单击"属性"右侧的"添加"按钮，在打开的对话框中输入 bodybgimage，单击"确定"按钮返回"可编辑标签属性"对话框。

（2）　选择"令属性可编辑"复选框，在"标签"文本框中输入 bodybgimage，从"类型"下拉列表框中选择 URL 选项，单击"确定"按钮。

（3）　按 Ctrl+S 组合键保存编辑的模板。

步骤 4：根据自定义模板创建新文档。

（1）　选择"文件"｜"新建"命令，打 meishi 站点，在"站点 meishi 的模板"列表框中选择 mbasic 选项，如图 15-26 所示。

（2）　单击"创建"按钮，创建一个新文档。

（3）　其他内容保持不变，在"拆分"模式的代码区域内将框架的链接文件更改为01.html（该网页是通过修改 jiaoliu.html 得到的）。

（4）　保存新建文档，将文件命名为 00.asp。

（5）　按 F12 键浏览网页，结果如图 15-27 所示。

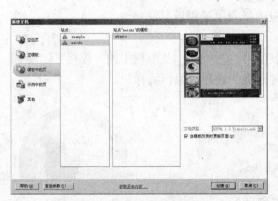

图 15-26　"新建文档"对话框

图 15-27　编辑网页后的效果

15.9　上机练习与习题

15.9.1　选择题

（1）　库项目的范围很广，以下选项中不属于库项目的是＿＿＿＿＿。

　　　A. 图像　　　　　　　　　　B. 表格

C. 模板 　　　　　　　　D. 多媒体

（2）库文件的扩展名为_____。

A. .dwt 　　　　　　　　B. .html

C. .bmp 　　　　　　　　D. .lbi

（3）在创建可编辑区域时，不能将_____标记为可编辑的单个区域。

A. 整个表格 　　　　　　B. 单独的表格单元格

C. 多个表格单元格 　　　D. 层

（4）将基于模板创建的页面导出时，文件默认的扩展名为_____。

A. .ml 　　　　　　　　　B. .xml

C. .html 　　　　　　　　D. .scr

（5）默认情况下模板会自动保存在站点 Templates 文件夹中，其扩展名为_____。

A. .dwt 　　　　　　　　B. .html

C. .bmp 　　　　　　　　D. .lbi

15.9.2　填空题

（1）应用模板创建的文档中，允许用户输入数据的区域称为_____，不允许输入数据的区域称为_____。

（2）要断开文档中的项目与库之间的链接，须单击属性检查器中的_____按钮。

（3）创建模板时，用户可将现有文档保存为模板，方法是：选择_____菜单中的"另存为模板"命令，打开"另存模板"对话框。

（4）选择导出为 XML 内容的文档时，应选择应用了模板且又包含_____区域的文档。

（5）为模板定义可编辑标记属性时，应使用_____菜单栏中的"模板"|"令属性可编辑"命令，打开"可编辑标签属性"对话框，设置可编辑的标记。

15.9.3　问答题

（1）如何将已有文件转换成模板？

（2）如何设置可编辑区域？

（3）如何设置重复区域？

（4）更改了库项目或模板后，如何更新网站？

（5）简述导出 XML 内容的方法。

15.9.4　上机练习

（1）新建空白新模板文档，并向其中添加可编辑区域、重复区域、可编辑标记属性。

（2）保存新建模板，并基于该模板创建网页。

第16章　站点的共同开发及测试与发布

课堂讲解

　　要制作一个相对完美的大型网站，通常需要多人协作，共同开发。而且站点制作完毕后也不要急于上传，还必须经过测试，正确无误后才能上传到远程站点。本章介绍多人协作开发网站以及测试与发布站点的知识，包括使用"存回"与"取出"功能共同开发网站、测试网站、上传网站、宣传和推广网站等内容。

16.1 管理文件

Dreamweaver 中的"文件"面板可以用于管理文件并在本地和远程服务器之间传输文件。在本地和远程站点之间传输文件时，如果站点中不存在相应的文件夹，则 Dreamweaver 将创建这些文件夹。除此之外，用户还可以同步本地和远程站点之间的文件；根据需要在两个本地/远程上复制或删除文件。

16.1.1 使用"存回/取出"功能共同开发站点

Dreamwever 中的"存回/取出"功能可供多用户共同分发网站，当其中一位用户"取出"某个网页进行编辑时，其他用户就不能再对该网页进行编辑操作，这样可确保网页编辑的有效性。完成编辑后，用户可通过"存回"功能将网页的编辑权交还网站，以便别人查看和再编辑此网页。

1. 关于"存回"和"取出"

"存回"是指用户将编辑文件权力交还给网站，以便于其他人编辑该网页。当用户将修改后的文件存回时，本地文件属性自动转变为只读，并且"文件"面板上该文件图标旁边会显示锁形符号。

"取出"是指从网站取得文件的编辑权，此时其他人不可编辑该网页。文件被取出后，Dreamweaver 会在"文件"面板中显示取出此文件的用户姓名，并在文件图标的旁边显示一个复选标记。当小组成员取出文件时为红色复选标记，当用户自己取出文件时，则为绿色复选标记。如果此时有其他小组成员要打开含有复选标记的文件，则系统会发出警告。

"存回/取出"功能不能应用于测试服务器。如果要保持测试服务器网站的同步性，可使用"获取"和"上传"功能。

2. 从远程文件夹中取出文件

要从远程文件夹中取出文件，可在"文件"面板中选择要从远程服务器取出的文件，然后单击面板工具栏上的"取出文件"按钮 ，打开"相关文件"对话框。如果要将相关文件随选定文件一起下载取出，可单击"是"按钮；如果不要下载相关文件，则单击"否"按钮。执行"取出文件"操作后，在取出的文件旁边会显示一个绿色的复选标记。

在取出新文件时下载相关文件通常是一种不错的做法，但是如果本地磁盘上已经有最新版本的相关文件，则无须再次下载。

取出一个文件或者对取出的文件进行更改后，可以通过撤销操作来放弃取出以及对其所进行的编辑，使文件恢复到原来的状态。该文件的本地副本会成为只读文件，对该文件所做的任何更改都会丢失。

要撤销文件取出，可在"文件"面板中右击要撤销取出的文件，从弹出的快捷菜单中选择"撤销取出"命令，或者打开文件后选择"站点"|"撤销取出"命令。

3. 将文件存回远程文件夹

若要将取出的文件或者新文件存回远程文件夹，可在"文件"面板中选择所需文件，然后单击面板工具栏中的"存回文件"按钮，或者右击所选文件，从快捷菜单中选择"存回"命令，打开"相关文件"对话框，单击"是"按钮。这样将连同相关文件一起随选定文件上传，保证远程文件夹中的文件保持最新状态。执行"存回"操作后，在文件旁边会显示一个锁形图标。

存回后的文件属性为只读，所以自动更新功能会失效。例如，网页套用了模板或加入了库的组件，则当模板或库内容已经修改时，只读状态下的网页文件无法自动进行更新。解决此问题的方法是解除文件的只读属性，方法为：右击所选只读文件，从弹出的快捷菜单中选择"消除只读属性"命令。需要注意的是，更新了解除只读属性的文件后，一定要单击"存回"按钮，将此文件上传到远程网站。

如果当前文件处于打开状态，可选择"站点"|"存回"|"取出"命令，或单击文档窗口工具栏中的"文件管理"按钮，从弹出的菜单中选择"存回"或"取出"命令，来执行文件的存回或取出操作。

16.1.2 "获取"或"上传"文件

如果在协作环境中工作，可以使用"存回/取出"系统在本地和远程站点之间传输文件。但是，如果只有一个人在远程站点上工作，则可以使用"获取"和"上传"命令传输文件，而不用存回或取出文件。

1. 从服务器获取文件

若要使用"文件"面板从远程服务器获取文件，展开"文件"面板，选择要下载的文件，然后单击"文件"面板工具栏上的"获取文件"按钮或在选择的文件右侧从弹出的菜单中选择"获取"命令。打开"相关文件"对话框，如图 16-1 所示。单击"是"按钮下载相关文件；如果已经有相关文件的本地副本，则单击"否"按钮。默认情况下，不会下载相关文件。

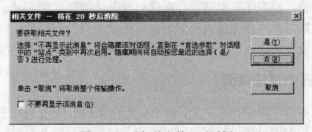

图 16-1　"相关文件"对话框

2. 将文件上传到服务器

当用户不在协作环境中或要将文件的当前版本上传到服务器继续编辑，则可以将文件从本地站点上传到远程站点。

若要将文件上传到服务器，展开"文件"面板，选择要上传的文件，然后单击"文件"面板工具栏上的"上传文件"按钮 ⇧ 或在选择的文件右侧从弹出的菜单中选择"上传"命令。打开"相关文件"对话框，单击"是"按钮将相关文件随选定文件一起上传；单击"否"按钮，则不上传相关文件。

16.2 测试站点

在将站点上传到服务器供浏览之前，最好先在本地进行测试，确保网页可以在浏览器中正常显示，且没有断开的链接，页面下载时间不会太长。这样可以尽早发现问题，避免重复出错。

16.2.1 测试站点时需考虑的问题

在测试站点之前，用户需要先了解一下测试的内容，以及在测试时须注意的问题，以便设计者可以为站点访问者提供愉快的访问经历。下面简单介绍几个要点。

（1） 在浏览器中预览和测试页面：在不同的浏览器和平台上预览页面，以便能有机会查看布局、颜色、字体大小和默认浏览器窗口大小等方面的区别，这些区别在目标浏览器检查中是无法预见的。

（2） 检查站内链接：检查站点是否有断开的链接，并修复断开的链接。由于其他站点也在重新设计、重新组织，所以链接的页面可能已被移动或删除。可运行链接检查报告对链接进行测试。

（3） 监测页面的文件大小及下载页面所需时间：由大型表格组成的页面，某些浏览器在整张表完全载入之前，访问者什么也看不到。设计这类网页时应考虑将大型表格分为几部分，如果不可能这样做，应考虑将少量内容（例如欢迎辞或广告横幅）放在表格以外的页面顶部，这样用户可以在下载表格的同时查看这些内容。

（4） 运行站点报告：运行一些站点报告来测试并解决整个站点的问题。可以检查整个站点是否存在问题，例如无标题文档、空标记，以及冗余的嵌套标记等。

（5） 验证标记：检查代码中是否存在标记或语法错误。

（6） 发布后期工作：在完成对大部分站点的大部分发布以后，应继续对站点进行更新和维护。站点的发布可以通过多种方式完成，而且是一个持续的过程。

16.2.2 在浏览器中预览页面

用户可以随时在浏览器中预览页面，而不必先将文档上传到 Web 服务器，这有利于用户在设计网站的过程中即可通过预览和测试页来及时发现问题并及时进行修改，以免加重后期的测试和修改工作。在预览页面时，如果浏览器已安装了必需的插件或 ActiveX 控件，则与浏览器相关的所有功能（包括 JavaScript 行为、文档相对链接和绝对链接、ActiveX 控件和 Netscape Navigator 插件）都会起作用。

在使用浏览器预览文档之前，应先保存该文档，否则浏览器不会显示最新的更改。执行以下任一操作即可在浏览器中预览文档。

（1）　选择"文件"|"在浏览器中预览"菜单中显示的某个浏览器。

（2）　按 F12 键在首选浏览器中预览当前文档。

（3）　按 Ctrl+F12 组合键再次在浏览器中预览当前文档。

由于只有服务器能够识别站点根目录而浏览器不能识别，因此在使用本地浏览器预览文档时，如果没有指定测试服务器，或者在"首选参数"对话框中没有设置使用临时文件预览，则不能在浏览器中显示文档中用站点根目录相对路径链接的内容。若要预览用站点根目录相对路径链接的内容，应先将文件上传到远程服务器。

16.2.3　检查页面或站点内的链接

"检查链接"功能用于在打开的文件、本地站点的某一部分或者整个本地站点中查找断链接和未被引用的文件。Dreamweaver 只验证那些指向站点内文档的链接，并将出现在选定文档中的外部链接编辑成一个列表。此外，还可以标识和删除站点中其他不再使用的文件。

1.　检查当前文档内的链接

若要检查当前文档内的链接，应先保存文件，然后选择"文件"|"检查页"|"链接"命令，显示"结果"面板组中的"链接检查器"面板，如图 16-2 所示。如果有链接错误，列表框内会显示错误文件报告。该报告为临时文件，用户可通过单击"保存报告"按钮 将报告保存起来。

图 16-2　"链接检查器"面板

利用链接检查器可以查看"断掉的链接"、"外部链接"和"孤立文件"3 类链接报告，用户可通过选择"显示"下拉列表框中的相应选项来查看不同类型的报告。下面介绍这 3 种类型的链接报告的含义。

（1）　断掉的链接：显示含有断裂超链接的网页名称。

（2）　外部链接：显示包含外部超链接的网页名称（可从此网页链接到其他网站中的网页）。

（3）　孤立文件：显示网站中没有被用到或未被链接到的文件。

2. 检查站点内某部分的链接

若要检查站点内某一部分中的链接，应先从"文件"面板中选择要检查的站点，并从本地视图中选择要检查的文件或文件夹，单击"链接检查器"面板中的"检查链接"按钮 ，从弹出的菜单中选择"检查站点中所选文件的链接"命令，然后在"显示"下拉列表框中选择要查看的报告类型。报告内容显示在列表框中。

3. 检查整个站点中的链接

若要检查整个站点中的链接，应先从"文件"面板中选择要检查的站点，然后单击"链接检查器"面板左侧的"检查链接"按钮 ，从弹出的菜单中选择"检查整个当前本地站点的链接"命令，在列表框中显示链接报告。

16.2.4 修复断开的链接

若要在"链接检查器"面板中修复链接，应先对打开的文件、选择的文件或文件夹、整个站点进行链接检查，然后在"显示"下拉列表框中选择"断掉的链接"选项，显示所有断掉链链的报告，再在列表框中的"断掉的链接"栏下单击要修改的链接路径，此路径即进入编辑状态，并在右侧显示文件夹图标 ，如图 16-3 所示。单击文件夹图标，打开"选择文件"对话框，从站点中选择需要链接的文件，单击"确定"按钮，即可完成此链接的修复工作。也可以直接在编辑框中输入已知的链接文件的具体路径和文件名，并按 Enter 键确认。

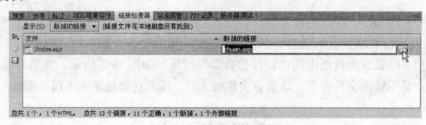

图 16-3　编辑断掉的链接

断掉的链接修复后，链接文件在"链接检查器"面板"文件"列表框中不会再显示；如果该选项依然显示在列表框中，则表明链接仍然是断开的。

16.2.5 预估页面下载时间

网页设计完毕，页面的所有内容就已经确定了，即文件大小不会再有所改变，但用户可以视情况设置连接速度预计页面下载的时间。

若要预估页面下载时间，可选择"编辑"|"首选参数"命令，打开"首选参数"对话框。从"分类"列表框中选择"状态栏"选项，切换到"状态栏"选项页，如图 16-4 所示。打开"连接速度"下拉列表框从中选择网络连接速度，或直接在文本框中输入连接速度。

完成设置，单击"确定"按钮，在文档窗口状态栏中会自动显示当前网页以指定速度连接至网络完全显示所需的时间，例如 3 K / 1 秒 。

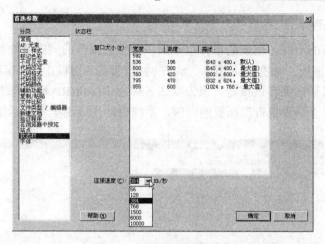

图 16-4　设置网络连接速度

16.2.6　使用报告检查站点

使用报告检查站点可以对当前文档、选定的文件或整个站点的工作流程或 HTML 属性运行站点报告，还可以使用"报告"命令来检查站点中的链接。

1．运行报告以检查站点

若要运行报告以检查站点，可选择"站点"|"报告"命令，打开如图 16-5 所示的"报告"对话框。选择要报告的类别和运行的报告类型，然后单击"运行"按钮，即可创建报告。

"报告"对话框中各选项的功能如下。

（1）"报告在"：选择要报告的内容，如当前文档、整个当前本地站点、站点中已选文件、文件夹。值得注意的是，只有选择了"文件"面板中文件的情况下，才能运行"站点中的已选文件"报告。

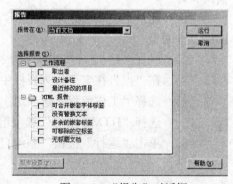

图 16-5　"报告"对话框

（2）"工作流程"用于设置工作流程报告。如果选择了多个工作流程报告，则生成每个报告时都需单击"报告设置"按钮。

- "取出者"：列出某特定小组成员取出的所有文档。
- "设计备注"：列出选定文档或站点的所有设计备注。
- "最近修改的项目"：列出在指定时间段内发生更改的文件。

（3）"HTML 报告"：设置 HTML 报告。

- "可合并嵌套字体标签"：列出所有可合并的嵌套字体标记以便清理代码。
- "没有替换文本"：列出所有没有替换文本的<img>标记。
- "多余的嵌套标签"：详细列出应该清理的嵌套标记。
- "可移除的空标签"：详细列出所有可移除的空标记以便清理 HTML 代码。
- "无标题文档"：列出在选定参数中找到的所有无标记的文档。

2. 使用和保存站点

根据选择项目的不同，生成的报告也不同，在生成报告的同时"结果"面板组中自动显示"站点报告"面板，如图 16-6 所示。单击"站点报告"面板中的"保存报告"按钮 ，打开"另存为"对话框保存该报告，报告默认名称为 ResultsReport，扩展名为 xml。值得注意的是：在显示"站点报告"面板的同时，系统自动生成浏览器显示报告内容。

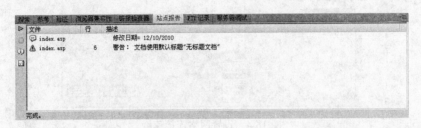

图 16-6 "站点报告"面板

16.2.7 实例——使用检查站点报告

前面介绍了测试站点的方法，如在浏览器中草药预览页面、检查和修复链接、预估下载时间和运行检查站点报告等。下面打开 meishi 站点中的 index.asp 网页，使用报告检查当前网页。

（1）切换至"文件"面板，从"站点"下拉列表框中选择 meishi 站点，并双击打开 index.asp 网页。

（2）选择"站点"|"报告"命令，打开"报告"对话框。

（3）在"报告在"下拉列表框中选择"当前文档"选项。

（4）选择"工作流程"选项组中的"设计备注"、"最近修改的项目"复选框。

（5）选择"HTML 报告"选项组中的所有复选框，如图 16-7 所示。

（6）单击"运行"按钮，系统自动生成如图 16-8 所示的报告。

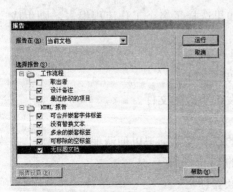

图 16-7 设置"报告"的相关选项

图 16-8 最近修改相关信息报告

16.3　申请网站空间

网站制作完毕后，就可以正式上传到 Internet。若要上传网站，应先在 Internet 上申请一个网站空间，以便用户可将网站上传到远程服务器中，供世界各地的浏览者访问。

16.3.1　选择网站空间

当前网络空间可分为免费和付费两类。免费网络空间无须付费，但其提供的网络空间小，且经常会出现网络广告、不定期的广告信函，而且还时常面临"倒站"的危险。付费网络空间有"品牌"保证，无须担心会有"倒站"的危险，还具有自己独立的网址和 IP 地址，但付费网络空间除需要付费外，还要求用户必须购买或租用服务主机，而且还必须租用虚拟主机目录，才能完整地上传网页。

如果用户创建的是个人主页，只须申请个人免费空间即可；如果创建的是公司网站，要求有足够的网络空间和技术支持并要求无广告及信函的干扰，最好申请付费网站空间。

在申请网站空间前一定要明确将网站所占的空间大小，以及以后更新站点可能需要的最大空间。除以上应注意的事项外，还可参考以下几个方面。

（1）是否支持 CGI 与 ASP 等程序：CGI 与 ASP 通常是用来制作计数器或留言板等组件，或处理其他交互式表单。如果想把一些程序放到网站中，那就得看申请的免费空间是否支持这些程序。

（2）广告出现的方式：免费网站空间通常会附带一些广告，一般是自动打开一个广告小窗口，有些则允许将广告内嵌到网页中。

（3）文件上传方式：大部分网站都允许使用 FTP 的方式上传文件，有的只支持 Web 上传。

16.3.2　申请免费空间

如果只是申请免费空间，可在各搜索引擎中输入"免费空间"、"免费网站"或"免费网页"等字样，即可搜索到很多的相关信息。如果用户知道某些特定的网站提供有免费空间，则可直接登录该网站申请。

16.4　上传站点

申请网站空间后，就可以把自己的网站上传到 Internet 服务器。Dreamweaver 提供了多种上传方式，而最常使用的上传方式为 FTP 上传。

16.4.1　设置 FTP 服务器

选择"站点"|"管理站点"命令，打开"管理站点"对话框。选择要上传的站点，单击"编辑"按钮，打开"站点设置对象"窗口，切换至"服务器"选项卡，新建服务器并设置"连接方法"为 FTP。然后设置 FTP 地址、用户名、登录密码、根目录及 Web URL，如图 16-9 所示。完成设置，连续单击"保存"按钮，再单击"完成"按钮。

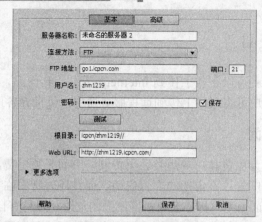

图 16-9　进行 FTP 设置

在设置 FTP 方式上传时，为确保顺利上传，可先单击"测试"按钮，测试连接情况。如果系统打开一个提示已成功连接 Web 服务器的对话框，则表示设置无误。

16.4.2　传送站点

在进行上传操作时，"文件"面板中的远程文件列表中不会显示任何文件。单击"站点管理"对话框中的"连接/断开" 按钮，系统会自动与远程服务器连接，当此按钮变为 时，表示登录成功，再次单击此按钮，可以断开 FTP 服务连接。

如果要上传整个站点，可选择站点根文件夹（若只上传某些文件，直接选择这些文件即可），然后单击"上传文件"按钮 ，打开询问用户是否确定要上传整个站点的提示对话框，单击"确定"按钮即可。

16.4.3　实例——FTP 上传站点

前面介绍了上传网站的方法，下面假设已经在某网站成功申请了个人免费站点，并给定上传服务器为"go1.icpcn.com"，上传文件目录为"icppcn/zhm1219"。要求用户使用 FTP 上传的方式将 example 站点上传至网络。

（1）选择"站点"|"管理站点"命令，打开"管理站点"对话框。

（2）选择要上传的站点 example，单击"编辑"按钮，打开"站点设置对象"窗口。

（3）切换至"服务器"选项卡，单击右侧的"添加新服务器"按钮，显示"基本"选项页。

（4）"服务器名称"使用默认名称，打开"连接方法"下拉列表框从中选择"FTP"选项，在"FTP 地址"文本框中输入"go1.icpcn.com"，在"登录"和"密码"文本框输入用户申请个人站点时设置的用户名及密码，在"根目录"文本框中输入"icppcn/zhm1219/"，在"Web URL"文本框中输入"http://zhm1219.icpcn.com/"。

（5）完成设置，单击"保存"按钮，返回"站点设置对象"窗口。

（6）单击"保存"按钮，返回"管理站点"对话框。

（7）单击"完成"按钮，退出"管理站点"对话框。

（8）确认选择了站点根目录，单击"文件"面板工具栏中的"上传文件"按钮，弹

出如图 16-10 所示的提示对话框，单击"确定"按钮，上
传 example 整个站点。

图 16-10　提示对话框

16.5　网站的宣传和推广

　　将网站成功上传到 Internet 后，接下来就要宣传与推
广网站，让更多的人访问自己的网站。而 Internet 本身就
是一个大型的广告媒体（如 E-mail、BBS、新闻组、QQ 群等），所以无须花钱做广告，即
可有多种渠道宣传和推广自己的网站。下面介绍在 Internet 中常见的宣传和推广网站的方
法。

16.5.1　在 Dreamweaver 中插入关键字与说明

　　在网页中插入关键字和说明文字可以使其他用户从搜索引擎中查找到自己的网页，并
向搜索用户简要介绍网页的内容。

　　若要在网页中插入关键字，首先打开网页，选择"插入"|"HTML"|"文本头标签"
|"关键字"命令，在打开的"关键字"对话框中输入关键字，如图 16-11 所示。

　　若要在网页中插入相关说明，首先打开网页，选择"插入"|"HTML"|"文件头标签"
|"说明"命令，在打开的"说明"对话框中输入网站描述，如图 16-12 所示。

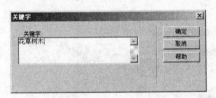

图 16-11　插入关键词

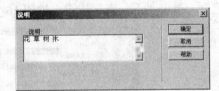

图 16-12　插入说明

16.5.2　广告与友情链接

　　设计网页时，可以在网页中多添加广告、友情链接之类的与其他网站交流的元素，以
达到宣传自己网站的目的。别小看这些链接，它们对网站的宣传起着极大的作用。

16.5.3　应用 E-mail 与聊天软件进行宣传

　　要推广网站，最简单的方法就是发送 E-mail 给亲朋好友，向他们简单介绍网站的内容
特色，并邀请他们上网逛逛。也可以在 E-mail 的签名文件中加上网站地址和简介，这样无
论是寄信给别人或是发布信件到 BBS 新闻群组都可以替网站做宣传。

　　现在上网聊天成为了一种时尚，用户可以应用 QQ、POPO、Yahoo 等聊天软件，直接
将网址发送给好友。例如，使用 QQ 聊天时，可直接打开聊天窗口将网址发送给好友，或
在填写个人资料时完善个人网址，或是直接在 QQ 群中发送信息。

16.5.4　在 BBS 或新闻组中宣传

　　每天访问 BBS 或新闻群组的人很多，如果把网站简介发布到相关的讨论群组中，可以
让读者了解用户的网站。但值得注意的是，发布时不要一次发很多内容，也不要发送到不

相关的讨论群组中，这样反而会让人讨厌。

16.5.5　在搜索引擎网站中宣传

大部分用户在上网时，如果想要搜索什么内容，都是先进入搜索引擎，在其中输入相应要搜索的内容，然后搜索，从搜索网页查找自己所需的网页。

有些网站提供了宣传网站的功能，用户注册后，只须在打开的表单中输入站点地址、站点简介等内容即可。

16.6　典型实例——测试上传站点

打开 meishi 站点测试站点中 index.asp 是否有断链，并将该站点以"本地/网络"的方式上传至 wwwroot 文件夹中。

步骤 1：安装 IIS。

（1）打开"控制面板"窗口，双击"添加或删除程序"图标，打开"添加或删除程序"对话框，单击左侧的"添加/删除 Windows 组件"图标，打开"Windows 组件向导"对话框。

（2）将 Windows 安装盘放入光驱，选择"组件"列表框中的"Internet 信息服务（IIS）"复选框，单击"下一步"按钮，如图 16-13 所示。

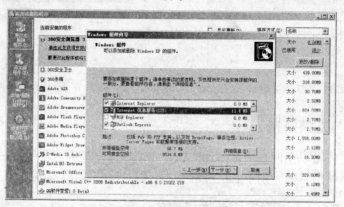

图 16-13　选择 IIS 选项

（3）稍等片刻安装完毕后，显示"完成 Windows 组件向导"对话框，单击"完成"按钮。

步骤 2：编辑站点。

（1）选择"站点"｜"管理站点"命令，打开"管理站点"对话框。

（2）选择要上传的站点 meishi，单击"编辑"按钮，打开"站点设置对象"窗口。

（3）切换至"服务器"选项卡，选择已添加的服务器，单击"编辑现有服务器"按钮，打开"基本"选项卡。

（4）将"服务器文件夹"修改为"C:\Inetpub\wwwroot\"，"Web URL"修改为"http://localhost/"（"服务器名称"可以自定义），如图 16-14 所示。

图 16-14　编辑服务器

（5）完成设置，连续单击"保存"按钮，再单击"完成"按钮。

步骤 3：测试链接。

（1）整理站点操作可视情况而定，如果网站中有需要删除的文件，可展开"文件"面板，在要删除的文件上右击，从弹出的快捷菜单中选择"编辑"|"删除"命令，弹出对话框询问用户是否要删除文件，单击"是"按钮。

（2）双击 index.asp 网页，选择"文件"|"检查页"|"检查链接"命令，显示如图 16-15 所示的"链接检查器"面板。

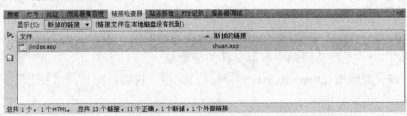

图 16-15　"链接检查器"面板

（3）确定断掉的链接文件是否存在。若已经存在，只是文件名不正确，只需修改文件名为 index.asp 即可（如 caixi/chuan.asp）；若文件不存在，可在站点根目录下创建名为"chuan.asp"的网页。

（4）再次选择"文件"|"检查页"|"检查链接"命令进行测试，"链接检查器"面板不显示任何信息。

步骤 4：上传站点。

（1）选择站点根目录，单击"文件"面板中的"上传"按钮。

（2）弹出提示对话框，询问用户是否要上传整个站点，单击"确定"按钮。

（3）显示"后台文件活动"对话框，稍等片刻完成上传。

16.7　上机练习与习题

16.7.1　选择题

（1）要将站点上传到测试服务器上，可使用系统提供的_____功能，但不能使用_____功能。

    A. 下载/上传　　存回/取出　　　　　　B. 存回/取出　　下载/上传

    C. 下载/存回　　上传/取出　　　　　　D. 上传/取出　　下载/存回

（2）共同开发站点的过程中，如果小组内某成员取出某文件，则在本地"文件"面板中该文件旁会显示_____标记；如果是自己取出文件，则会显示_____标记。

    A. 绿色选中　　红色选中　　　　　　B. 红色选中　　红色选中

    C. 红色选中　　绿色选中　　　　　　D. 绿色选中　　绿色选中

（3）在"链接检查器"面板中的"显示"下拉列表框中，包含有 3 种可检查的链接类型，下面_____选项不属于该下拉列表框。

    A. 断掉的链接　　　B. 外部链接　　　C. 孤立文件　　　　D. 检查链接

（4）在 Dreamweaver 中预览当前正在制作的网页，按_____键可以调用默认浏览器预览网页。

    A. F1　　　　　　B. F12　　　　　　C. Alt+F12　　　　D. Ctrl+F1

（5）如果没有申请 WWW 免费空间也没有局域网环境，只想测试一下 Dreamweaver 上传功能，应选择_____访问选项。

    A. 无　　　　　　B. FTP　　　　　　C. 本地/网络　　　　D. RDS

16.7.2　填空题

（1）_____是指将文件的编辑权还给网站，表示其他人可以对此网页进行编辑；_____是指从网站中取得文件的编辑权。

（2）如果要应用 Dreamweaver 为网页设置相关说明，应使用"插入"|"HTML"|"文本头标签"子菜单中的_____命令。

（3）大部分用户在上网时，如果要搜索一些信息，通常是先进入_____，在其中输入相应要搜索的内容，然后从搜索结果网页查找自己所需的网页。

（4）只有一个用户编辑远程网站中的文件时，可使用_____命令将本地网站中编辑的文件更新至远程网络中。

（5）当前网络空间根据是否支付费用，可分为两类_____和_____。

16.7.3　问答题

（1）简述设置存回和取出文件的过程。

（2）简述如何检查页面的链接。

（3）简述如何修复站点中的断链。

（4）简述站点宣传与推广的手段。

16.7.4　上机练习

（1）应用报告检查自己制作的站点。

（2）在网络中申请一个免费空间并上传站点。

附录 A 习 题 答 案

第 1 章

1．选择题

（1）B （2）B （3）D
（4）C （5）B

2．填空题

（1）Web Page Web Site
（2）文本 图像 超链接 动画 视频 音频 表单
（3）网站名称 广告条 主菜单 计数器 邮件列表
（4）首页
（5）网页 网站
（6）宋体 Times New Roman
（7）标志 色彩 字体 标语

第 2 章

1．选择题

（1）B （2）A
（3）B （4）C

2．填空题

（1）Internet 服务器
（2）在 SVN 服务器之间来回获取和提交文件，然后通过 Dreamweaver 发布到远程服务器
（3）直接复制了一份放到远程服务端   完全相同的
（4）XML
（5）同步
（6）*.mno

第 3 章

1．选择题

（1）C （2）D （3）B
（4）A （5）A

2. 填空题

（1）格式设置规则　Web 页内容的外观

（2）选择器　声明

（3）类　ID　标签　复合内容

（4）把 CSS 样式嵌入在 HTML 标签内部

（5）类样式

第 4 章

1. 选择题

（1）C　　　　　（2）C

（3）A　　　　　（4）C

2. 填空题

（1）"插入" | "HTML" | "特殊字符" | "版权"

（2）复制和粘贴　导入 Word 文档

（3）星期　日期　时间

（4）插入日期　储存时自动更新

（5）"插入" | "HTML" | "水平线"

第 5 章

1. 选择题

（1）A　　　　　（2）C　　　　　（3）B

（4）C　　　　　（5）B

2. 填空题

（1）防止重叠

（2）向左　不变

（3）上移　下移

（4）最后选择的

（5）Ctrl　Shift

第 6 章

1. 选择题

（1）C　　　　　（2）D

（3）B　　　　　（4）D

2. 填空题

（1）0

（2）　"文件" | "导入" | "表格式数据"　　"插入" | "表格对象" | "导入表格式数据"

（3）　不发出警告　谨慎操作

（4）　Shift　列的边框　表格的总宽度

（5）　表格的单元格

第 7 章

1．选择题

（1）　B　　　　　（2）　C　　　　　　　（3）　D

（4）　A　　　　　（5）　D

2．填空题

（1）　锚点链接

（2）　album/ps01.htm

（3）　文本　图像

（4）　绝对路径　站点根目录相对路径　文档相对路径

（5）　创建锚点　建立链接

（6）　_self

第 8 章

1．选择题

（1）　A　　　　　（2）　D　　　　　　　（3）C

（4）　A　　　　　（5）　D

2．填空题

（1）　256

（2）　GIF　JPEG　PNG

（3）　普通图像　图像占位符　鼠标经过时变化的图像　Photoshop 图像

（4）　永久性改变所选图像　"编辑" | "撤销"

（5）　锐化

（6）　矩形　椭圆形　多边形

第 9 章

1．选择题

（1）　D　　　　　（2）　D　　　　　　　（3）　D

（4）　A　　　　　（5）　C

2．填空题

（1）　Flash　FLA　压缩

（2）　链接到音频文件　嵌入音频

（3） 累进式下载视频　流视频

（4） SWF 文件占位符

（5） 添加声音的目的　页面访问者　文件大小　声音品质　不同浏览器的差异

第 10 章

1．选择题

（1） A　　　　　　（2） C　　　　　　（3） A

（4） D　　　　　　（5） B

2．填空题

（1） 导航控件　内容

（2） 4

（3） 字母

（4） 链接

（5） mainFrame

第 11 章

1．选择题

（1） C　　　　　　（2） D　　　　　　（3） D

（4） B　　　　　　（5） A

2．填空题

（1） 不可见元素

（2） 轮廓　<form>

（3） 项目符号●（或实心黑圆圈）

（4） 单行　多行

（5） 重置　提交　按钮

第 12 章

1．选择题

（1） B　　　　　　（2） A　　　　　　（3） C

（4） D　　　　　　（5） A

2．填空题

（1） 代码　拆分

（2） 超文本标记语言

（3） <hr color="red" />

（4） 代码颜色　代码格式

（5） 命令

第 13 章

1．选择题

（1）C　　　　　（2）B　　　　　（3）D
（4）C　　　　　（5）A

2．填空题

（1）事件　动作
（2）获得更多行为
（3）onLoad
（4）调整大小控制柄
（5）onClick

第 14 章

1．选择题

（1）D　　　　　（2）A　　　　　（3）D
（4）C　　　　　（5）B

2．填空题

（1）晃动
（2）电子邮件地址
（3）计数器　字符计数
（4）水平　垂直
（5）添加面板（或+/加号）

第 15 章

1．选择题

（1）C　　　　　（2）D　　　　　（3）C
（4）B　　　　　（5）A

2．填空题

（1）可编辑区域　锁定区域
（2）从源文件中分离
（3）文件
（4）可编辑区域
（5）修改

第 16 章

1. 选择题

（1） A （2） C （3） D

（4） B （5） C

2. 填空题

（1） 存回　取出

（2） 说明

（3） 搜索引擎

（4） 上传

（5） 免费　付费